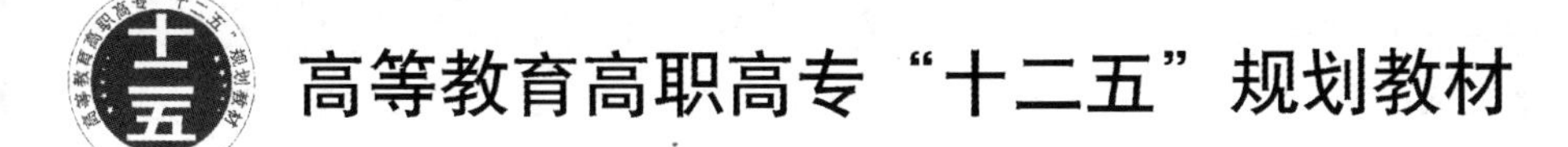

印后装订实训教程

Yinhou Zhuangding Shixun Jiaocheng

编　著：李不言　沈国荣

内容提要

为在内容和体例上紧密贴合高职教育倡导的以工作项目为导向，用任务进行驱动的教学模式，《印后装订实训教程》根据装订流程共分为8个项目：裁切、折页、配页、锁线、骑马订、胶订、精装、切书。每个项目包含准备和操作等任务，其中操作任务中覆盖了设备调节方法、质量标准与要求、常见弊病及排除方法、操作安全与设备保养内容，所有项目及任务的排列顺序均按照生产工艺真实流程设置，为装订操作学习者提供了贴近现实的学习资料。此外，教材附录中还附带了8个项目的对应实训报告，学习者可根据实训报告内容进行相应项目的操作练习，提升了学习过程的针对性。

本书具有较强针对性、实用性，适应印刷大专、中专、职业技术学校印刷专业的教学需求，也可作为印刷培训机构和印刷企业印后装订职前、职后的专业技术培训教材。

图书在版编目（CIP）数据

印后装订实训教程 / 李不言，沈国荣编著. -- 北京：印刷工业出版社，2014.11
高等教育高职高专“十二五”规划教材

ISBN 978-7-5142-1107-8

Ⅰ.①印… Ⅱ.①李… ②沈… Ⅲ.①装订－高等职业教育－教材 Ⅳ.①TS88

中国版本图书馆CIP数据核字(2014)第210913号

印后装订实训教程

编　著：李不言 沈国荣

责任编辑：张宇华　　责任校对：岳智勇
出版发行：印刷工业出版社（北京市翠微路2号 邮编：100036）
网　址：www.keyin.cn　　pprint.keyin.cn
网　店：//pprint.taobao.com　　www.yinmart.cn
经　销：各地新华书店
印　刷：北京亿浓世纪彩色印刷有限公司

开　本：787mm×1092mm　1/16
字　数：314千字
印　张：13.25
印　数：1～2500
印　次：2014年11月第1版　2014年11月第1次印刷
定　价：36.00元
ISBN：978-7-5142-1107-8

◆ 如发现印装质量问题请与我社发行部联系　直销电话：010-88275602
◆ 我社为使用本教材的专业院校提供免费教学课件，欢迎来电索取。010-88275602

前 言

印后加工是印刷流程的重要组成部分，而作为印后加工重要分支的装订目前已成为大幅度提升书刊类产品附加值的重要手段，越来越多的知名印刷设备厂商开始投入大量精力用于印后装订设备的研发，能够熟练使用此类设备的操作人员也成为印刷企业炙手可热的紧缺人才。《印后装订实训教程》通过理论与实践穿插讲解，突出应用能力培养的方式，旨在为广大出版印刷类高职院校提供专业装订实训参考教材，同时本教材也可作为装订从业人员（装订工）等级考核的操作培训参考书。

一、印后装订实训的目标

在职业技能方面，通过印后装订实训，学员了解裁切、折页、配页、锁线、骑马订、胶订、精装、切书装订加工工艺及设备工作原理，重点掌握设备的操作和调节方法，并能排除生产加工过程中的常见弊病与故障。在职业素养方面，通过生产实训，培养学员的规范意识、质量意识、安全意识、成本意识等，在技能操作水平完全达标的前提下，形成良好的职业操守习惯。由于精装加工在书刊加工中不到10%，而且工序繁多，因此本书主要围绕书刊平装工艺实训展开，精装实训仅作简述，还请读者谅解。

二、印后装订实训的内容

为在内容和体例上紧密贴合高职教育倡导的以工作项目为导向，用任务进行驱动的教学模式，《印后装订实训教程》根据装订流程共分为八个项目，每个项目包含准备和操作等任务，其中操作任务中覆盖了设备调节方法、质量标准与要求、常见弊病及排除方法、操作安全与设备保养内容。所有项目及任务的排列顺序均按照生产工艺真实流程设置，为装订操作学习者提供了贴近现实的学习资料。此外，教材附录中还附带了八个项目的对应实训报告，学习者可根据实训报告内容进行相应项目的操作练习，提升学习过程的针对性。

三、印后装订实训的实施

《印后装订实训教程》编写时，设备选择主要为上海出版印刷高等专科学校印后加工实训室现有装订设备，同时结合了印刷企业使用较多的机型，设备覆盖面尚存在一定的局限性。但各厂商印后装订设备基本原理类似，若学习者在使用本教材进行实训时与本书中设备品牌、型号不同，作者建议在实训实施过程中根据具体情况对教材中内容做出相应的调整和改进。

本教材由上海出版印刷高等专科学校印刷实训中心李不言和沈国荣老师编写，作者长期从事印后加工实训教学，对印后装订操作及实训教学方法均有较为深入的研究。在编写过程中，作者受到了所在学校领导及部门领导的大力支持，对他们的指导与帮助，谨此致谢。同时，还要感谢家人，是他们在背后默默地支持、鼓励和帮助，使我们能全身心投入编著工作，值此新书出版之际，诚挚感谢我们的家人。

由于作者理论知识和实践经验的局限性，本书在编写过程中不足及疏漏在所难免，期望使用本教材的广大读者随时提出宝贵意见，以便本书修订时补充更正，期待您的宝贵意见。

编　者

2014 年 7 月

目 录

项目一 裁 切

任务一 裁切准备 /2

一、单面切纸机工作过程 /2

二、裁切知识 /3

三、裁切准备 /4

任务二 换刀操作 /5

一、裁切刀更换 /5

二、裁切条更换 /7

三、刀片刃磨 /9

任务三 裁切操作 /13

一、单面切纸机操作步骤 /13

二、单面切纸机调节 /13

三、裁切质量标准与要求 /18

四、裁切常见故障及排除方法 /21

五、裁切操作安全与设备保养 /23

任务四 理纸 /23

一、松纸 /24

二、理纸 /24

三、敲纸 /25

四、数纸 /27

五、搬纸 /27

六、堆纸 /29

训练题 /30

项目二 折 页

任务一 折页准备 /33
一、折页方法 /33
二、折页机分类 /34
三、折页准备 /35
任务二 折页操作 /36
一、输纸机构调节 /36
二、折页机构调节 /46
三、收纸机构调节 /54
四、折页质量标准与要求 /55
五、折页常见故障及排除方法 /55
六、折页操作安全与设备保养 /56
训练题 /57

项目三 配 页

任务一 配页准备 /59
一、配页方法 /59
二、配页机分类 /61
三、配页机集帖方式 /62
四、配页准备 /63
任务二 配页操作 /63
一、配页机工作过程 /64
二、配页机调节 /64
三、配页质量标准与要求 /67
四、配页常见故障及排除方法 /68
五、配页操作安全与设备保养 /68
训练题 /69

项目四 锁 线

任务一 锁线准备 /72
一、锁线方法 /72
二、锁线机分类 /72
三、锁线准备 /73

任务二 锁线操作 /75
一、锁线机工作过程 /75
二、锁线机调节 /76
三、锁线质量标准与要求 /86
四、锁线常见故障及排除方法 /86
五、锁线操作安全与设备保养 /88
训练题 /89

项目五 骑马订

任务一 骑马订准备 /91
一、骑马订书机分类 /91
二、骑马订工艺流程 /92
三、骑马订准备 /93
任务二 骑马订操作 /95
一、骑马订书机工作过程 /95
二、骑马订书机调节 /95
三、骑马订质量标准与要求 /105
四、骑马订常见故障及排除方法 /105
五、骑马订操作安全与设备保养 /106
训练题 /107

项目六 胶 订

任务一 胶订准备 /109
一、胶订机分类 /109
二、胶订对印刷的要求 /110
三、胶订对书帖的要求 /112
四、胶订准备 /112
任务二 胶订操作 /113
一、胶订机工作过程 /114
二、胶订机调节 /114
三、胶订质量标准与要求 /124
四、胶订常见故障及排除方法 /125
五、胶订操作安全与设备保养 /127
训练题 /128

项目七 精 装

任务一 书芯加工操作 /131
一、书芯造型 /131
二、书芯加工操作 /132
任务二 书封加工操作 /134
一、书封造型 /135
二、书封加工操作 /135
任务三 套合加工操作 /141
一、套合造型 /141
二、套合加工操作 /142
任务四 精装联动线操作 /143
一、精装联动线操作 /144
二、精装质量标准与要求 /148
三、精装常见故障及排除方法 /149
四、精装操作安全与设备保养 /153
训练题 /154

项目八 切 书

任务一 切书准备 /156
一、三面切书机工作过程 /156
二、压书机构准备 /157
三、裁切刀台准备 /160
四、裁切刀准备 /161
任务二 换刀操作 /163
一、口子刀更换 /163
二、头脚刀更换 /164
三、划口刀更换 /165
四、刀片刃磨 /166
任务三 切书操作 /167
一、三面切书机操作步骤 /167
二、三面切书机调节 /168
三、切书质量标准与要求 /173
四、切书常见故障及排除方法 /174
五、切书操作安全与设备保养 /176
训练题 /177

附录一　纸张常见开法　/178
附录二　纸张常见折法　/179
附录三　裁切实训报告　/180
附录四　折页实训报告　/182
附录五　配页实训报告　/184
附录六　锁线实训报告　/186
附录七　骑马订实训报告　/188
附录八　胶订实训报告　/190
附录九　精装实训报告　/192
附录十　切书实训报告　/194

训练题答案　/196
参考文献　/201

项目一 裁 切

教学目标

裁切是书刊装订必不可少的工序，单面切纸机作为实施裁切加工的重要设备，采用了现代光电及数字化控制技术，具有人机对话和故障诊断等功能。本项目通过设置裁切准备、换刀操作、裁切操作三个任务，使学习者在了解裁切方法及切纸机工作原理的基础上，重点掌握单面切纸机的调节使用方法，并能排除裁切过程中的常见故障。

能力目标

1. 掌握单面切纸机裁切刀片、裁切条的更换方法。
2. 掌握裁切顺序的设计方法。
3. 掌握单面切纸机推纸机构、压纸机构、裁切机构的操作方法。
4. 掌握裁切常见故障的排除方法。

知识目标

1. 掌握常见裁切方法。
2. 掌握单面切纸机的构成。
3. 掌握裁切质量标准与要求。
4. 掌握切纸机安全及保养知识。

任务一　裁切准备

单面切纸机（见图1－1）属裁切机械的一种，可对纸张、纸板、塑料、皮革等物料进行裁切，也可进行书本半成品或成品的裁切，是印刷企业不可缺少的生产设备。单面切纸机裁切机构（见图1－2）主要由推纸器、压纸器、裁切刀、裁切条、裁切台、刀架、侧挡板等部件组成，其中推纸器用作推送纸张及后规矩，压纸器可将定位好的纸张压紧，裁切刀和裁切条用来裁切纸张，侧挡板做侧规矩，工作台起支撑作用。

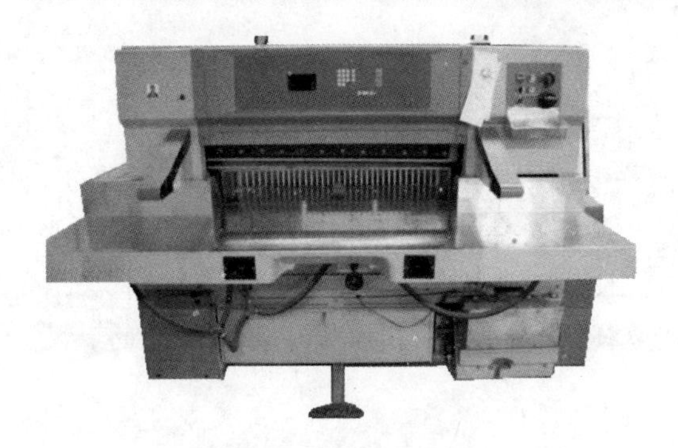

图1－1　单面切纸机

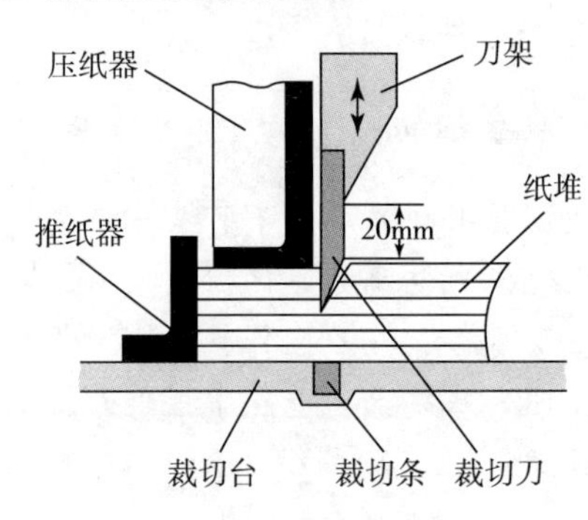

图1－2　裁切机构

一、单面切纸机工作过程

单面切纸机工作过程一般可分为输入尺寸→纸张定位→进行裁切三个步骤，裁切为核心环节，具体过程如下。

1. 输入尺寸

目前主流单面切纸机均配备数显功能，可根据裁切要求在显示屏上输入裁切尺寸，待尺寸确定后推纸器会按照设定尺寸移动至相应位置，则此时推纸器距离裁切刀刀口的直线距离即为输入的裁切尺寸。

2. 纸张定位

纸张定位是裁切过程的重要环节，直接影响最终的裁切质量。定位主要是通过上纸时初步定位、输入尺寸精确定位及压纸器压紧定位三个动作完成的。

3. 进行裁切

待输入尺寸、纸张定位完成后就可按动裁切按钮完成纸张的一次裁切，每次裁切完毕，裁切刀和压纸器均会返回至初始位置，而推纸器停留在设定位置，循环以上三个步骤即可完成所有相同裁切尺寸要求的纸张裁切。

二、裁切知识

（一）常用裁切方法

采用合理的裁切方法可有效减少纸张在裁切台上的移动次数，避免由于纸张滑动、多次定位而引起的误差，提升裁切效率和质量。在进行裁切方法设计时，应尽可能秉持沿纸张长边裁切及相同方向多次平行裁切的总思想。

1. 正开

正开（见图1－3）亦称正裁。通常包含两种裁切方法，第一种是将纸张进行数次对裁，最终得到所需的尺寸；另一种是将纸张进行多次平行裁切得到面积相等的若干小张。正开裁切方法具有一定规律，一般以几何级数展开，如2开（对开）、4开、8开、16开、32开、64开、128开等，依此类推。

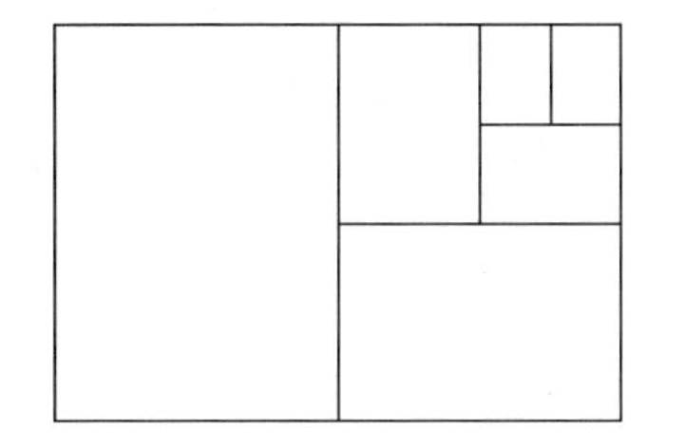

图1－3 正开

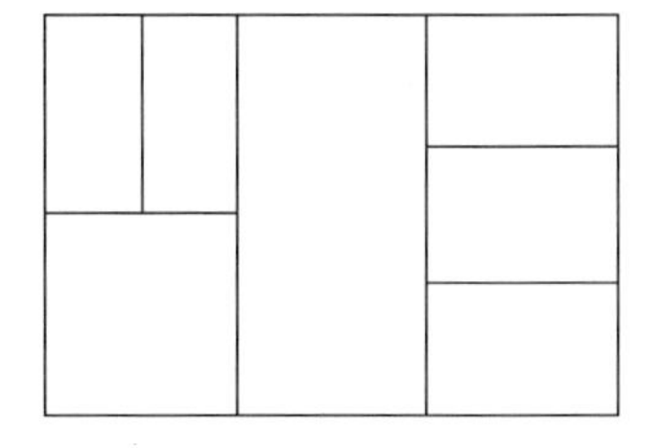

图1－4 偏开

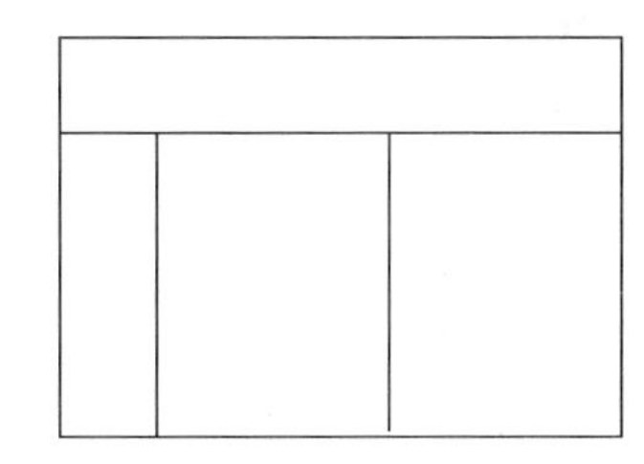

图1－5 变开

2. 偏开

偏开（见图1－4）亦称不对裁，第一次对裁或以后几次间接地不对裁。偏开通常包含3开、5开、7开三种裁切方法，并以此为基础变换裁切方向和开切次数，衍生出不同形状的多种开本尺寸，如6开、9开、10开、12开、14开、15开、18开、21开、24开、25开、27开、28开等，偏开时有规律。

3. 变开

变开（见图1－5）亦称异开，是将纸张裁出不规则形状的方法。如某书刊中插图幅面大小、形状各不相同，排版时为充分利用纸张，往往在一张纸上排有多种不同规格的小页张，因此就需采用变开进行裁切。变开是变化不定的裁切方法，无规律可循。

（二）常用裁切知识

1. 识别基准

识别基准主要是指分辨出印刷品的叼口和侧规边（见图1－6），在裁切时应尽量利用这两条边作为定位基准，以提高纸张裁切的准确性，将裁切误差控制在最小范围内。

图1－6 印刷样张

2. 识别裁切标志

裁切标志确定了裁切位置，是裁切工作的指示线，一般以规矩线或角线（见图1－6）的形式出现。规矩线（十字线或中线）是各色图文套准的依据，通常位于距成品外切口3mm

处，上下左右居中。角线则置于版面四角，分为不同方向的“┌ ┐ └ ┘”单角线（单色印刷）或“╔ ╗ ╝ ╚”双角线（彩色印刷）两种。

三、裁切准备

1. 阅读加工任务书

加工任务书（见表1－1）亦称“生产通知单”或“生产施工单”，上面记录了明确的工艺方案。在裁切前要认真阅读加工任务书，了解纸张尺寸、定量、开法、用量等信息，并熟悉整个后道工序，根据任务书要求做好裁切准备并制定裁切方案。

表1－1　数字印刷加工任务书

<table>
<tr><td colspan="2">工单编号</td><td></td><td>客户名称</td><td colspan="2"></td><td>联系人</td><td></td></tr>
<tr><td colspan="2">地　　址</td><td colspan="2"></td><td>邮政编码</td><td></td><td>联系电话</td><td></td></tr>
<tr><td colspan="2">接件时间</td><td colspan="2">年　月　日　点</td><td>交货时间</td><td colspan="3">年　月　日　点</td></tr>
<tr><td colspan="8">产品基本信息</td></tr>
<tr><td colspan="2">产 品 名</td><td colspan="6"></td></tr>
<tr><td colspan="2">成品尺寸</td><td colspan="6">210mm×297mm</td></tr>
<tr><td colspan="2">单份页数</td><td colspan="6">68页</td></tr>
<tr><td colspan="2">产品份数</td><td colspan="6"></td></tr>
<tr><td colspan="2">纸　　张</td><td colspan="6">封面157g/m² 铜版纸；插页128g/m² 铜版纸；正文80g/m² 胶版纸</td></tr>
<tr><td colspan="2">颜　　色</td><td colspan="6"></td></tr>
<tr><td>1</td><td>文件名</td><td colspan="6"></td></tr>
<tr><td>2</td><td>文件名</td><td colspan="6"></td></tr>
<tr><td>3</td><td>文件名</td><td colspan="6"></td></tr>
<tr><td>4</td><td>文件名</td><td colspan="6"></td></tr>
<tr><td>5</td><td>文件名</td><td colspan="6"></td></tr>
<tr><td>6</td><td>文件名</td><td colspan="6"></td></tr>
<tr><td>7</td><td>文件名</td><td colspan="6"></td></tr>
<tr><td>8</td><td>文件名</td><td colspan="6"></td></tr>
<tr><td colspan="8">后道加工信息</td></tr>
<tr><td colspan="8">覆膜请注明光、亚光、冷、热膜；烫金请注明烫金颜色；铁圈请注明方、圆、白、黑孔；文件夹请注明联体式或断开式，并注明孔数；精装本请注明装订方式；特殊要求、注意事项等需注明</td></tr>
</table>

2. 选取裁切刀刃角

在裁切前应首先选取裁切刀 α 刃角（见图1－7），一般 α 角越小，刀刃越锋利，被切物对切刀的抗切力就越小，裁切功率消耗降低。α 角若过小，刀刃强度和耐磨性均会降低，裁切后易出现刀口不平、卷口、崩损或换刀次数增多等现象，但 α 角过大，又会造成切面不平整。因此，裁切刀刃角在选取时应从以下三个方面来考虑：

（1）根据裁切物抗切力选取

被裁切材料硬度与厚度各不相同，所产生的抗切力往往差异较大，因此要根据裁切物的具体情况来选择适当的裁切刀刃角。一般裁切较薄质软的纸张或材料时，刃角选用 18°～20°为宜，裁切 52g/m^{2}以上纸张及铜版纸时，刃角可选用 21°～24°，若裁切较厚质坚的纸板及材料（胶片、瓦楞纸板等）时，刃角应选用 25°～30°。

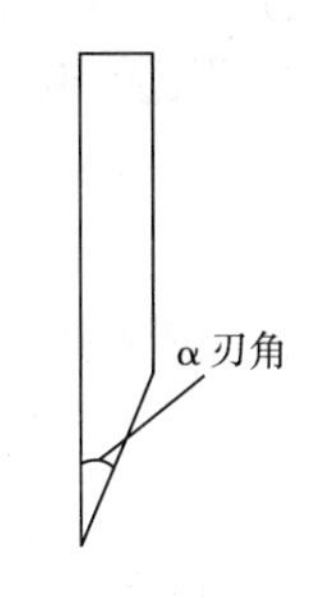

图 1－7 裁切刀刃角

（2）根据裁切物高度选取

当裁切物堆叠较高时，通常可采用特种刃角，即在同一裁切刀斜面上磨出两个不同角度。此种特殊型刃角适应随时更换软硬材质或被切物堆叠较高的裁切情况，如在裁切刀原有 23°刃角的基础上，再刃磨一个 26°刃角（见图 1－8）。

（3）根据切刀速度选取

裁切刀下切速度与刃角的关系密不可分，如裁切刀下切速度较慢，应在允许范围内选取较小的刃角，若裁切刀下切速度较快，则选择较大的刃角。

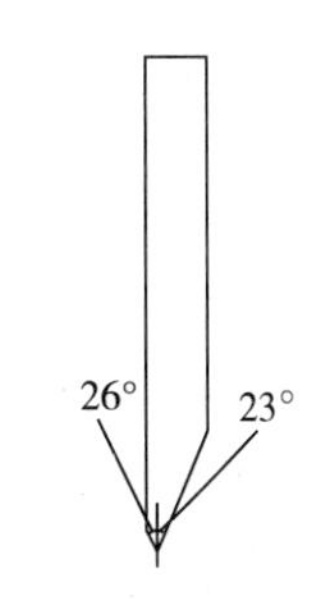

图 1－8 特种刃角

3. 选取、更换裁切条

使用裁切条（见图 1－2）的目的是保护刃口并使最下层纸张能够完全切透。较早的单面切纸机裁切条多选用木质材料制成，目前较常见的为硬塑料或尼龙材料。裁切条属易耗品，经长时间使用后表面会出现刀痕，当刀痕深度大于 1mm 时就应更换，否则会造成裁切物下部的“毛口”现象。为了节约裁切条，通常可采用将裁切条左右、前后、上下交换放置的形式来提高其使用寿命。

4. 上纸

应先把待裁切纸张理齐，调整推纸器前后位置使纸张在放入时被撞齐的一边能够紧贴推纸器，与撞齐边垂直的两边可靠紧左侧或右侧挡板，输入裁切尺寸待推纸器最终定位后压紧压纸板，确认无误后就可进行裁切。

任务二 换刀操作

单面切纸机刀片及裁切条会随着裁切量的增多而逐渐磨损，因此需对已磨损的刀片或裁切条及时更换，保证裁切质量。

一、裁切刀更换

由于刀片的不断刃磨，使得刀片逐渐变短，当刀片棱角线与刀架下边缘距离小于 20mm 时（见图 1－2），就会严重影响裁切质量，因此单面切纸机刀片上均钻有两排螺孔（见图 1－9），若第一排螺孔紧固后不能满足 20mm 尺寸要求时，则应换用第二排螺孔与刀架紧固；当第二排螺孔也不能满足尺寸要求时，此刀片报废。一般第一排螺孔与第二排螺孔的间距为20mm。换刀操作步骤如下。

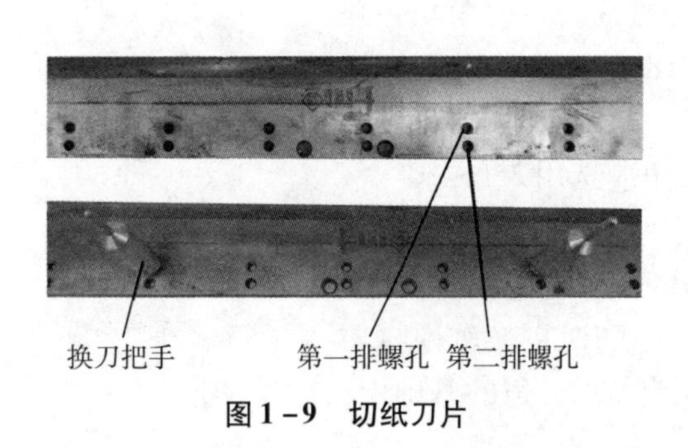

图1-9　切纸刀片

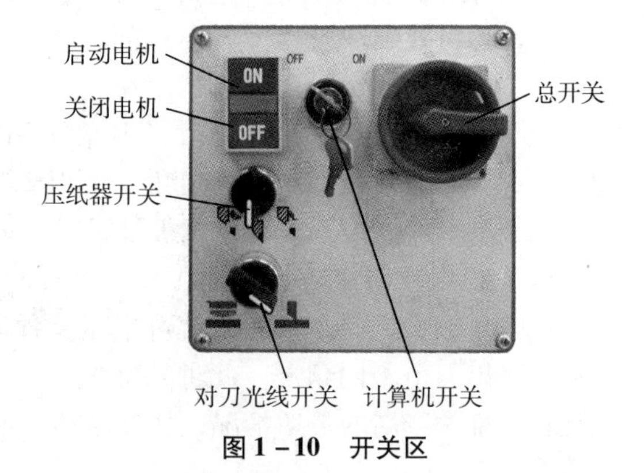

图1-10　开关区

1. 停机

按下关闭电机按钮（见图1-10），待主电动机完全停止转动后将压纸器开关转至右侧手动模式，此时安全销电磁铁吸合。若在主电动机运转时将压纸器开关转至手动模式，主电动机立刻停止转动。

2. 拆卸刀片

将长柄螺栓（见图1-11）与手柄连接后插入机身侧面的离合盘中。盘动机器（图1-12）使得刀架下降到最低点，使用六角套筒（见图1-13）拆卸刀架上的六角螺栓（见图1-14），靠中间的两个先无须拆卸，再次盘车，使刀架回升到最高点，拆卸中间的两只六角螺栓。用六角扳手插入刀架中部的内六角孔并旋转，刀片从刀架上下落。将换刀把手（见图1-9）旋入刀片两端螺孔中，双手紧握换刀把手取下刀片放入刀盒即可。

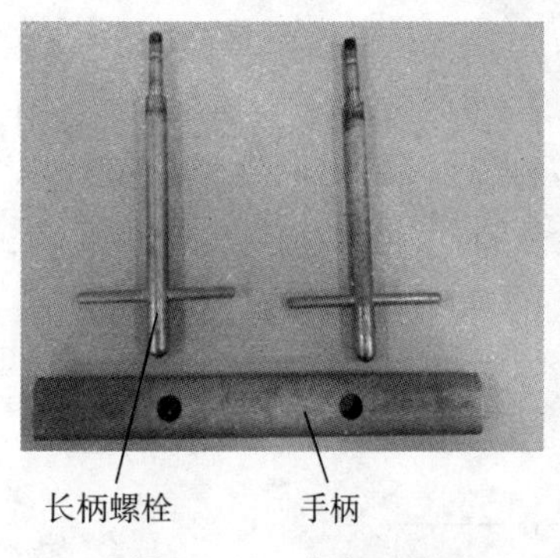

图1-11　盘车工具

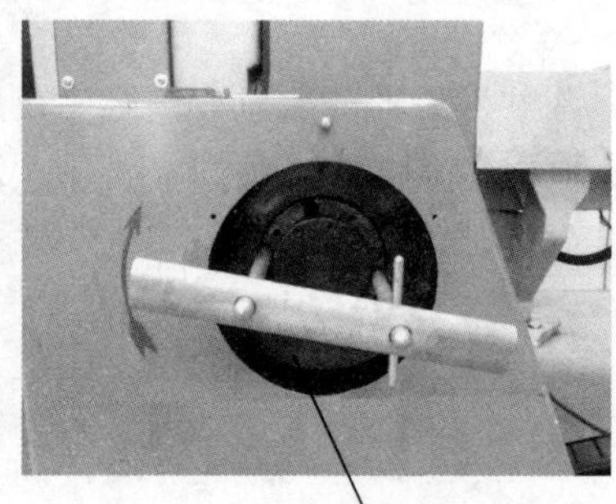

图1-12　盘车

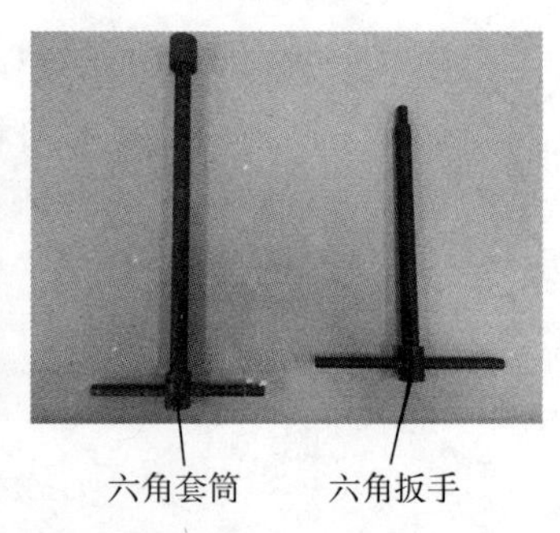

图1-13　换刀工具

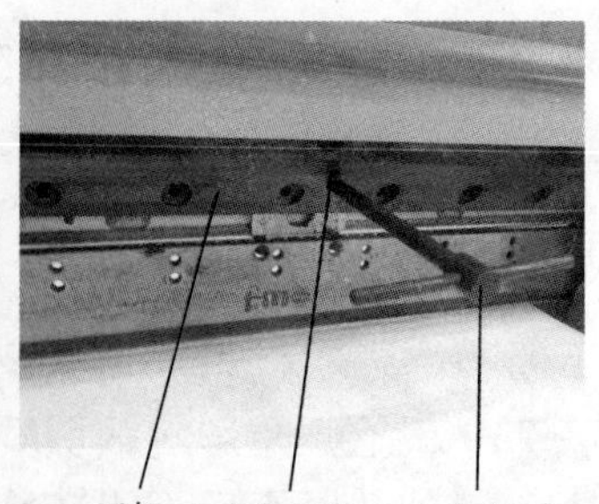

图1-14　拆卸刀片

3. 装上刀片

装上新刀片前，需检查刀片刃角α（见图1－7）与所切物料抗切力是否符合，用擦机布将刀片抹净，严禁对刀刃或沿刀刃抹擦。按与拆卸刀片相反的顺序安装新刀片。

4. 刀片位置调节

（1）刀片高低调节

装上新刀后，必须对裁切刀的高低进行调节。盘动机器使刀架下降至最低点，松开螺母1、螺母2（见图1－15），旋转调节螺母使刀架上升或下降，裁切刀高低位置应以裁切刀位于最低点时可将最后一张纸切断为准。

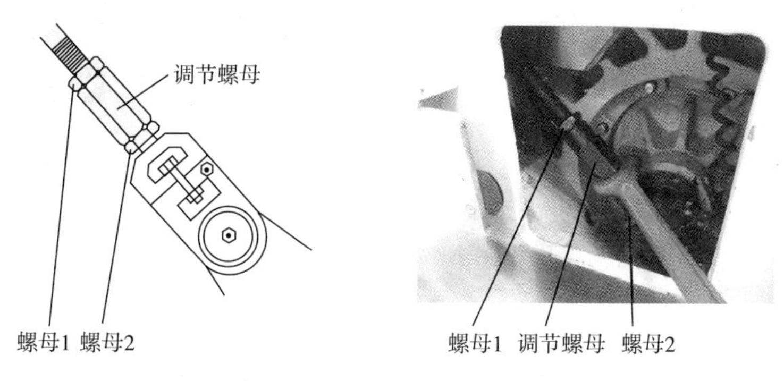

图1－15 裁切刀高低调节

（2）刀片直线度调节

裁切刀直线度主要是通过调节刀门滑槽内的偏心轴手柄来实现的。调节时，松开紧固螺母（见图1－16），向左或向右转动手柄，裁切刀左边或右边升高或降低，直至刀片与裁切台平行后锁紧紧固螺母即可。

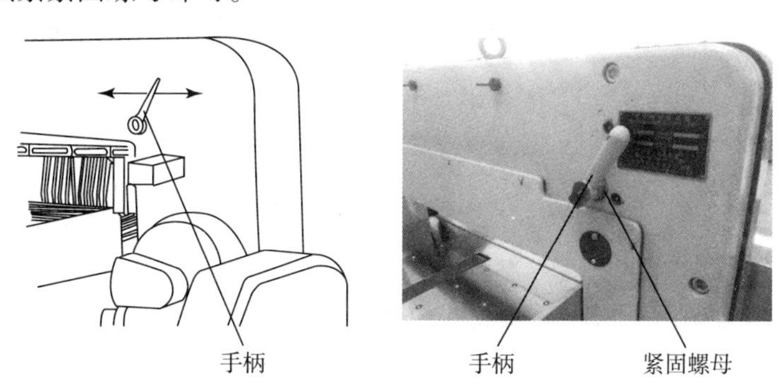

图1－16 裁切刀直线度调节

5. 检查

换刀后必须仔细检查，先盘车一周，若发现不正常现象及时处理，确保无误后开启马达空切几次才可进行生产。为使刀刃更加锐利、光洁，裁切前可在刀刃上涂抹肥皂或石蜡，能延长刃口使用寿命。

二、裁切条更换

1. 裁切条准备

裁切条也称垫板，其主要作用是与切纸刀片配合，进行纸张裁切。裁切条长度与切纸机裁切宽度规格相同，宽度以切纸机裁切条凹槽宽度为标准，裁切条需在裁切工作前按上述尺寸要求预先准备并安装到位。

2. 拆装裁切条

拆装裁切条时，先用螺丝刀（见图1－17）从两端将裁切条撬出，需要说明的是有的设备拆卸时使用裁切条托条手柄（见图1－18），下压托条手柄则顶柱可将裁切条顶起。可用压纸器对待安装的裁切刀条四面稍作整平，但不可过度整平，因过度整平的裁切条镶嵌在凹槽内时会出现松弛，易被裁切刀带起。最后将裁切条按压入凹槽内即可。

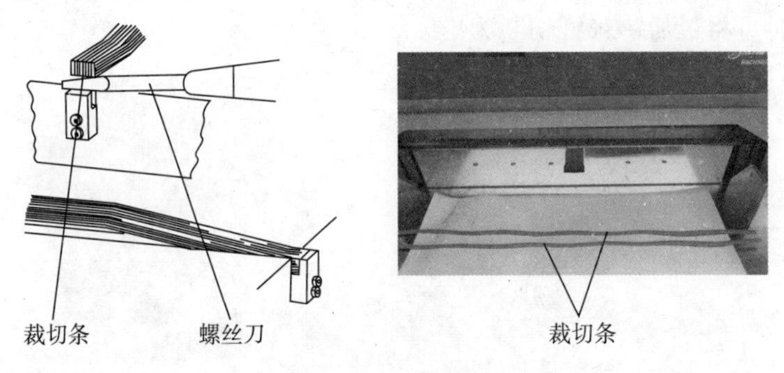

图1－17　裁切条

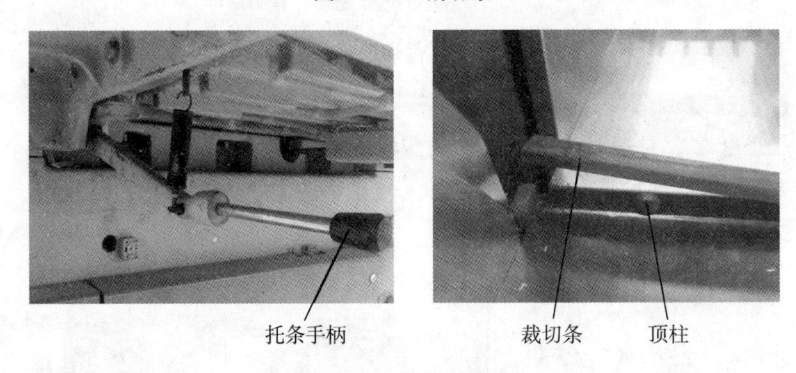

图1－18　裁切条拆卸

3. 裁切条位置要求

裁切条在安装时需注意当裁切条安装后其平面应与切纸机台面相平（见图1－19），不可高出或低于机台平面。若高出则纸叠无法推入裁切机；若过低则待裁切纸叠容易被凹槽两面挡住或裁切后出现压痕。此外，安装后的裁切条在凹槽内不得做任何移动，其与凹槽应基本无空隙。若裁切条过宽或过窄，均应进行调换。

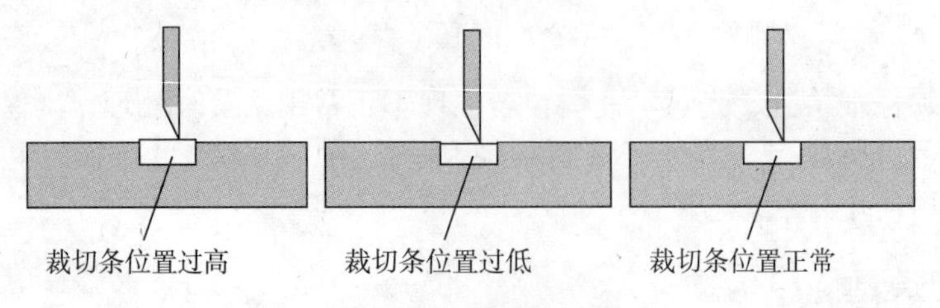

图1－19　裁切条位置

三、刀片刃磨

（一）裁切刀片种类

裁切刀片种类见表 1－2 所示。

表 1－2 裁切刀片分类及特点

刀片类型	刀片特点
标准刀	适用于各种正常工作条件，无须经常刃磨
碳钢刀	具有抗磨损刀口，使用寿命可达标准钢刀的 20 倍
高速合金钢刀 hss	复合钢刀，刀口使用特殊合金制造。适用于不平整纸张的裁切，其各项性能指标优于碳钢刀 4 倍
硬质合金钢刀 tct	刀口由硬质合金组成，耐磨性极强，但加工困难，价格较贵，其各项性能指标优于高速合金钢刀 3 倍
超细聚晶体钢刀 ufg	刀口采用金刚石聚晶复合至硬质合金体的超硬材料，集金刚石高硬度与硬质合金高强度特点于一体，其各项性能指标优于硬质合金钢刀 3 倍

不同材质的切纸刀片其使用寿命或钝化时间完全不同，如使用高速合金钢刀进行不间断高速裁切时需 1.5h 换刀一次，而换用硬质合金钢刀需 6h 换刀一次，超细聚晶体钢刀则 18h 更换一次。在选择切纸刀片时应该考虑刀体稳定性、刃磨后裁切量、刃磨次数、停机换刀时间等综合性能。目前，高速合金钢刀片已在国外得到广泛应用，硬质合金钢刀正逐渐成为高速合金钢刀的升级产品，而超细聚晶体钢刀则尚未普及。

（二）刀片刃磨判别

刀片锋利程度与裁切质量密切相关，刀片钝化则工作时对切纸机的压力就会加大，若刀片锋利程度降低二分之一，那么裁切压力就需增大 1.5 倍，因此使用钝化的刀片将缩减切纸机的使用寿命。当裁切刀片出现以下情况时必须刃磨或换刀：

1. 刀花

刀花是指裁切口出现凹凸不平的刀痕，主要是刀刃处产生细小缺口造成的。刀片出现刀花的主要原因是裁切刀使用时间过长或纸张中含有杂质。

2. 钝刀

钝刀表现为裁切物出现表面层拉出或“上下刀”。钝刀是由于刀刃的不断裁切使刀刃尖头磨损成为圆头，造成刀刃不能将纸张切断，而是凭借冲力冲破纸沓完成裁切。

（三）磨刀机种类

通常裁切刀片使用端面磨刀机来刃磨，少数印企也采用平面磨床。端面磨刀机可分为卧式磨刀机（见图 1－20）和立式磨刀机（见图 1－21）。立式磨刀机磨出的刃角略带弧形，造成抗切力下降，刀片使用寿命缩短。而卧式磨刀机磨出的刃角为直线形，其刀片承受力大，可有效延长刀片使用寿命，因此卧式磨刀机是目前刃磨使用较广泛的机型。

图 1－20　卧式磨刀机

图 1－21　立式磨刀机

（四）刀片刃磨操作

因端面卧式磨刀机使用广泛，以下就以此种机型为例介绍刀片刃磨操作。

1．水平调整

由于切纸刀片刃口需要较高的直线度，因此端面磨刀机初次安装时就必须调整好水平位置，以后每隔数月都需定期检查磨刀机机身水平状况，若发现差异应及时校正。

2．冷却液

端面磨刀机为湿磨磨削，冷却液可降低刃磨时的刀刃口温度，避免温度过高引起刃口退火。通常使用 1 号金属乳化切削液或 D15 防霉防锈乳化液作为冷却液，冷却液调配时与水比例一般是 1∶30，具体需根据厂商说明正确配比。要注意的是磨刀机在工作时，冷却液要直接喷注在砂轮磨削的接触部位，刃磨结束后要清洗冷却水箱过滤网并加注冷却液。

3．刀片位置调整

刀片固定是靠刀台（见图 1－22）上的磁性吸盘来实现的，安装前需对刀台平面及侧面的磁性碎屑进行清洁。安装时，将刃口伸出 10～15mm，刀片需接触磁性校准器并保持与导轨平行。在刃磨过程中，刀片直线度会出现误差，因此在每把刀片刃磨三遍后需对刀片直线度进行修正再次刃磨，修正时以刀台边缘为基准，保持刀背两端与刀台边缘尺寸（见图 1－22）一致。

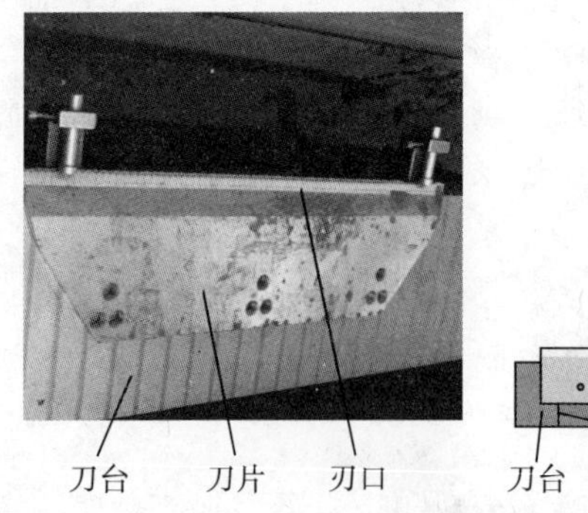

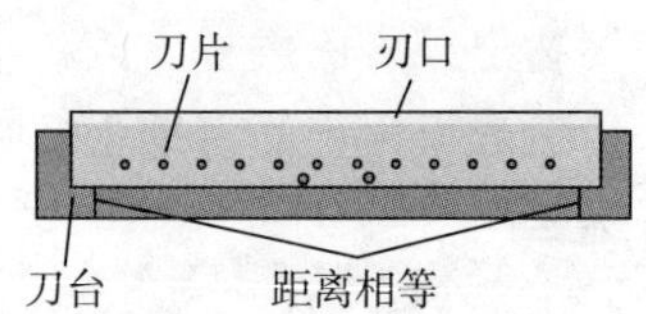

图 1－22　刀片位置

4．刃磨角度调整

刃磨角大小调整可通过刀台旋转来实现。刃磨时，使用手柄转动刀台令砂轮工作表面与刃磨表面形成一个 α 角度（见图 1－7）的倾斜角，角度大小根据刻度盘读数进行控制。每次刃磨完成后，均需检查裁切刀片角度，避免裁切误差产生。

5. 进给量及磨刀速度调整

进给量也称磨刀量，是指砂轮每次行程中的磨削量，进给量、磨刀速度都必须符合刀片的实际情况，若两者过大会造成磨削过程中温度过高，刀口烧伤退火，强度降低，缩减刀片使用寿命。

端面磨刀机磨削过程分为粗磨和精磨。一般砂轮往复一趟进给一次，粗磨每次最大进给量不得超过 0.05mm，可选用 0.012mm，精磨每次最大进给量不得超过 0.03mm，可选用 0.005mm。进给量可通过磨刀机电脑程序进行设定，控制在 0.01～0.005mm 范围内较为适宜。磨刀速度一般分为快、慢二档，粗磨时可使用快档，当刃口开始出现毛刺时需改用慢档精磨。通常砂轮速度为 20～30m/s，吃刀速度为 8～10m/min。

6. 砂轮选择

常见砂轮性能参数见表 1-3 所示。

表 1-3 常见砂轮性能参数

名称	材料	工作特性	砂轮磨料	粒度#	硬度	组 织（浓度）	树脂结合剂
切纸刀片	硬质合金	刃磨（粗磨）	GC	30～60 80～180	H、J、K	松	V（A）
		刃磨（精磨）	GC	46～80	J、K、L	大气孔	V（A）
			C	46～80	J、K、L	50%～70%	B（S）
	高速钢	刃磨	WA A PA	36～80	J、K、L	松	V（A）

（1）材质

常见砂轮材质有 A、WA、PA、GC、C 等，其中 A 为棕刚玉磨料，色泽为棕褐色，具有硬度高、韧性大的特点，适用于磨抗张强度较高的金属，如碳素钢、合金钢、可锻铸铁、硬青铜等。WA 为白刚玉磨料，色泽为白色，硬度高于棕刚玉，具有磨粒易破碎、棱角锋利、切削性能好、磨削热量小等特点，适合于磨淬火钢、合金钢、高速钢、高碳钢、薄壁零件等。PA 为铬刚玉磨料，色泽为玫瑰色或紫红色，具有切削刃锋利、棱角保持性好、耐用度较高的特点，适用于磨刀具、量具、仪表、螺纹等表面粗糙度要求低的工件。GC 为绿碳化硅磨料，色泽为绿色，具有硬度高、性脆、磨料锋利的特点，适合于磨铸铁、黄铜、铅、锌及橡胶、皮革、塑料、木材、矿石等。C 为黑碳化硅磨料，色泽为灰黑色，具有硬度高、脆性较大、磨粒锋利、导热性好等特点，适合于磨硬质合金、光学玻璃、陶瓷等硬脆材料。

（2）粒度

常见砂轮粒度为 20～240#，其性质为随着标号数据的增大，砂轮越来越细。

（3）硬度

常见砂轮硬度为 E、F、G、H、I、J、K、L、M、N、O、P、Q、R、S、T，其性质为随着标号字母顺序的递增砂轮逐渐变硬。

对于以上种类繁多、特点不同的砂轮，在单面切纸机刀片刃磨中一般首选 WA 白刚玉砂轮，其次可选用 A 棕刚玉砂轮或 PA 铬刚玉砂轮，砂轮粒度在 36～80#中选择，硬度则在 H、J、K、L 之间选择。此外，每次调换新砂轮或刃磨时砂轮出现异响，就应使用金钢笔修正砂轮端面。修正时开动电机，用升降手轮下降砂轮并与金刚笔接触，采用点动使砂轮往复来回，当砂轮磨削声音均匀后即可。

7. 毛刺清洁

刚刃磨好的刀片在裁切时往往会出现切口拉花现象，众多使用者认为这是因刀片产生刀花，而通过放大镜观察此现象是由削磨后的钢屑粘连在刀刃上所致，通常称之为毛刺。毛刺会随着刀口的不断运动和摩擦自动掉落，但为使刃口更锐利、光洁，在刃磨后应用油石对刀刃先进行打磨，再用竹片、木块或塑料将刀刃上的毛刺刮掉（见图 1－23），同时为刀片涂抹机油防锈，以延长刃口的使用寿命。

使用油石进行打磨特别要注意油石的摆放角度，不可出现错误角度（见图 1－24）引起刃口卷边。操作时，应不向刃口施压而是进行轻轻的刃磨，先用 W10 油石，再换用 W1 ~ W5 细粒子油石或天然油石打磨。

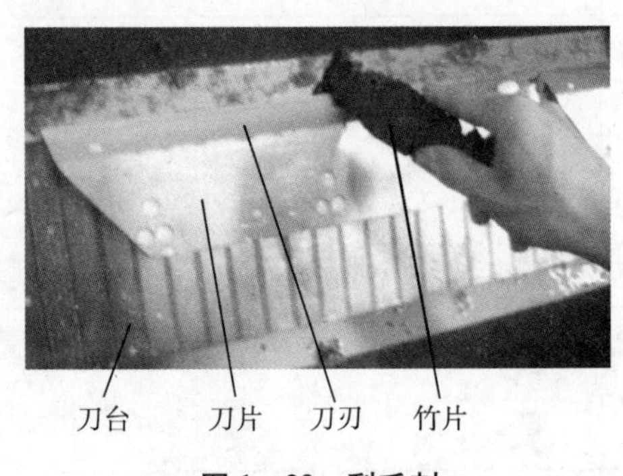

图 1－23 刮毛刺

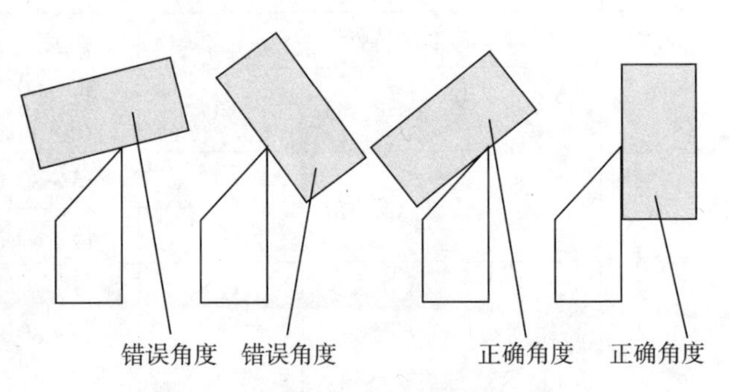

图 1－24 油石打磨

（五）裁切刀运输

裁切刀具在搬运过程中一般带有专用刀盒（见图 1－25），刀具在放入时应刃口朝里，并用螺母对刀上螺孔进行固定，在运输过程中各刀盒可以叠加在一起。

图 1－25 刀盒

（六）刃磨常见故障

1. 崩刀

崩刀是指裁切时突然崩落一块刀刃，若裁切过程中并未碰到坚硬物体，崩刀则多因刃磨温度过高导致刀片退火所致。

2. 刃口出现黄斑、切口表面出现刀花

此故障大多也是由于刃磨温度过高引起的。当刃磨温度达到 300℃时，金属材料会因收缩造成裂缝，局部区域硬度下降出现黄斑及刀花。

3. 切不透

裁切时出现厚薄不匀、切不透现象是由于刃口直线度不合格引起的。若刀片在刃磨时出现声音不规则，磨削火花疏密不断变化，则刃口直线度一定会出现问题，一般裁切刀刃口直线度应控制在 0.2mm 误差内。

任务三 裁切操作

由于单面切纸机的结构原理、操作方法基本一致，以下就以申威达 SQZKST 单面切纸机为例介绍该类设备的使用方法。

一、单面切纸机操作步骤

（一）开机

依次打开开关区总开关、计算机开关、主电机开关和压纸器开关（见图 1－10），并将压纸器开关旋转至中间位置。按下按键区任意按键，单面切纸机开始初始化，经初始化后推纸器回归至原点。将待切纸张理齐后放置于工作台上，并以切纸机左侧或右侧为规矩进行定位。

（二）尺寸输入

待初始化完成后，可通过按键区数字按键（见图 1－26）输入每刀的裁切尺寸进行精确定位，也可通过移纸按键（见图 1－27）快速移动推纸器定位。需要说明的是尺寸输入后需按下“运行”按键，推纸器才能按照设定位置移动，快速定位则只需按住“▼、▲”按键即可。此外，大多数单面切纸机有编程功能，即将裁切尺寸预先输入计算机，当裁切此种规格纸张时调出程序无须再对每刀尺寸进行输入，由于不同机型编程方法不同，此处不再讲述，具体可参见对应设备的使用说明书。

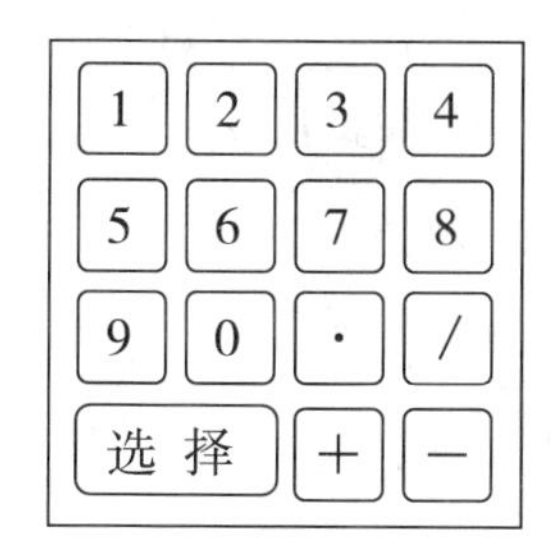

图 1－26 数字按键

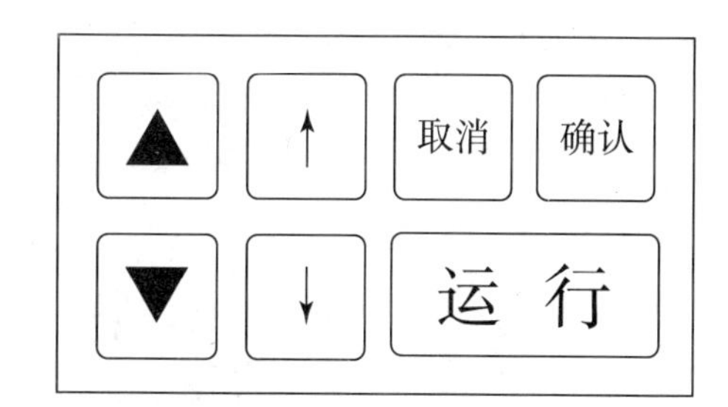

图 1－27 移纸按键

（三）裁切

当裁切尺寸输入完毕，确定待裁切纸叠已正确定位，踏下压纸踏板（见图 1－28），双手同时按下裁切按钮（见图 1－29）即完成了一刀的裁切，以后每刀反复尺寸输入过程，若裁切时已使用程序，则只需移动纸叠至下一刀方向即可。

二、单面切纸机调节

单面切纸机由控制部件、功能部件及裁切部件三部分构成，整个裁切过程需各部分相互配合来完成。

图 1－28　压纸踏板

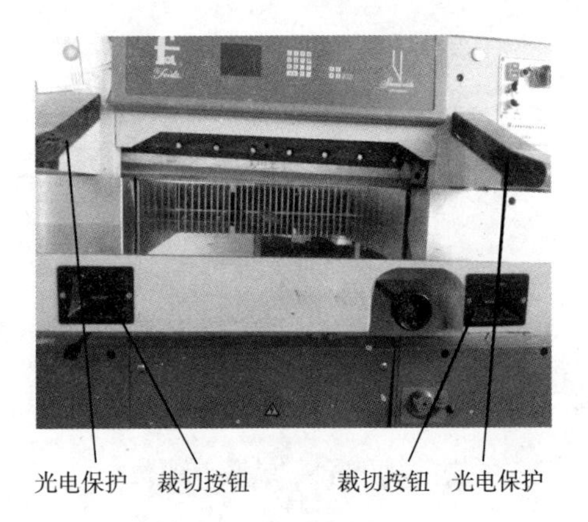

图 1－29　裁切按钮

（一）控制部件

1．开关区

（1）总开关

总开关（见图 1－10）转至“ON”，切纸机机器电源接通，转至“OFF”电源关闭。

（2）计算机开关

总开关打开后，用钥匙将计算机开关（见图 1－10）转至“ON”，切纸机控制系统接通，转至“OFF”则关闭。

（3）主电机开关

按下绿色“ON”电机启动按钮（见图 1－10），主电机开始运转，气泵打开，按下红色“OFF”电机关闭按钮，主电机停止运转，气泵关闭。

（4）压纸器开关

①压纸控制。压纸器开关（见图 1－10）转至中间，切纸机工作时踩下压纸踏板（见图 1－30）压纸器下降压住纸叠，裁切完毕松开压纸踏板压纸器复位。

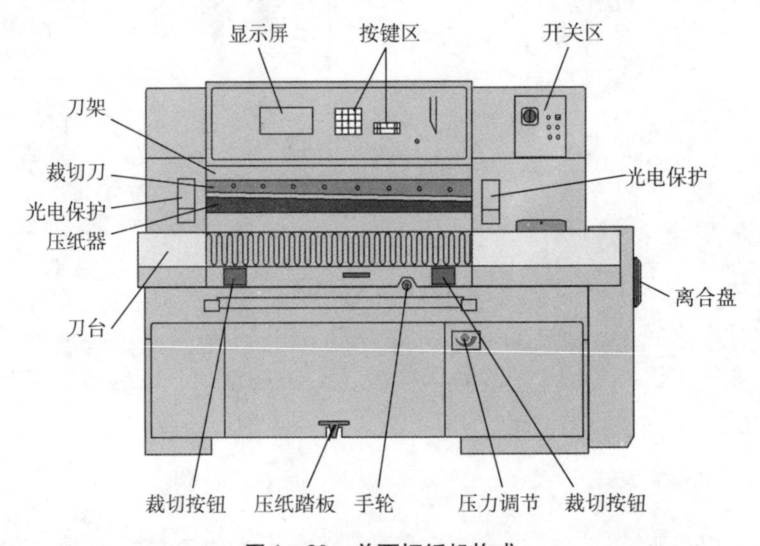

图 1－30　单面切纸机构成

②压纸定位。压纸器开关转至中间，踩下压纸踏板，待压纸器下降至所需位置时将压

纸器开关转至左侧，松开压纸踏板，则压纸器立即停留在当前位置，将压纸器开关再次转回中间，压纸器回到初始位置。需要注意的是，若在未踩下压纸踏板的情况下将压纸器开关转至左侧，压纸器将始终位于初始位置不能下降。

③手动模式。压纸器开关转至右侧手动模式，可进行手动盘车操作。需注意的是，电机在运转时若将压纸器开关转至右侧则电机立即制动。

（5）对刀光线开关

对刀光线开关（见图 1－10）转至左侧，切纸机照明灯开启，转至右侧，裁切对光刀线（见图 1－31）开启，此光线位置即为裁切刀裁切位置。

图 1－31 对刀光线

2. 按键区

（1）数字按键

数字按键（见图 1－26）可进行裁切尺寸输入或数值加减运算，其中“选择”键用于功能选择。

（2）移纸按键

移纸按键（见图 1－27）可实现推纸器的定位，其中“确认”键是对输入的尺寸进行确认，“取消”键是取消输入尺寸，“▼、▲”控制推纸器前进或后退，“↑、↓”可移动光标改变选项，“运行”键则可令推纸器移动至尺寸设定位置。

3. 显示屏

显示屏（见图 1－32）可分为编辑显示、位置显示、信息显示、功能显示四个区域，主要是实时显示操作者输入的尺寸、程序、坐标、功能及 I/O 状态等信息。

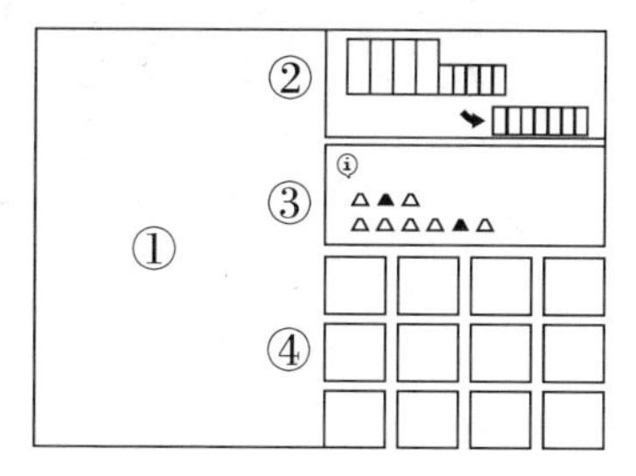

图 1－32 显示屏

（二）功能部件

1. 气垫

裁切时需经常对纸叠进行换向移动，为了减小纸叠在工作台上的运动阻力，切纸机台面装有气垫装置。其工作原理是通过气泵将压缩空气通入管道，当纸叠放置于工作台上，台面上钢珠（见图 1－33）被压下，压缩空气可向纸叠施加向上推力，将纸叠轻微抬起，减小纸叠与台面之间的摩擦，当纸叠移除时钢珠被弹簧顶起，压缩空气封闭于管道内。气泵可随主电机打开而激活，主电机关闭则停止。

2. 手轮

手轮（见图 1－34）可用来作短距离的推纸器前后调节，不适用于大尺寸调节。使用时，向前推动并旋转手轮，推纸器即可向前或向后移动。

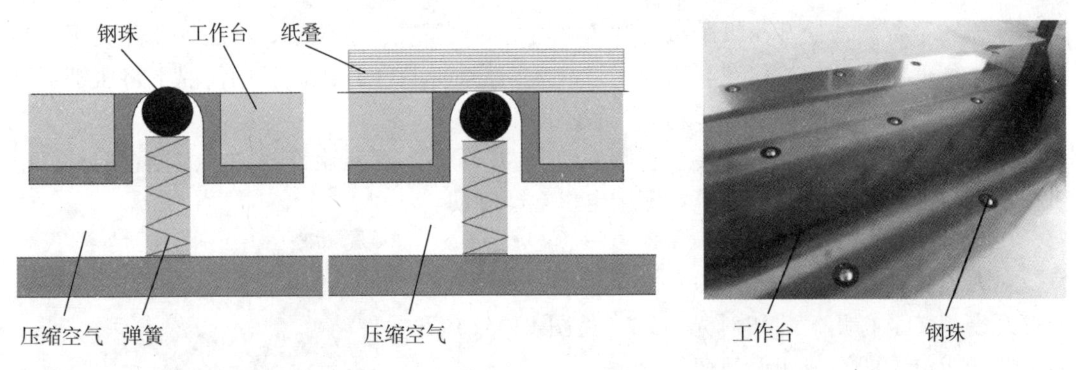

图1－33　气垫装置

3. 压纸踏板

踩下压纸踏板（见图1－28）压纸器下降，松开压纸踏板压纸器复位。需要说明的是压纸器前端和裁切线处于同一直线，裁切时可作为参考。

4. 压力调节阀

压力调节阀（见图1－35）用于调节压纸器对纸叠的下压力大小，目前单面切纸机压纸机构大多采用液压原理。一般压纸压力应控制在0.4～1.2MPa之间，调整时可借助压力表等外部仪器，按照机身上压力大小指示方向进行调节。

图1－34　手轮

图1－35　压力调节阀

5. 光电保护

光电保护（见图1－29）为安全装置，一般在工作台上方左、右侧各装有一个，其中一个为发射端，一个为接收端。在裁切过程中，若操作者身体任何部位进入光电保护区域或有其他障碍物时，机器会立即停止，以防止意外发生。在此情况下，压纸器还可由踏脚板控制压纸，但裁切刀不可下切。

6. 裁切按钮

为了确保裁切安全，单面切纸机裁切按钮（见图1－29）均为双按钮。操作时，必须同时按下两只按钮，裁切刀才可进行裁切，若任何一只手或双手均离开按钮时，裁切刀将立即停止，只有当双手再同时按下后，裁切刀才可继续裁切。需要说明的是，在裁切过程中，当裁切刀接触裁切条后就可释放裁切按钮，裁切完毕刀具会自动回到初始点，若裁切过程中始终不释放裁切按钮，当一次裁切完毕不会再进行第二次反复裁切。

（三）裁切部件

1. 推纸机构

推纸机构即推纸器（见图1－36），主要为待裁切纸叠进行定位。推纸器一般采用一组或两组螺杆螺母传动，动力源为单独的电机，推纸器上连接有随推纸器一起前后运动的传送带。需要注意的是，纸张裁切过程中严禁使用纸张猛烈撞击推纸器来齐整纸叠，以免推纸器螺纹长期受到撞击而损坏。

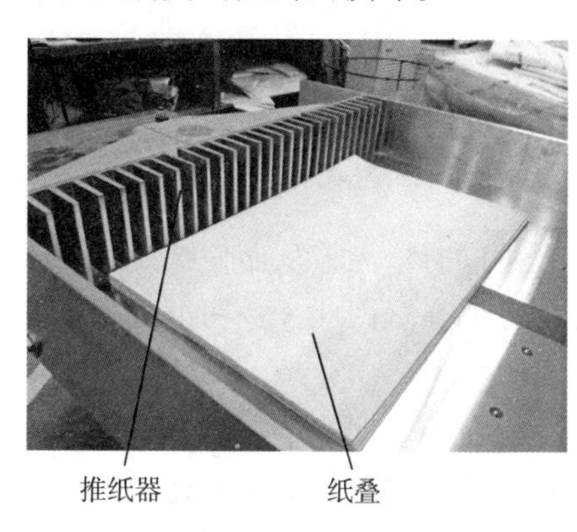

图1－36　推纸器

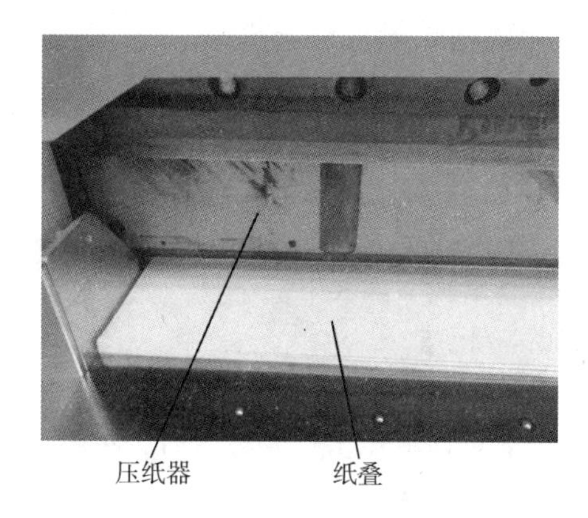

图1－37　压纸器

2. 压纸机构

压纸机构即压纸器（见图1－37），其作用是将定位后的纸叠压紧，防止纸张在裁切过程中位移，保证裁切精度。若在裁切过程中缺少压纸器参与或压纸器失灵，那么当裁切刀接触纸叠上层时纸张会向下收缩发生变形或移位，导致纸张裁切尺寸不一致。

3. 裁切机构

裁切机构是切纸机的主要构成部分，一般由曲柄、连杆、刀架、裁切刀组成。裁切刀运动形式分为平动和复合运动两种。

（1）裁切刀平动

裁切刀平动是指在裁切过程中，刀刃线始终保持与工作台面平行，裁切平动主要有直线、斜线、曲线三种（见图1－38）。由于此种运动轨迹的特点，当裁切刀切入纸叠时，其刃口在长度方向与纸叠全部接触，瞬间产生较大的抗切力形成冲击，易造成纸叠变形。因此此种运动形式的切纸机不利于对较厚裁切物进行裁切，通常用于小型切纸机。

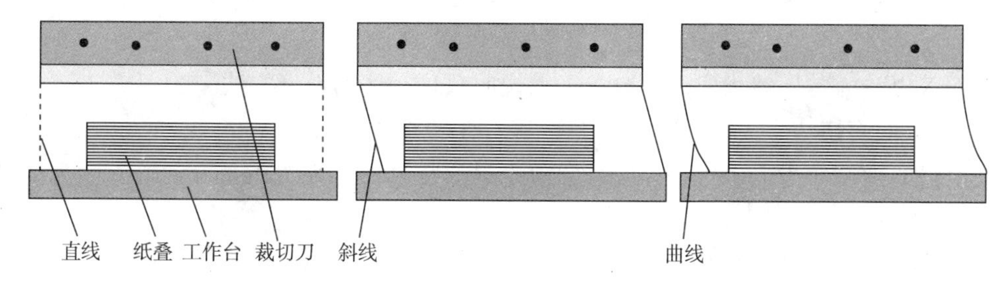

图1－38　裁切刀平动

（2）裁切刀复合运动

裁切刀复合运动是指在裁切过程中，刀刃做平动与转动相结合的运动。此种运动的轨迹为裁切刀在最高位置时刀刃线与工作台面有一个夹角α（见图1－39），随着裁切刀的下切，夹角α逐渐变小，当裁切刀下切到裁切条时，α角变为零，正好和工作台面平行。裁切刀采用此种复合运动可有效地减小刀具下切时的抗切力，保持纸张定位并延长刀具寿命。

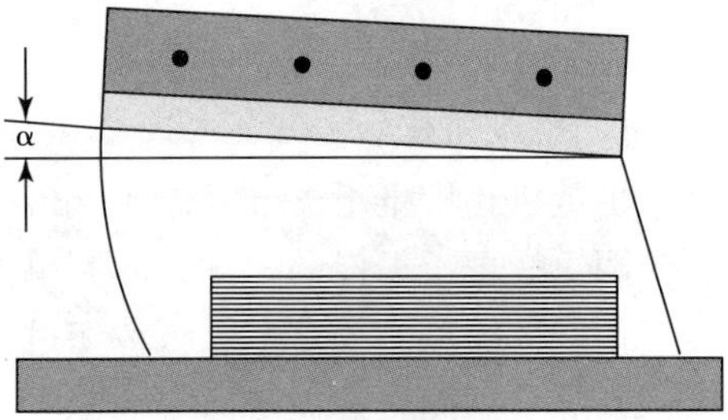

图1－39　裁切刀复合运动

三、裁切质量标准与要求

（一）影响裁切的因素

1．纸叠高度

随着纸叠高度的增加，压纸器压力及纸叠抗切力同时增大，从而使纸叠弯曲变形，裁出的纸叠会出现上部大下部小的现象，裁切尺寸误差明显。因此，裁切纸叠高度一般应控制在100mm以下。

2．刀刃锋利程度

刀刃越锋利，裁切时被裁切物的抗切力就越小，机器磨损与功率消耗也相对减少，同时裁切后的产品整齐，切口光洁。反之，刀刃不够锋利，裁切质量和裁切速度就会下降，裁切产品易出现上下刀现象。

3．压纸器压力

压纸器必须沿纸叠裁切线进行压紧，随着压纸器压力的增大，纸张从压纸器下被拉出的可能性就越小，裁切精度越高。

4．裁切机调整

裁切刀与工作台的距离，裁切刀与工作台的平行度、垂直度，推纸器工作面与裁切线的平行度、垂直度等裁切机调整过程中的问题都会对最终裁切质量产生影响。因此，在切纸机安装、维护时应准确校准以上部件，保证裁切质量。

此外，操作熟练程度、纸张问题、机器磨损等因素也将影响裁切质量。

（二）裁切顺序

裁切顺序是指对裁切边、裁切尺寸的顺序安排，即先切哪一边，切多少，后切哪一边，切多少。裁切顺序的合理性直接影响最终裁切质量及裁切效率，因此在裁切前一定要设计好最佳的裁切顺序，对于较复杂的裁切物可使用切纸机编程功能以保证每刀裁切的正确性。

以下就以较为常见的裁切物及要求为例说明裁切顺序的设计方法。

1．白料四面切

某白料幅面尺寸为770mm×540mm，要求最终成品尺寸为760mm×520mm，裁切顺序设计如下：

（1）第一刀切长边，裁切后尺寸应大于520mm，小于540mm，取中间值530mm（见图1－40）进行裁切，裁切好后顺时针转动纸叠90°。

（2）第二刀切短边，以上一步切好长边为基准紧靠侧挡规，裁切后尺寸应大于760mm，小于770mm，取中间值765mm进行裁切，裁切好后顺时针转动纸叠90°。

（3）第三刀切长边，以上一步切好短边为基准紧靠侧挡规，按尺寸 520mm 进行裁切，裁切好后顺时针转动纸叠 90°。

（4）第四刀切短边，以上一步切好长边为基准紧靠侧挡规，按尺寸 760mm 进行裁切，裁切结束。

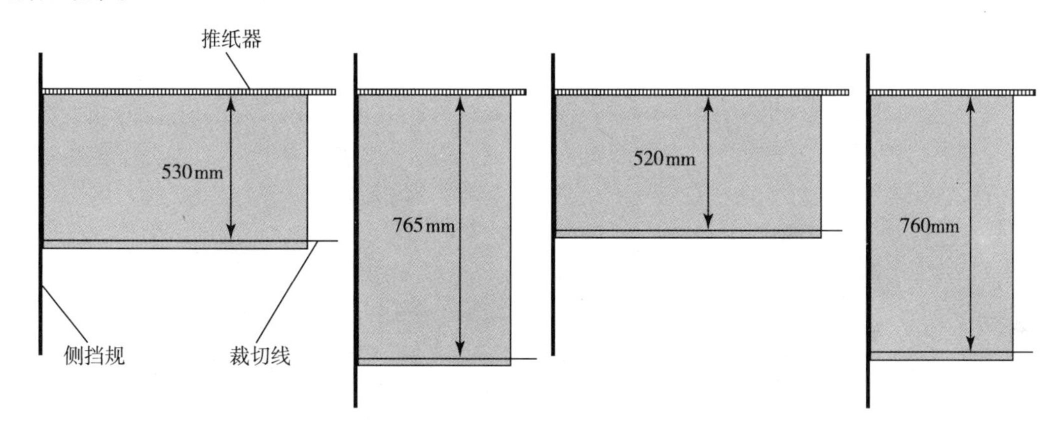

图 1-40 白料四面切顺序

2. 白料分切

某白料幅面尺寸为 770mm×540mm，要求最终成品尺寸为 260mm×186mm，裁切顺序设计如下：

（1）第一刀切长边，取 530mm（见图 1-41）进行裁切，裁切后顺时针转动纸叠 90°。

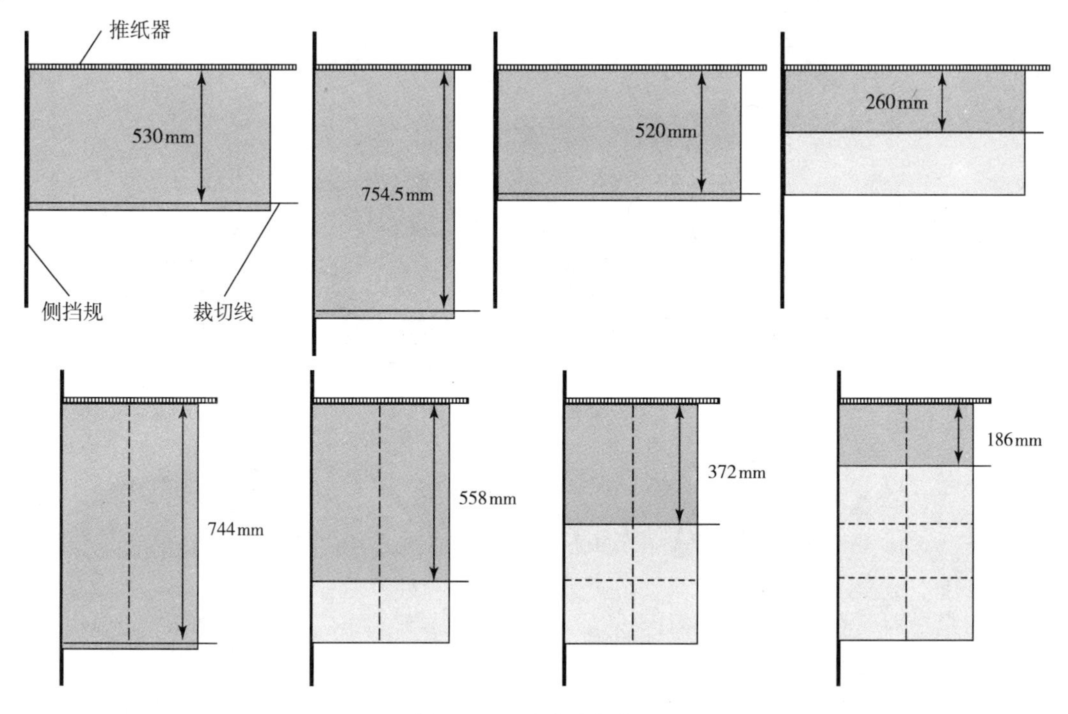

图 1-41 白料分切顺序

（2）第二刀切短边，取754.5mm进行裁切，裁切后顺时针转动纸叠90°。

（3）第三刀切长边，取520mm进行裁切。

（4）第四刀分切长边，取260mm进行裁切，裁切后顺时针转动纸叠90°。注意此刀没有进行最后一个短边裁切的原因是，先分切长边可减少一次纸叠旋转，降低纸叠由于旋转而散乱的概率。

（5）第五刀切短边，取744mm进行裁切。

（6）第六刀分切短边，取558mm进行裁切。注意此刀没有取372mm进行分切的原因是，若采用此种切法需在裁切后将两纸叠人工堆起，降低裁切效率的同时还有可能将纸叠弄散，而取558mm进行裁切则能够完全利用推纸器自动向前推进依次完成剩下的分切过程，最大程度地利用机器自动化定位，保证裁切质量。

（7）第七刀分切短边，取372mm进行裁切。

（8）第八刀分切短边，取186mm进行裁切，裁切完毕，共得到8叠符合最终尺寸要求的纸叠。

3. 封面裁切

与白料裁切相比封面裁切难度较大，裁切失误会直接导致产品报废，因此操作前需认真阅读施工单，根据书本开数、书芯尺寸、书背厚度等参数计算出封面裁切尺寸，保证书刊装订后封面文字、图案位置的正确性。

单联封面可分为头对头排版（见图1－42）或头对脚（见图1－43）排版两种。对于头对脚排版裁切时，应先在上下图文中各寻找参照点，如以上下联中相同的图文点作为封面开切前上下联的间距，就可得出封面裁切的长度尺寸。头对头摆放的封面，封面长度方向裁切线以印刷中线为准。

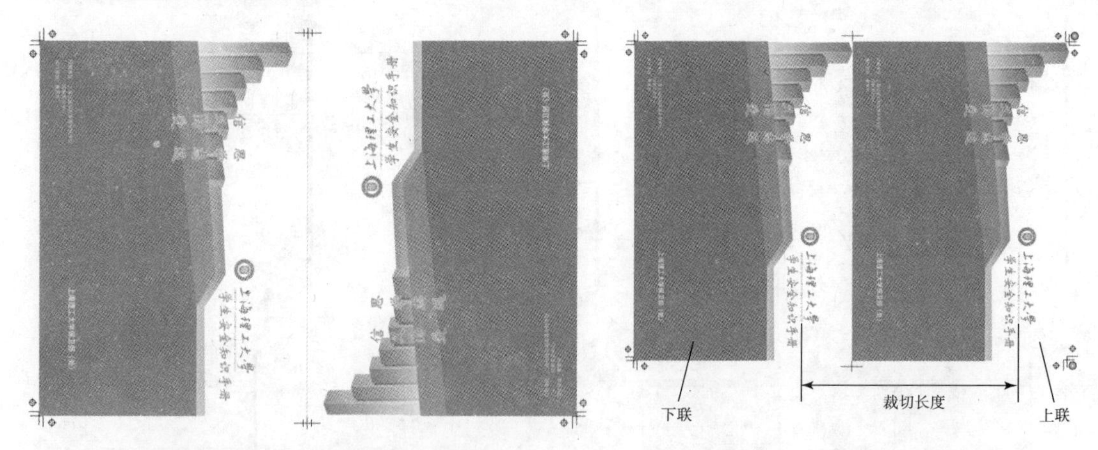

图1－42　单联头对头排版　　图1－43　单联头对脚排版

双联（见图1－44）裁切时，应先在左右图文中各寻找参照点，如以左右双联中相同的图文点作为封面开切前的宽度尺寸，上下裁切长度计算方式与宽度相同。双联经裁切后要做到四张封面尺寸完全一致相对困难，一般则不强求其规格完全相同，但不同规格封面堆放时需分开，以免造成装订误差。

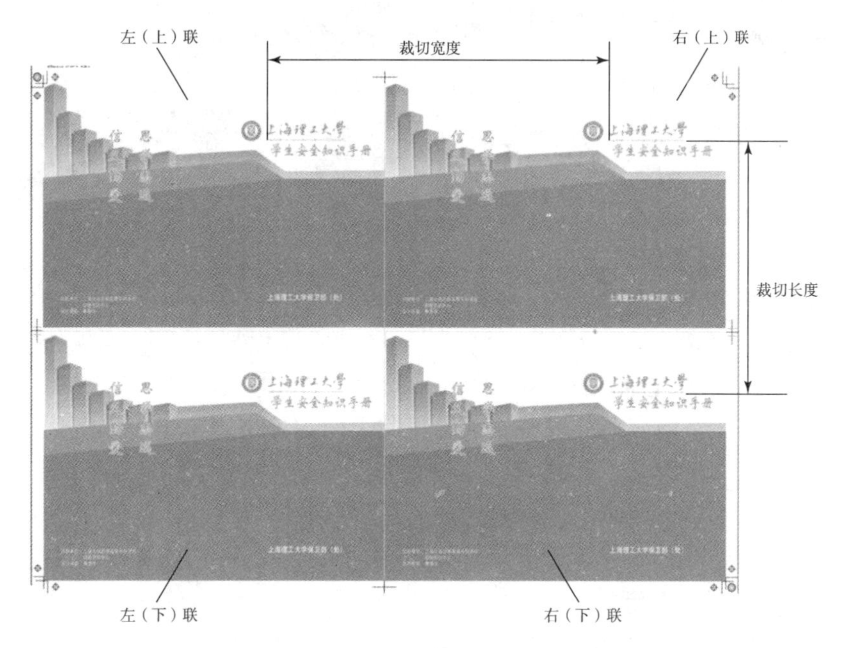

图 1－44　双联头对头排版

（三）裁切质量要求

1. 开切质量要求

裁切后纸张切口应光滑、整齐、不歪斜，不可出现刀花、毛口和驳口，确保产品无颠倒、翻身、夹错、折角等质量弊病。

2. 开切尺寸要求

（1）裁切大版书料，误差小于 1.0mm，裁切插图及跨页拼图，误差小于 0.3mm。

（2）裁切封面、卡纸，误差小于 0.5mm。

（3）裁切双联，误差小于 0.5mm。

（4）裁切白纸板类对角线，误差小于 0.3mm。

（5）裁切套书、丛书，误差小于 1.0mm。

（6）裁切图表天头空白应大于地脚空白，一般比例为 6∶4～5∶4。

四、裁切常见故障及排除方法

（一）裁切规格不准

1. 裁切台垂直度不准

由于裁切台与刀片不垂直引起。对裁切台进行校正，调整时旋转滚花螺母（见图 1－45），裁切台即可上升或下降，直至裁切台与刀片完全垂直。

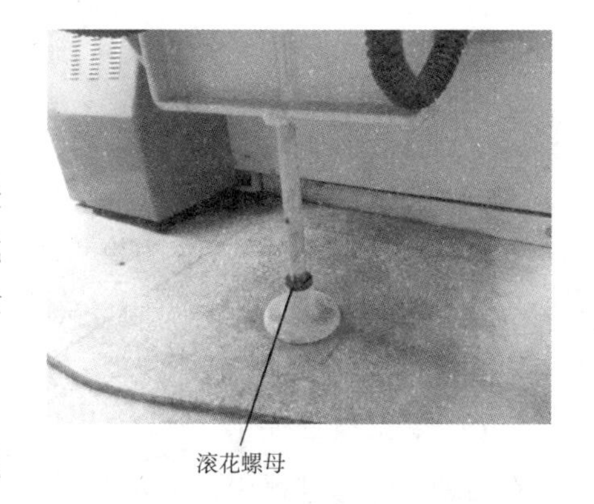

图 1－45　裁切台垂直度调节

2. 推纸器平行度不准

由推纸器歪斜引起。通过推纸器左右两只螺钉（见图 1－46）进行校正。

3. 上下规格不准

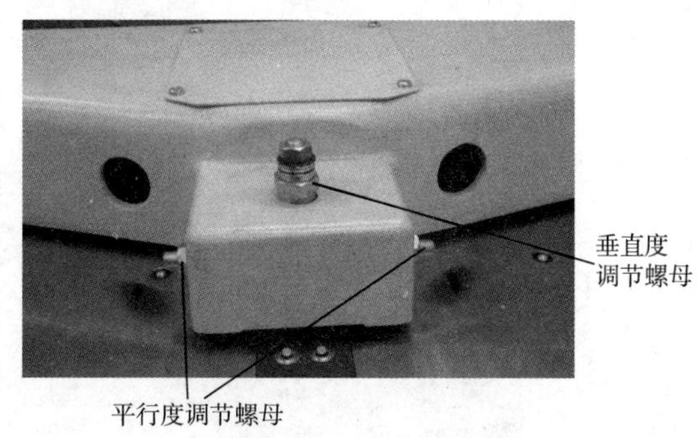

图1-46 推纸器调节

(1) 由于压纸器压力不足，刀刃不够锋利或刀刃切口角度不对造成。通过压力调节阀（见图1-35）调整压纸器压力，更换锋利的刀片或正确角度的刀片。

(2) 由于推纸器平面与工作台平面不垂直引起。调整螺母（见图1-46）校正推纸器垂直度。

(3) 由于上层纸张卷曲而引起。将最上层纸张反向弯曲。目前有部分设备为了避免此类问题的出现在推纸器上增加了压纸夹，可保证最上层纸张的平整。

(4) 纸张推入时力量过大，纸张被弹回。需规范操作过程。

(5) 纸叠高度过高。将纸叠高度控制在100mm以下。

(二) 推纸器移动不畅

由于推纸器滑行凹槽中沉积了纸毛、纸粉、油污等阻碍了推纸器滑行，此外凹槽中塞铁过紧也可造成推纸器移动不畅。清除滑行凹槽中污物或重新调整塞铁位置即可。

(三) 保险螺丝损坏

保险螺丝损坏是由于机械负载过重引起，主要表现为裁切时碰到硬物，裁切深度过大，刀片钝化致使裁切力过大以及刀具下降导轨润滑不良。更换保险螺丝时先将裁切刀移至上端位置，换上新的保险螺丝（见图1-47），拧紧锁紧螺母即可。

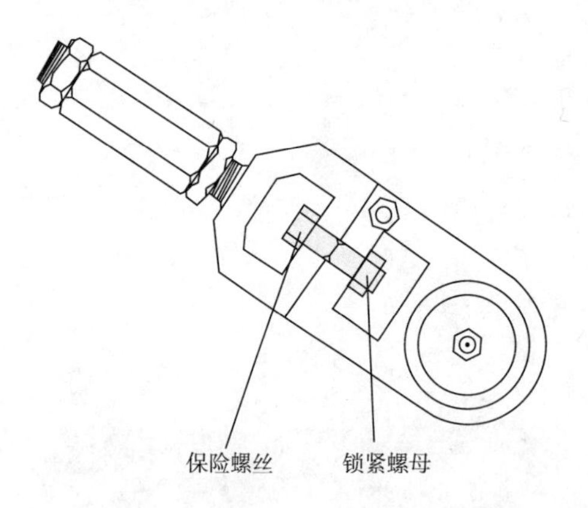

图1-47 保险螺丝调换

(四) 滑车

由于制动机构频繁工作，造成离合器调节螺丝松动，摩擦片胀圈磨损或间隙太大，使摩擦片失去胀力产生打滑。调整时，旋松圆头内六角螺钉，调节平头内六角螺钉，使离合器与蜗轮箱三角皮带轮间隙为0.5~1.0mm，紧固圆头内六角螺钉。

(五) 常见报警提示

在切纸机工作过程中，显示屏有时会显示报警提示，如“压板未定位”、“切刀未定位”、“伺服异常”等，当出现此类问题时应参看设备说明书并按照其上提示进行故障排除。因各品牌单面切纸机系统提示不尽相同，在此就不一一详述了。

五、裁切操作安全与设备保养

(一) 裁切操作安全

1. 操作安全

(1) 首次操作切纸机前必须仔细阅读说明书，或在专业人员的指导下进行操作。

(2) 换刀时需使用专用刀套，身体任何部位不可触碰刃口。

(3) 开启设备前，必须确保周围环境安全，设备无失灵及部件无松动后方可开机。

(4) 工作台上除待裁切纸张外不允许放置其他物品。

(5) 若中途离开设备，回来后需重新检查参数等设定。

(6) 开机过程中若发生意外情况或异响，必须立即停车检查。

(7) 换刀调整时严禁将手伸进裁切刀操作，严禁二人同时操作裁切按钮和脚踏板。

(8) 操作过程中若发生尺寸不准要及时停车，不可抢纸。

(9) 调试设备工具必须及时卸下，避免因设备运动飞出造成事故。

2. 设备安全

(1) 设备安装后必须将电动机妥善接地。

(2) 不可私自拆除、改装、移位切纸机保护装置。

(3) 不可使用老旧或已损坏的刀片进行裁切。

(4) 定期对切纸机制动部分进行检查，确保设备不出现滑刀现象。

(5) 设备在维修、保养时必须将电源切断。

(6) 若保险螺栓拉断后，必须及时更换保险螺栓并检查过载原因予以排除。

(二) 单面切纸机保养

1. 工作开始前应对机器主要部分进行检查并加注润滑油。

2. 连续生产过程中需每四小时为各加油点加注润滑油。

3. 每班工作结束前，应对各摩擦面及光亮表面涂以润滑油并对设备进行清洁。

4. 若设备较长时间搁置不用时，需将所有光亮面擦拭干净并涂以防锈油，用塑料套将整机遮盖。

5. 维修、保养机器零部件时，严禁使用违规工具及操作方法。

任务四 理 纸

理纸是印刷及印后加工流程中的重要工序之一，通常可分为松纸、理纸、敲纸、数纸、搬纸和堆纸6个步骤。通过以上操作步骤可达到防止纸张粘连、减弱静电、齐整纸张、提高叼口坚挺度、去除残次纸、确定纸张数量等目的，因此掌握全面的理纸方法是印刷操作人员应具备的基本技能。

一、松纸

理纸前首先要透松纸叠，松纸是通过去除纸张局部静电，减少纸张之间摩擦力，以达到防止纸张粘连、使纸张容易理齐、提高输纸流畅度的目的。此操作是理纸的基础，分为捻纸（图 1－48）、松纸（图 1－49）两个环节。

把零乱的纸张大致理齐，拿起一叠纸后用双手大拇指、食指和中指同时捏住纸叠的下边缘两角或对角并捻开。

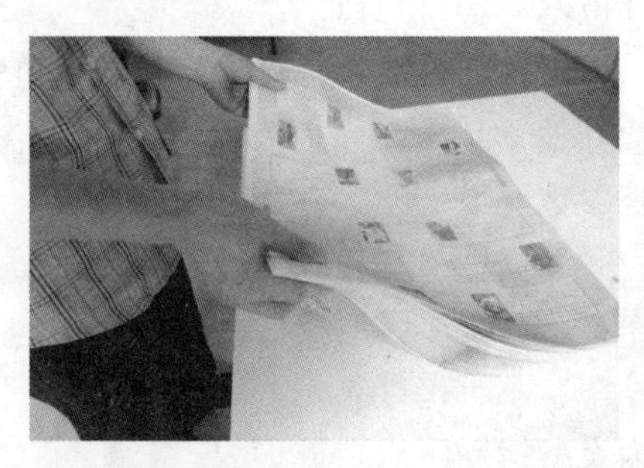
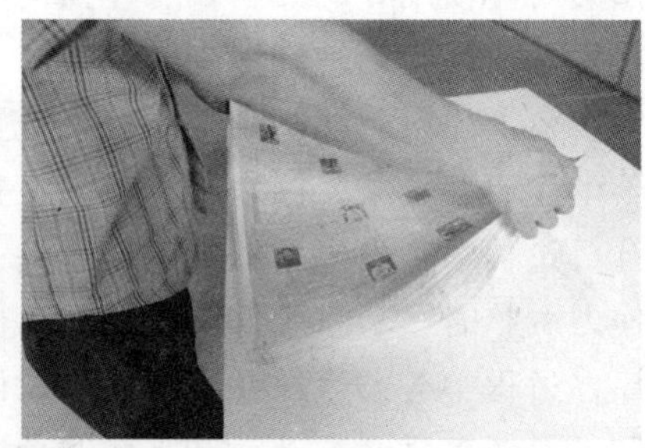

图 1－48　捻纸

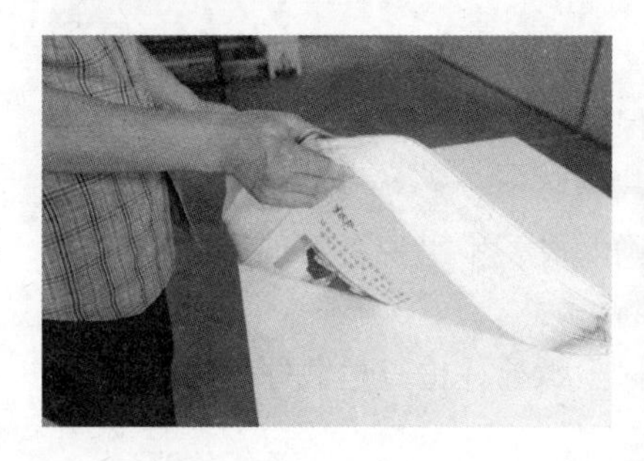
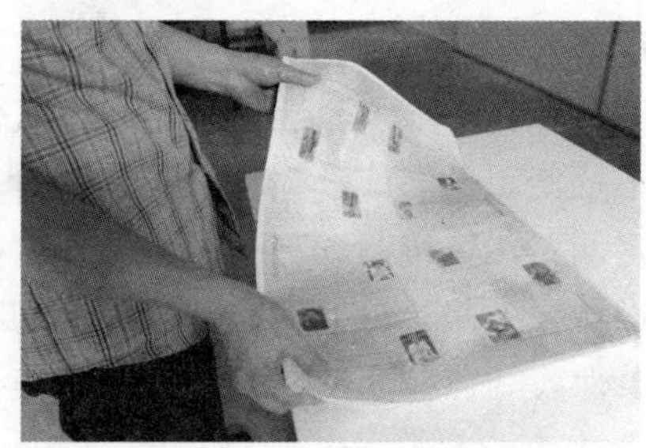

图 1－49　松纸

提起已捻开纸叠的下边缘两角或对角并左右抖松，经上述操作后纸叠可呈现出自然松弛状态，空气完全进入纸张之间，起到了松纸的作用。

二、理纸

理纸是利用纸张之间空气进入后所产生的自由滑动或错动原理，将原来不整齐的纸叠经碰撞或滑动使之齐整的过程。在理纸时，根据纸张性质和幅面大小的不同，可分别采用撞击式和错动式进行操作。

1．撞击式

撞击式理纸方法（图 1－50）适合于较硬的纸张。操作时双手将纸叠向下错动披滑开，将已披滑松的纸叠竖提起向下撞击工作台面，撞击时利用纸张自重下落，不可硬撞硬碰，造成纸边卷曲或撞不齐等现象出现，待上下方向撞齐后，可使用同样方法将来去方向撞齐，注意来去方向应选择侧规边进行撞击。

2．错动式

错动式理纸（图 1－51）适合于幅面大或较软的纸张。操作时双手将纸叠向左错动披滑开，使纸张侧边披成坡状，向上翻起纸叠左下角，左手向下轻推纸边，右手向右推揉纸边，使先前披开的坡型逐渐减小直至消失。待左下角理齐后用同样的方法错动纸叠右上角。一般经过纸叠两个对角的错动之后，纸张基本就可理齐，若碰到大幅面的纸张可通过四个角错动来理齐纸张。

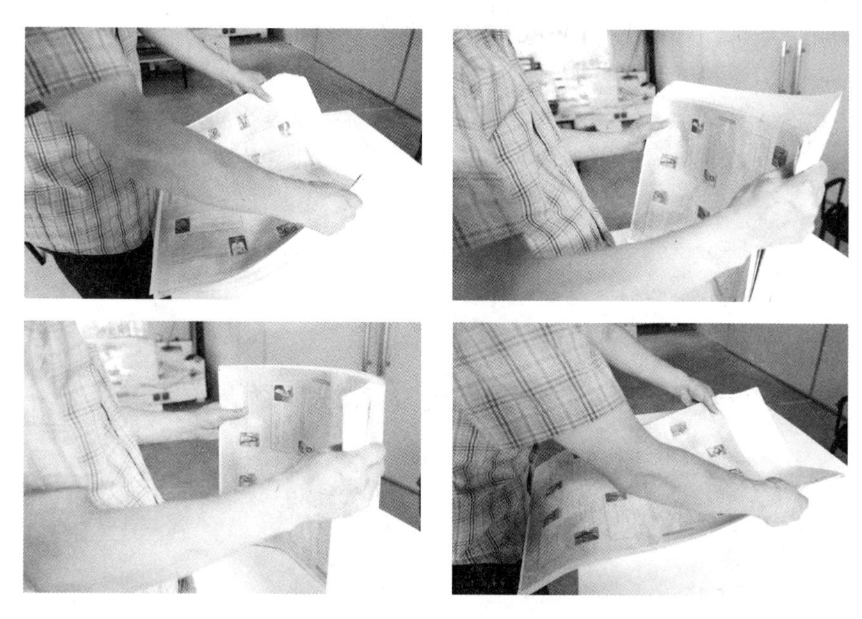

图 1－50 撞击式理纸

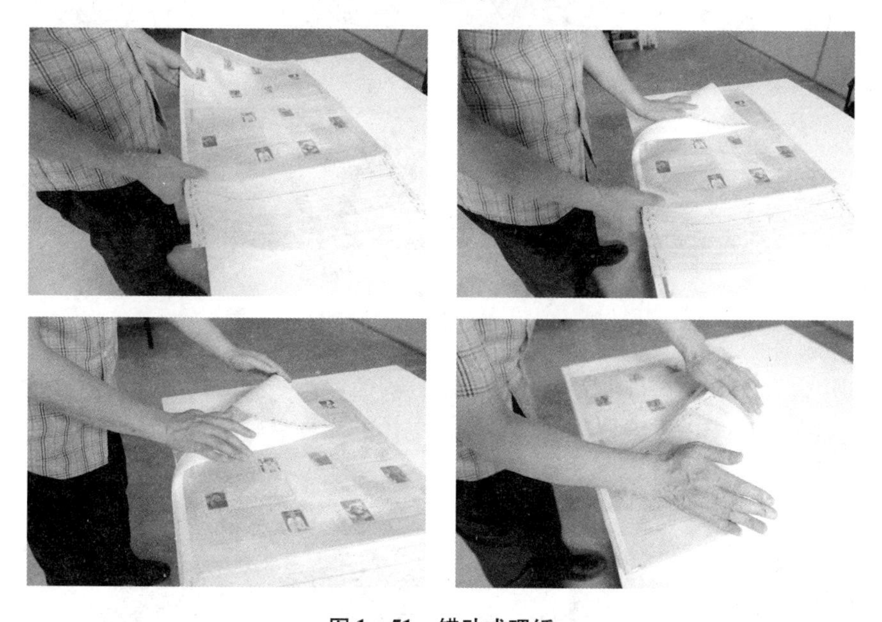

图 1－51 错动式理纸

三、敲纸

敲纸是通过在纸叠上敲出一定方向的折痕，来提高纸张的挺度，以达到改善纸张印刷适性，提高输纸定位精度，减少输纸故障，克服纸张由温度、湿度变化发生卷曲等目的的操作。敲纸一般分为敲叼口、敲侧规两个环节，敲痕一般长 150～200mm，间隔约 30mm。

特别注意的是铜版纸的卷曲现象不可通过敲纸来处理，因敲纸会破坏其表面涂层，影响印刷品质量，可采用在背面轻揉的方式来解决纸张卷曲问题。

1. 敲叼口

如图 1－52 所示，首先将卷曲的纸叠翻身，并将纸叠右边捻开，左手接过捻开纸叠，用右手掌手腕的力量对纸张进行敲打，敲的时候手指前端靠紧纸边，这样敲痕长度就基本达到要求了。右手每敲一下的同时，左手捏住纸张，沿圆弧线向左匀速移动，直至右手敲至纸张叼口边中间位置。敲好上面的一叠后，再用同样的方法敲下面的一叠纸，直至纸堆上的纸敲完。

右侧半边敲完后，将纸放平放齐，然后敲另一半（即左半边），敲纸方法相同，但用手方向相反，右手握住纸向右移动，左手敲纸。

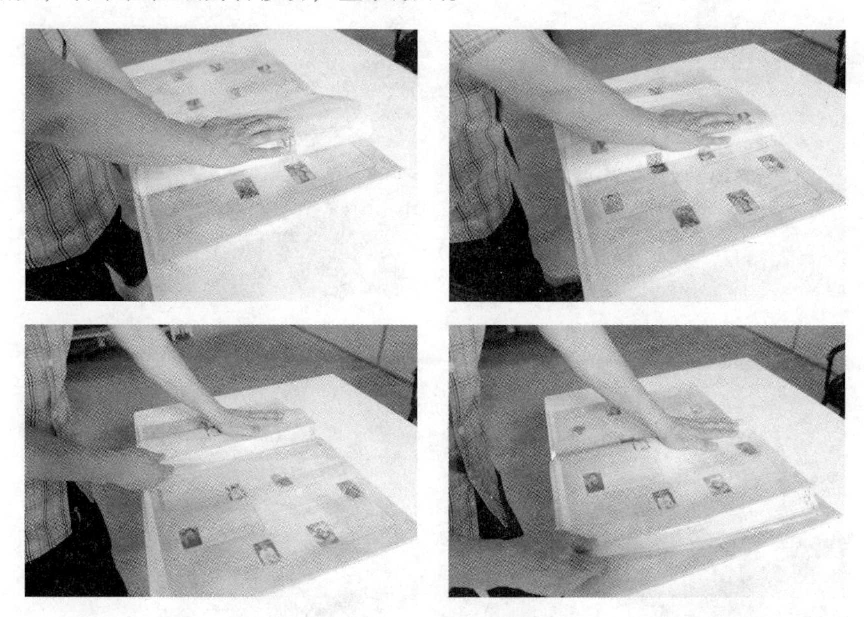

图 1－52　敲叼口

2. 敲侧规

如图 1－53 所示，敲侧规时首先将纸叠披松后向拖梢翻转，右手捏住纸叠叼口边中间向拖梢方向移动，左手向下按压纸叠进行敲纸操作。注意敲侧规只需在侧规定位的相应位置进行敲打即可，不需要敲整个靠身边。

图 1－53　敲侧规

四、数纸

印后加工中对于衬纸、扉页及零料等都需要点数，同时对印张的来料也需进行令数的抽查验证，因此数纸工作是日常工作中经常接触到的，有必要掌握其操作手法。数纸一般以 5 张为一手，100 手为一个整数单位，即 1 令。如图 1 - 54 所示，数纸常见有两种方式：一种是将纸叠放在操作台上数纸，叫台上数纸；另一种是数好一叠后堆纸放在堆纸板上，叫堆叠数纸。

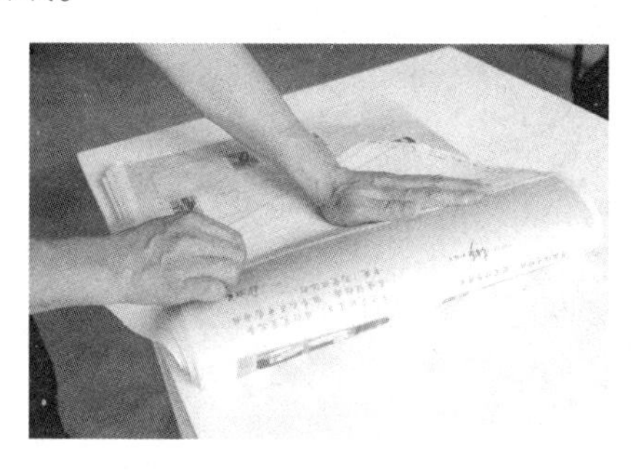

图 1 - 54 数纸方式

如图 1 - 55 所示，首先将纸叠右端捻开，用右手抓住纸角将纸叠翻转成扇面形状，左手按住纸叠，接着左手左移按住扇形面固定纸叠，右手随之放开纸角，将五指并紧后在扇面右下角轻轻刮擦，刮擦时需以小指为圆心朝外划圆弧。在右手刮擦时，左手拇指、食指上抬，待刮出五张后，左手食指对准第五张的间隙插进去，放开右手，即一手。重复上述操作直至 100 手即 1 令时，用小纸条夹入纸叠中作为分隔计数。

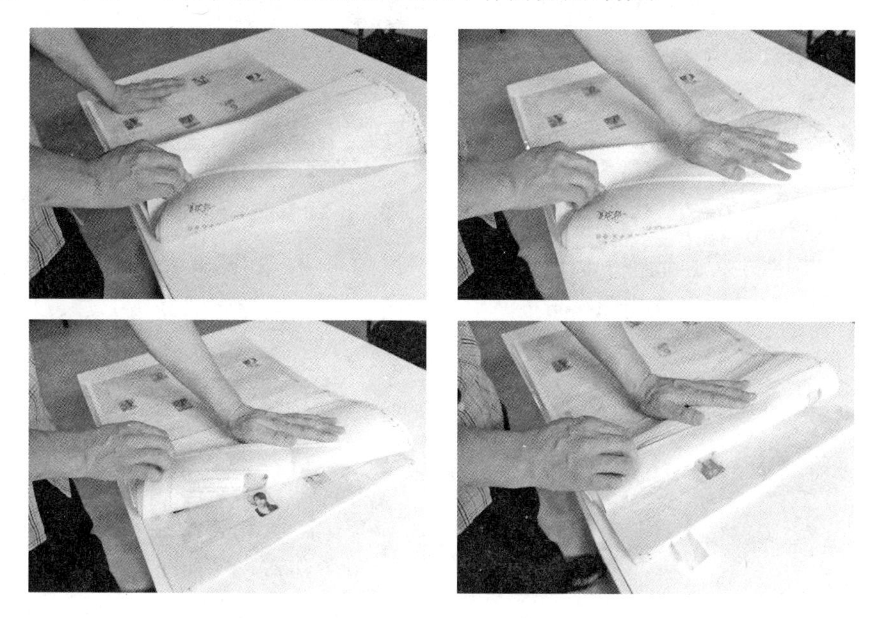

图 1 - 55 数纸

五、搬纸

搬纸就是对纸张进行搬动，采用正确的搬纸动作可节省力气，保护纸张，一般搬纸方法分为薄纸搬法和厚纸搬法两种。

1. 厚纸搬纸法

如图 1－56 所示，在搬动较厚的纸张时可采用两种方法：第一种用双手捏住纸叠侧面靠下处，向上拎起，使纸叠整体下凹搬动纸张；第二种用双手捏住纸叠侧面靠下处，手腕下翻带动纸叠底边下翻，向上拎起搬动纸张。

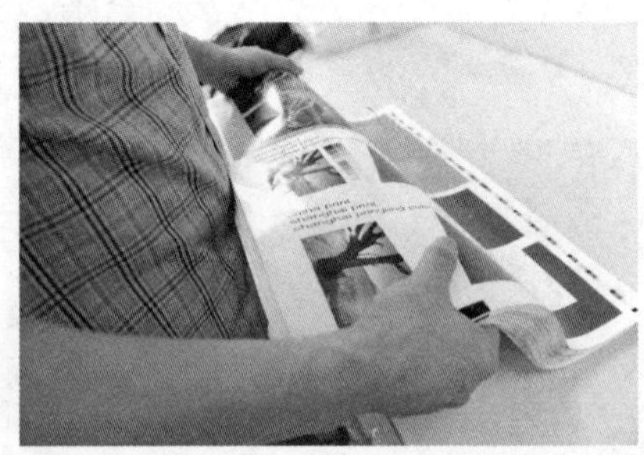

图 1－56　厚纸搬纸

2. 薄纸搬纸法

卷曲法就是将纸叠三等分，分别将左右向中间翻折后搬起的方法，如图 1－57 所示。

翻卷法是用双手捏住纸叠侧面靠下处，将纸张底边向下翻折并拎起的搬纸方法，如图 1－58 所示。

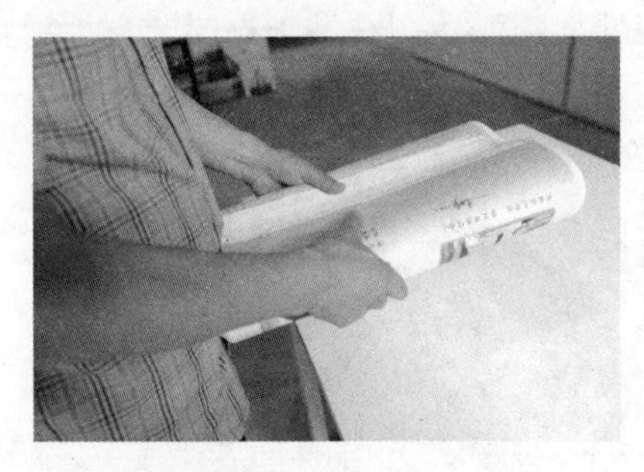

图 1－57　卷曲法

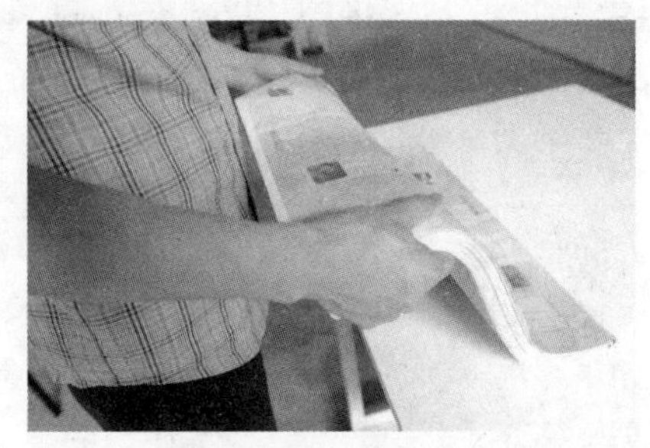

图 1－58　翻卷法

提角法是用双手捏住纸叠下边两角，拎起搬纸的方法，如图 1－59 所示。

捏边法是双手捏住纸叠侧面靠下处，并将纸角向下翻折拎起的搬纸方法，如图 1－60 所示。

图 1－59　提角法

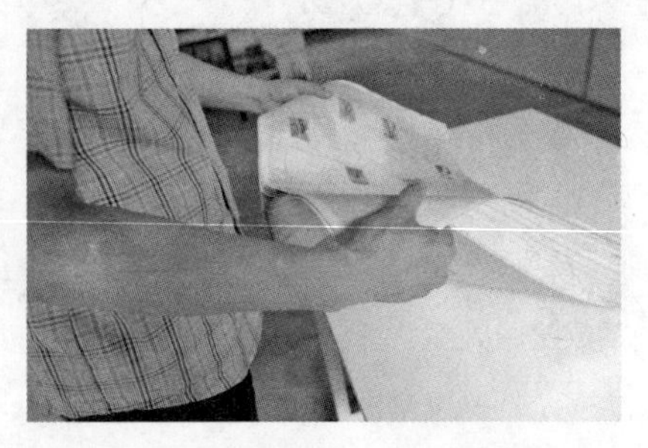

图 1－60　捏边法

翻角法是先将纸叠下边两角向内翻折，然后用双手捏住纸叠并拎起的搬纸方法，如图 1－61所示。

六、堆纸

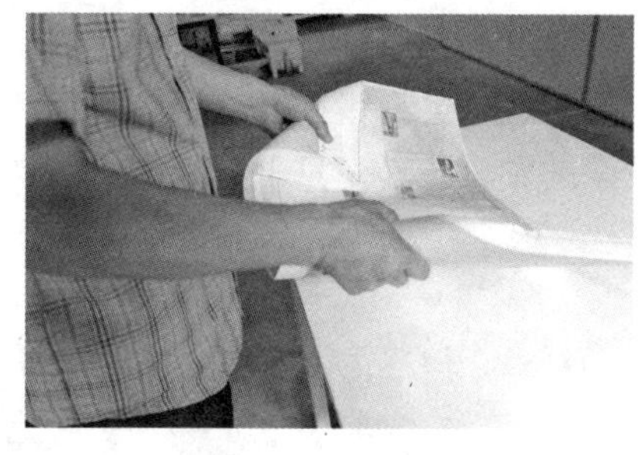

整理好的纸张要进行堆装以供使用，纸张堆装得好坏直接影响到印刷及印后加工质量。堆纸时先要在堆纸台或托板上放一些垫底纸，每令纸叠要有标记区别，堆叠做到规范有序。堆纸操作方法分为查坏片、移、排、敲等步骤。

图 1－61 翻角法

1. 查坏片

查坏片就是检查披开后的纸张中是否存在坏片，如折角、天窗、破纸、纸张边缘粘连等，对发现的坏片应及时予以剔除保证产品质量。检查时应对纸张叼口、拖梢、靠山、朝外分别查看（图 1－62）。

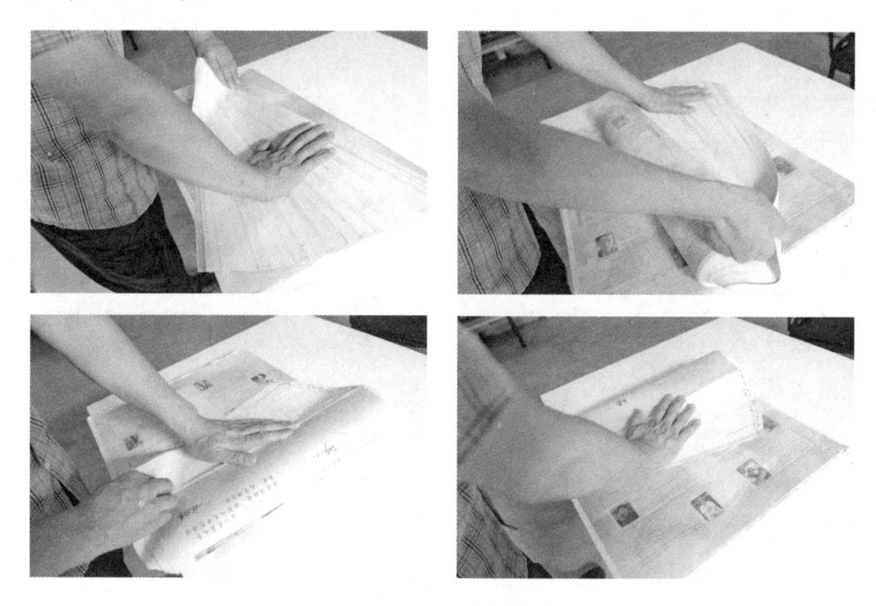

图 1－62 查坏片

2. 移

移就是当一叠纸张放在纸堆上时采用合理的移动纸张方法使纸张在纸堆上堆齐。通常纸叠在放上纸堆时不应直接放到底，而应留有一定余量采用在纸张底边推搡的方式将纸叠推到底，左右若不齐还可进一步重新披开推齐（图 1－63）。

图 1－63 移

3. 排

排就是当纸张在纸堆上堆齐后排除纸堆中多余的空气，使纸张更加平整。用手掌压住纸叠的左边，另一只手把纸张中间的空气排出（图1-64）。

图1-64 排

4. 敲

纸堆基本堆装完成后若不平整会影响到输纸效果，这时可用手掌或木块对纸堆进行敲平，特别是四角（图1-65）。

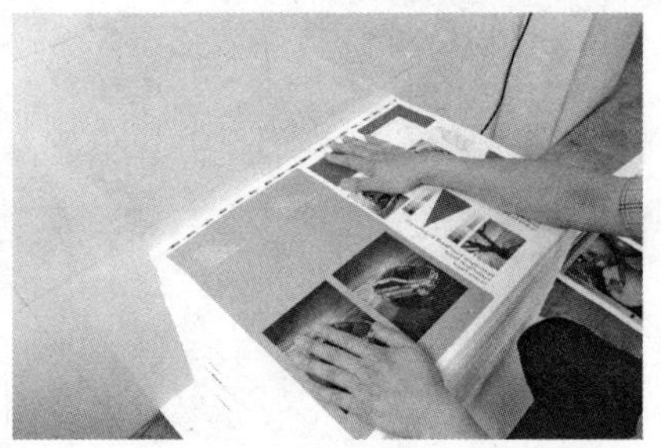

图1-65 敲

训 练 题

一、判断题

1. 撞页是裁切和折页前必须完成的首道工序。（　　）
2. 理纸是为了纠正纸张因受潮而引起的变形、卷边和折角等现象。（　　）
3. 切纸时推纸器的作用就是给纸张做定位规矩。（　　）
4. 切纸机压纸器作用是将经定位的纸张压紧。（　　）
5. 裁切刀片刀刃角越小越锋利。（　　）
6. 更换裁切刀条时要切断切纸机电源，并关掉马达。（　　）
7. 裁切刀条的长度应大于裁切刀片的长度。（　　）
8. 变开裁切是一种几何级的开切方法。（　　）
9. 印刷版面上放置裁切线是为了控制误裁切操作。（　　）
10. 刀花是指裁切刀口出现凹凸不平的刀痕。（　　）

二、单选题

1. 松纸是纸张撞页操作的（　　）。

(A)第一步　(B)第二步　(C)第三步　(D)最后一步

2. 撞页前要确认印张的（　　）和侧规边，并以这两边作为直角基准面。

(A)叼口　(B)拖梢　(C)色标　(D)信号条

3. 若撞页不齐，经开料后，轻则造成（　　）、影响产品质量，重则造成印品报废。

(A)版心不正　(B)页码不齐　(C)叼口不准　(D)套印不准

4. 生产通知单是生产环节实施的（　　）单。

(A)流程　(B)领料　(C)收货　(D)记账

5. 切纸机的（　　）机构用来为纸叠定位，确定裁切尺寸。

(A)传动　(B)推纸　(C)压纸　(D)裁切

6. 当裁切完成后，切刀和（　　）均返回初始位置。

(A)推纸器　(B)压纸器　(C)裁切尺寸　(D)编码器

7. 单面切纸机工作台上均布着许多小孔，（　　）从孔隙中注入纸叠下面。

(A)压缩空气　(B)润滑油　(C)润滑脂　(D)滑石粉

8. 裁切时，必须根据裁切物的（　　），选择适当的刀刃角度。

(A)长度　(B)宽度　(C)硬度　(D)幅度

9. 选用裁切刀条的宽度应以切纸机（　　）的宽度为标准。

(A)裁切刀片　(B)工作平台垫板凹槽　(C)裁切物　(D)压纸器

10. 裁切印刷品或装帧材料时，首先要识别印刷品或装帧材料的（　　）。

(A)色标　(B)天头　(C)地脚　(D)叼口

三、简述题

1. 切纸机裁切规格不准的表现形式有哪些？
2. 简述切纸机刀片切角的选用。

项目二 折 页

教学目标

折页是装订加工的首道工序，其质量好坏将直接影响到书籍装订的最终质量。本项目通过设置折页准备、折页操作两个任务，使学习者在了解折页方法及折页机工作原理的基础上，重点掌握栅栏式折页机的调节使用方法，并能排除折页过程中的常见故障。

能力目标

1. 掌握折页机输纸机构操作方法。
2. 掌握折页机折页机构操作方法。
3. 掌握折页机收纸机构操作方法。
4. 掌握折页常见故障的排除方法。

知识目标

1. 掌握常见折页方法。
2. 掌握折页机种类及特点。
3. 掌握折页质量标准与要求。
4. 掌握折页机安全及保养知识。

任务一 折页准备

折页亦称成帖，是将印刷好的大幅面印张按规格和页码顺序折成书帖的工作过程。折页是书刊装订的第一道工序。

一、折页方法

折页方法是由装订方式、开本、纸张定量、印刷规格、折页规格、排版方式等多因素共同决定的，因此折页方法并不固定，可随以上因素的变动而变化。常见的折页方法有垂直交叉折、平行折和混合折三种（见图 2－1）。

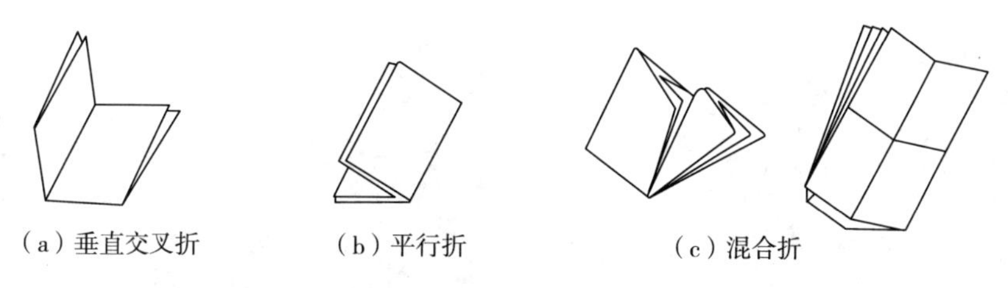

（a）垂直交叉折 （b）平行折 （c）混合折

图 2－1 不同折页方法

1. 垂直交叉折

垂直交叉折即相邻两折的折缝互相垂直并交叉的折页方式。采用此种折页方法当第一折完成后，书页必须顺时针转 90°后才可进行第二折。

2. 平行折

平行折即相邻两折的折缝互相平行的折页方式。此种折页方法适用于较厚印刷品的折叠，此外零版版面必须使用平行折，平行折可分为对对折、包心折和扇形折三种（见图 2－2）。

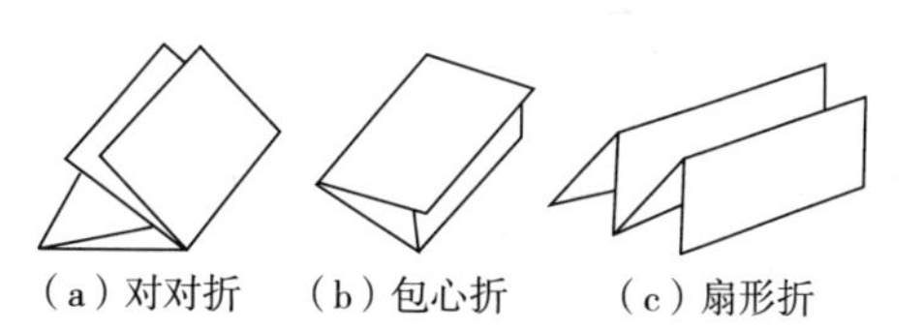

（a）对对折 （b）包心折 （c）扇形折

图 2－2 平行折

（1）对对折

对对折是指依照页码顺序对折后，再按同一个方向继续对折的方法。

（2）包心折

包心折也称连续折，是指依照页码顺序将第一折折好的纸面夹在中间，再进行以后各折的方法。

（3）扇形折

扇形折也称翻身折或经折，是指依照页码顺序将第一折折好后，沿相反方向进行第二折，以后各折方向均为上一折反向的折页方法。

3. 混合折

混合折也称综合折，即在折页过程中同时使用垂直交叉折和平行折的方法。此种方法常见于单、双联书帖折页。

二、折页机分类

(一)根据输纸装置分类

1. 平台式折页机

平台式折页机(见图 2-3)输纸装置分为装纸、输纸两部分。其工作原理是将理齐的纸堆摆放在输纸台上,输纸头通过气动方式将纸张逐张输送至折页机构进行折页。此种机型由于纸张分离输送较稳定,适用于轻薄纸张的折页,但需要停机进行理纸和装纸。

2. 环包式折页机

环包式折页机(见图 2-4)输纸装置分为上、下输纸台两部分。其工作原理是将理齐的纸张依次错开摆放在上输纸台上,由输纸带结合递纸轮在真空吸力作用下将纸张送至折页机构进行折页,此种机型无须停机装纸,折页效率较高。

图 2-3 平台式输纸折页机

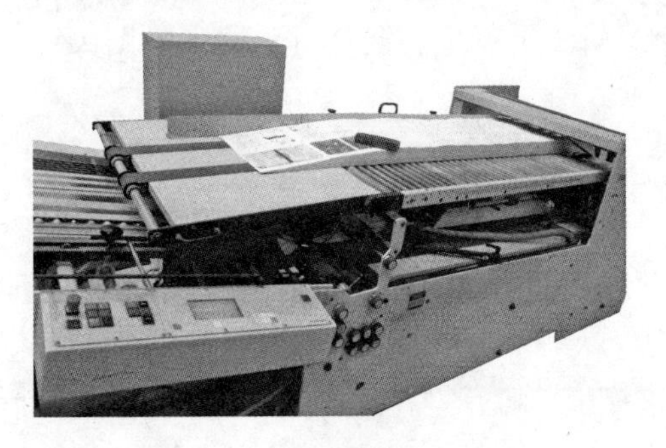

图 2-4 环包式输纸折页机

(二)根据折页装置分类

1. 刀式折页机

刀式折页机是利用折刀进行折页的,其工作原理(见图 2-5)是折刀将纸张压入两个相向旋转的折页辊之间,再由折页辊送出,完成一次折页。刀式折页机具有操作方便、折页精度高、书帖折缝平实、对纸张适性要求低、适合较薄软纸张折页等特点。但由于此种机型折刀采用往复运动形式,折页效率相对较低,且构件复杂,不能适应现代折页加工的需求,因此刀式折页机目前已基本被淘汰。

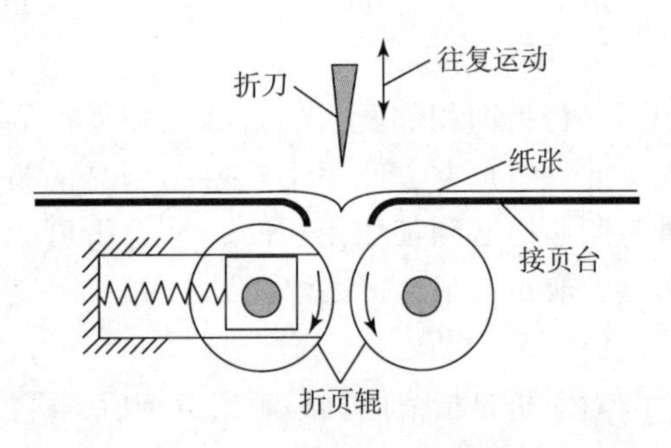

图 2-5 刀式折页原理

2. 栅栏式折页机

栅栏式折页机(见图 2-6)是利用栅栏进行折页的,其工作原理(见图 2-7)是纸张经过两个相向旋转的折页辊 A、折页辊 B 被输送至折页栅栏中,当纸张前端撞到挡板时纸张无法继续前进,只能被迫从相向旋转的折页辊 B 和折页辊 C 当中穿过完成折页。栅栏式折页机具有操作方便、机身较小巧、折页方式多、折页速度快、维修简单等特点,目前是折页机领域的主流机型。

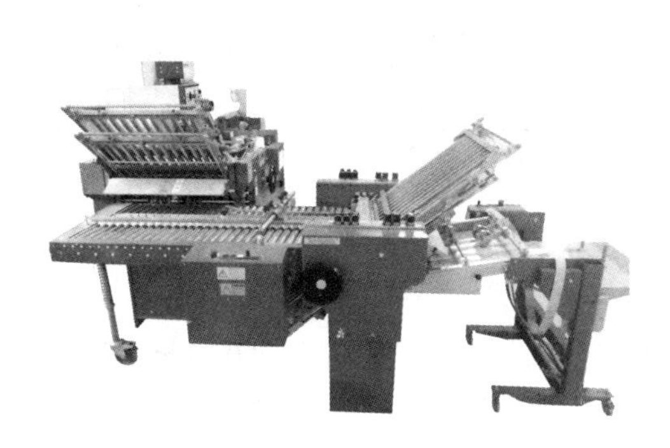

图 2-6 栅栏式折页机

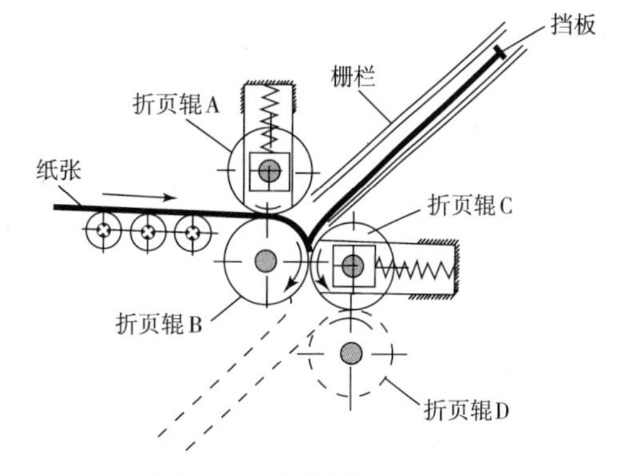

图 2-7 栅栏式折页原理

3. 混合式折页机

混合式折页机（见图 2-8）是将栅栏式及刀式折页方式混合使用的折页机。此种机型结合了栅栏式折页机速度快和刀式折页机精度高的优点，适用于大幅面纸张的折页。

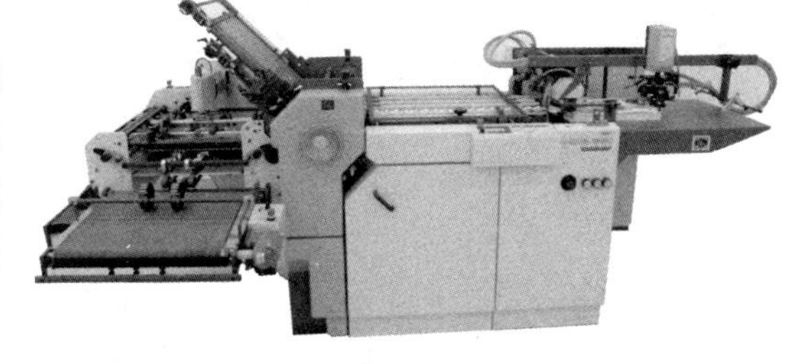

图 2-8 混合式折页机

三、折页准备

1. 手工试折

折页机在开机前要确定折叠方法是否正确，需先用手工试折一张，查看页码是否衔接，页码位置是否对准，纸边是否符合书刊规格要求，书帖折缝帖标是否居中等。进行手工折页时需预先准备好折页板，折页板长度一般为 250 ~ 300mm，宽 20 ~ 30mm，厚 2mm，折板两端为圆形，要求光滑顺手。

（1）垂直交叉折

折页时，左手轻按书页左下角，右手用大拇指和食指握住折页板，并使折页板向外倾斜 30° ~ 40°，中指撩起书页右下角迅速交给左手，左手接住书页后，用上覆下即对齐页码的方法对正左半张并拉齐纸边，此时，右手用折页板自下而上将书页刮平即完成第一折操作。接着右手用大拇指和食指夹住折缝中间，将书页顺时针旋转 90°交给左手，左手接住书页后对齐页码并拉齐纸边，右手用折页板将书页刮平即完成第二折。反复以上操作，完成手工垂直交叉折。

书页摆放位置：

① 2 折页。折 2 折页（4 页 8 版）时，将最大及最小页码放在左手位置（见图 2-9），最大及最小页码均朝下，即最小页码位于左上方并朝下。

② 3 折页。折 3 折页（8 页 16 版）时，将最大及最小页码放在左手位置（见图 2-10），最小页码在左下方。

③ 4 折页。折 4 折页（16 页 32 版）时，将最大或最小页码放在左手位置（见图 2-11），最小页码在下方第二版。

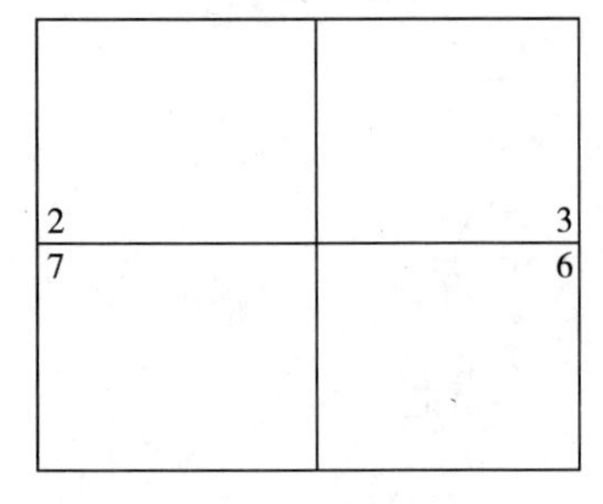

图 2-9　2 折页

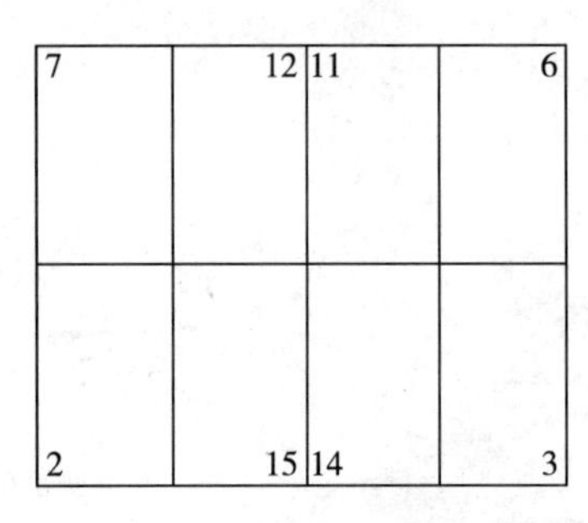

图 2-10　3 折页

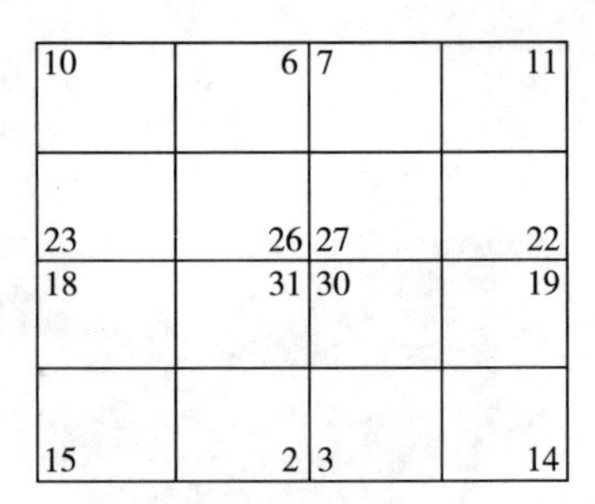

图 2-11　4 折页

（2）平行折

平行折第一折的操作方法与垂直交叉折相同，当第一折完成后，将书页继续同方向或反方向对正页码折叠。平行折时，无论采用对对折、包心折或扇形折任何一种方式，页张摆放位置都可按照页张最大或最小页码放在左手下方页张下面进行操作。

（3）混合折

混合折虽无规律可言，但其手工折页方法只需将垂直交叉折和平行折进行有机结合并随情况灵活变化即可。

2. 上纸

上纸即将整理好的待折页纸张放置到折页机输纸机构中，上纸前要检查叼口、侧规及纸张规格是否符合折页机要求，误差过大的纸张应采用手折。理纸过程中应披检纸张四角，若发现折角、破碎、油渍等，需及时取出。

3. 辅助机件

折页机辅助机件包括分切刀、划口刀、压纸球、吸嘴橡皮圈等，在折页前应准备好以上辅助机件并安装到位，以保证折页机的正常工作。

任务二　折页操作

折页操作分为输纸、折页和收纸三部分，以下就根据不同机型特点对折页操作进行介绍。

一、输纸机构调节

输纸操作是进行稳定折页的基础，其要求是把纸张适时、准确地输送至折页机构，以下就分平台式和环包式两种输纸机构介绍输纸操作方法。

（一）平台式输纸机构调节

平台式输纸机构（见图 2-12）一般由纸堆平台、飞达、递纸轮、松纸吹嘴、分纸吹嘴、吸嘴、压纸片、挡纸板、输纸台、定位规矩等机构组成，其工作过程为：堆纸→分纸→递纸→输纸。具体流程是先将整理好的待折页纸张整齐堆放至纸堆平台上，由松纸吹嘴、分纸吹嘴、吸嘴相互配合将纸堆最上层一张纸与纸堆分离，下层纸堆由压纸片压住，然后递纸轮将分离出的一张纸向前传递送入定位机构进行定位后由输纸机构带动纸张进入折页机构。

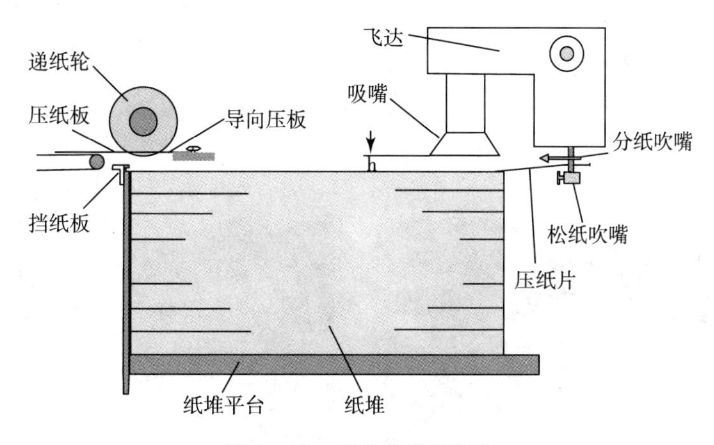

图 2-12 平台式输纸机构

1. 堆纸操作

(1) 堆纸准备

堆纸前需将纸张透松、撞齐，并检查有无破碎、折角、粘连、颠倒等。

(2) 堆纸位置调节

为保证输纸稳定，折页精确，堆装好后的纸堆应基本位于堆纸平台中心。调节时松开内、外侧挡规（见图 2-13），取待折页纸张沿宽度二分之一处对折，展开纸张将折缝对准堆纸平台中心线摆放，移动外侧挡规使其紧靠纸张边缘并锁紧紧固手柄，以挡纸板和外侧挡规形成的平面为基准开始堆纸，待纸张全部堆装完毕移动内侧挡规，使其紧靠纸张边缘，锁紧紧固手柄即可。此外，纸张堆装好后，纸堆表面要保持平整，若不够平整可使用木楔垫入纸堆进行校正，纸堆中纸张错位误差应小于 1.5mm，四角需垂直于纸堆平台。

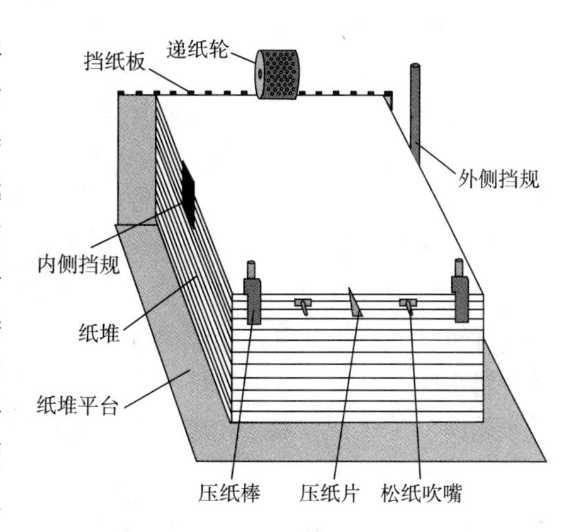

图 2-13 纸堆位置调节

(3) 纸堆高度调节

在纸张输送过程中为保证纸张传递顺畅，纸堆应与递纸轮（见图 2-13）保持 6 ~ 10mm 距离，若待折纸张较薄则适当增大该距离，纸张较厚则缩小该距离。纸堆高度由光电接近开关（见图 2-14）控制，操作时顺时针转光电接近开关上端调节螺母，纸堆上升，递纸轮与纸堆间距减小，若要增大距离反向旋转即可。

(4) 挡纸板调节

为防止双张、多张现象，纸堆高度应始终低于挡纸板（见图 2 – 15），一般为 3 ~ 5mm，若纸张较薄需适当降低纸堆，若纸张较厚则升高纸堆，需要注意的是挡纸板不可与递纸轮相碰，应留有 3 ~ 5mm 间隙。调节时，松开挡纸板后方的内六角紧固螺钉，上下移动挡纸板到合适位置锁紧紧固螺钉即可。

图 2 – 14　光电接近开关

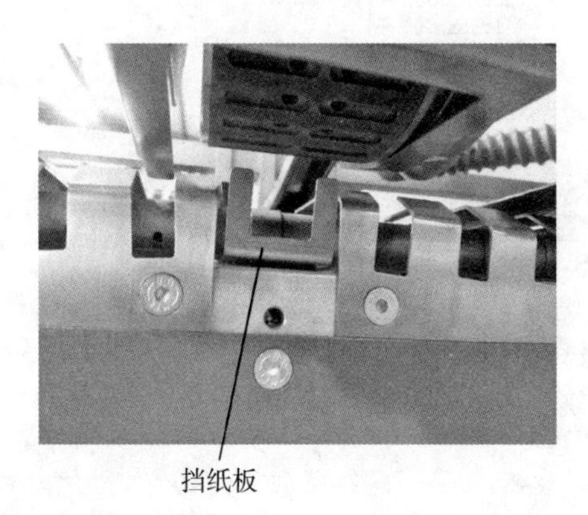

图 2 – 15　挡纸板调节

2. 分纸操作

(1) 分纸操作

纸张分离主要是依靠飞达（见图 2 – 16）及其上的各部件相互配合完成的，飞达是集机、电、气于一体的控制系统，即通过机械控制、电路控制、气路控制来进行纸张分离动作的。

飞达的具体工作流程为松纸吹嘴（见图 2 – 12）将纸堆上部 8 ~ 10 张纸吹松，使得最上层一张纸后部贴近吸嘴，吸嘴吸气将最上层纸张后部提起，吸嘴上升分纸吹嘴开始吹气，这样可使被提起的纸张漂浮于纸堆之上与下部纸堆彻底分离，同时压纸片将下部纸堆压住并将多吸起的纸张刮回纸堆，递纸轮吸气吸住纸张前端并向前旋转，吸嘴放气，纸张随递纸轮向前传递，吸嘴下降重复上述过程，如此循环即完成了纸张的分离。

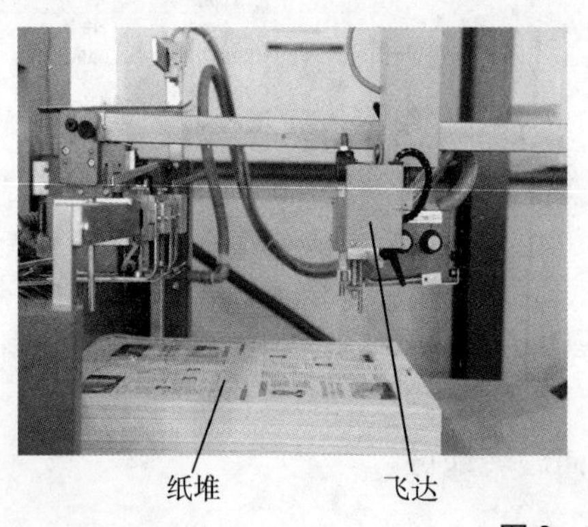

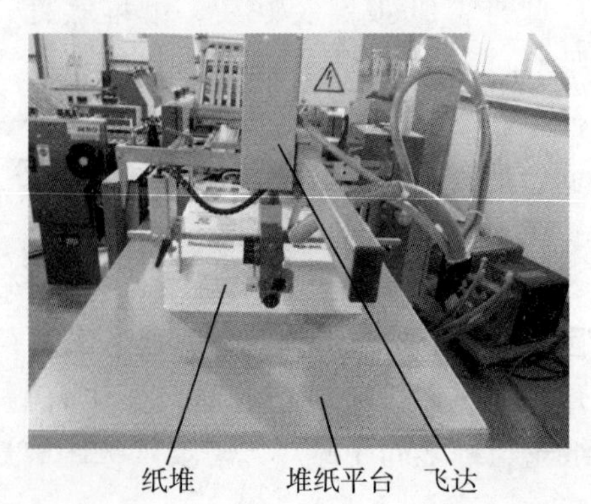

图 2 – 16　飞达

①飞达高度调节。飞达高度调节主要是控制吸嘴与纸堆的距离 h（见图 2－12），若 h 过大纸张会吸不起，h 过小则有可能因吸力太大造成双张，一般较厚纸张 h 控制在 1～2mm，较薄纸张 h 为 3～5mm。调节时，转动压纸杆上调节螺母（见图 2－17）可控制飞达升降。在折页机工作过程中飞达会自动调节到位，即每输出 5～10 张纸后，飞达自动下降 2～5mm。

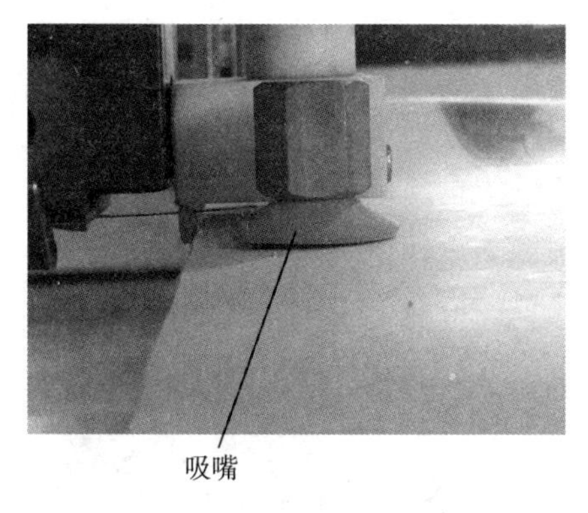

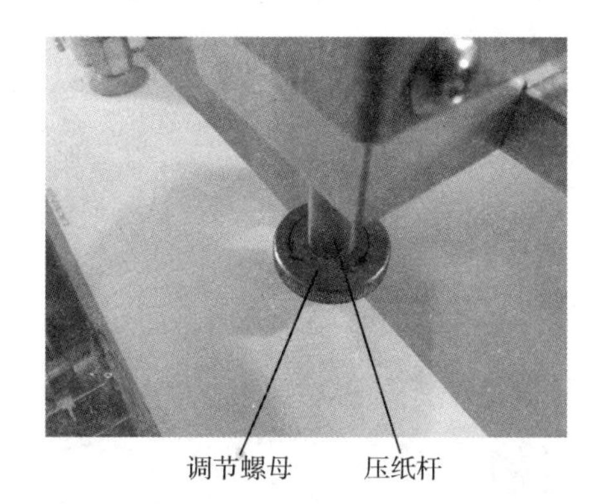

图 2－17 飞达高度调节

②松纸吹嘴调节。松纸吹嘴是通过向纸堆吹气以排除因纸张静电粘连引起的双张或多张。调节时应以吹松纸堆上部 8～10 张纸为标准，即纸堆上方形成高 3～8mm 的拱形，此要求可通过吹风量大小及吹风角度来控制。首先通过调整松纸吹嘴角度调节旋钮来确保吹风方向正确，其次通过松纸吹嘴吹风量调节旋钮（见图 2－18）来控制风量，旋钮刻度越大则风量越大，若风量太大容易产生双张，风量太小则纸张没有被有效吹松造成吸纸不良。

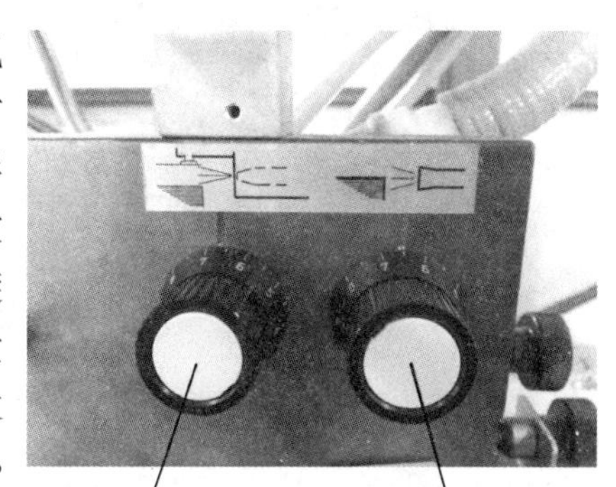

图 2－18 松纸吹嘴调节

③吸嘴调节。吸嘴的功能是从纸堆上分离出最上边一张纸。一般吸嘴分左、右两个，其边缘应缩进纸张后缘 1～2mm（见图 2－19），此距离可通过飞达的整体前后移动来控制，调节时松开飞达上锁紧手柄，移动飞达至合适位置锁紧手柄即可。此外，吸嘴吸气量大小也会影响输纸的平稳性，吸气量应以快速提起一张纸为标准进行调节，操作时旋转飞达上吸气量调节阀直至达到要求。

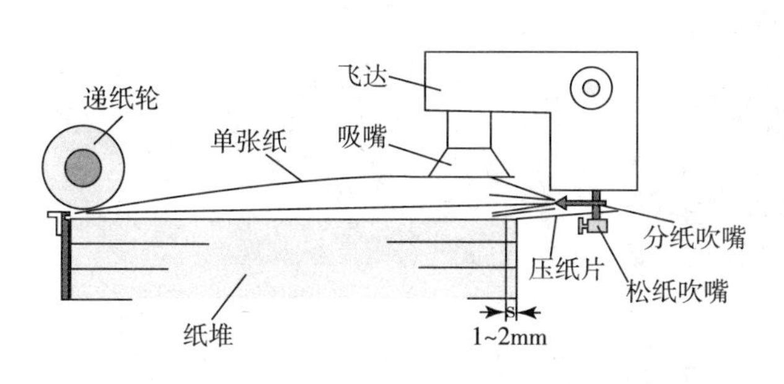

图 2－19 吸嘴调节

④分纸吹嘴调节。分纸吹嘴（见图 2－19）的作用是当纸堆最上边一张纸被吸嘴提起

后，分纸吹嘴向第一张纸与下部纸堆之间吹气，使得被提起的纸张与纸堆分离更彻底，同时向前吹气可使提起的纸张前部向上漂浮与递纸轮紧贴，便于递纸轮吸气后传纸。分纸吹嘴的吹气量大小必须合适，对于大且厚的纸张，若纸张前端不能被有效吹起则会造成递纸轮吸纸不良。对于薄纸，若吹气过强，可能会使纸张发生偏移，甚至破损。调节时，旋转分纸吹嘴风量调节旋钮（见图 2－18），按照需求进行设置，旋钮上刻度越大代表吹气量越大。

⑤压纸片调节。压纸片（见图 2－19）的作用是利用其弹性将吸嘴多吸起的纸张刮回纸堆，防止纸张分离时产生双张、多张，同时将下部纸堆压住，保持纸堆齐整。一般压纸片应伸进纸堆 3～8mm（见图 2－20），若出现输纸不良，可将该尺寸适当减小，若出现双张、多张，则将压纸片伸进纸堆尺寸加大。调节时，旋转压纸片调节旋钮，压纸片伸入纸堆尺寸发生变化，直至符合要求。

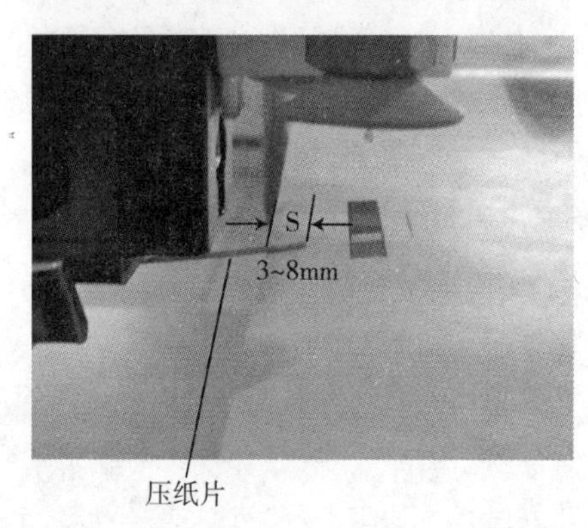

图 2－20　压纸片调节

⑥压纸杆调节。压纸杆（见图 2－21）的作用是压住纸堆，使纸堆保持齐整。一般压纸杆有左、右两根，与纸张侧边距离均为 10～20mm，调节时松开压纸杆锁紧手柄，移动压纸杆至合适位置后锁紧手柄。压纸杆前后位置需与纸张后边缘基本对齐，因压纸杆和飞达同连在一根滑杆上，调节压纸杆前后位置即调节飞达位置。调节时松开飞达锁紧手柄移动飞达带动压纸杆到合适位置锁紧手柄即可。

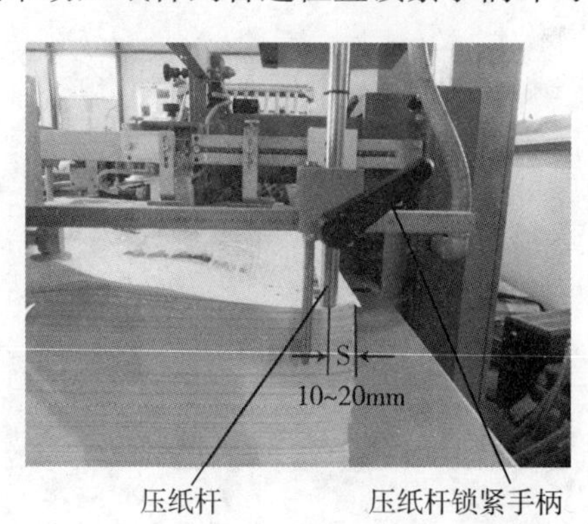

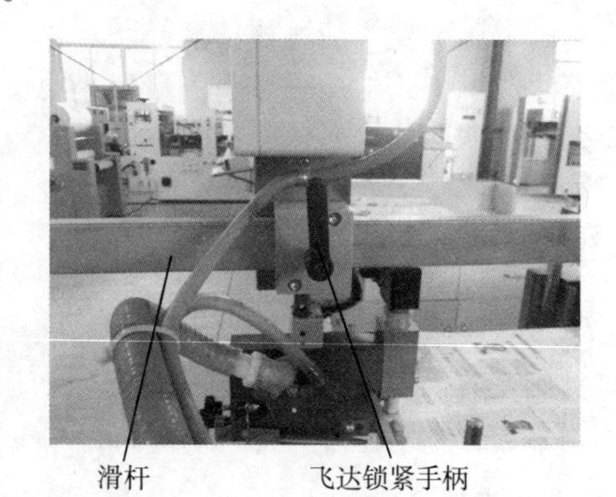

图 2－21　压纸杆调节

（2）递纸操作

现在大多数平台式折页机均采用真空吸附递纸机构，尤为适合宽幅面和较薄纸张的输送。此种机构的核心部件为递纸轮（见图 2－22），一般采用铝或聚氨酯制成，工作时均匀分布于递纸轮上的小孔吸气并快速转动传递纸张。递纸轮吸气受电磁阀（见图 2－23）控制，吸气大小则由节流阀控制。

递纸轮吸气点有前、中、后 3 个位置。调节时拧松递纸轮支座上的星形手柄（见图 2－22），向前车方向推，吸气点就处于前点位置；向后拉，吸气点就处于后点位置；一般情况下，吸气点的位置处于中间的垂直位置。递纸轮工作过程见图 2－24 所示。

图 2－22 递纸轮

图 2－23 电磁阀

①纸间距调节。纸间距（见图 2－25）是指前一张纸和后一张纸之间的距离，一般为 100～150mm。理论上讲纸张间距越小，设备转速越快可提高折页效率，但当待折页纸张较长时，为防止出现前一张纸在进入折页机构一半时与后一张纸张发生碰撞，需保持一定的安全距离，并非间距越小越好。根据经验对开纸张间距为 120mm 左右，4 开纸张 60mm 左右，8 开纸张 30mm 左右。因此纸张间距需根据纸张长度变化而视情况调整。纸间距是通过吸气电磁阀的开闭来控制递纸轮的吸放动作来实现的，电磁阀的工作频率越高纸间距越小；频率越低则纸间距越大。调节时旋转控制面板上的纸间距旋钮即可。

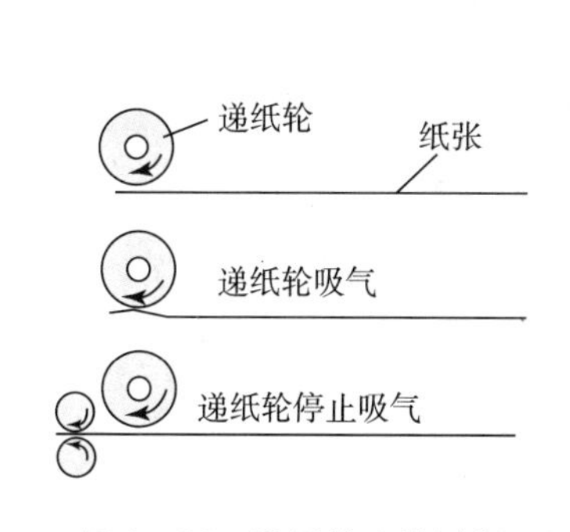

图 2－24 递纸轮工作过程

图 2－25 纸间距

②吸纸长度调节。吸纸长度是指递纸轮从吸起纸张到释放纸张这段时间内纸张前进的距离。吸纸长度需根据纸张幅面及定量决定，对于幅面大、定量大的纸张一般应设定较长的吸纸长度，而幅面小、定量小的纸张则适当减少吸纸长度。吸纸长度要根据车速来调节，如车速较高时，想要吸纸长度增加则延长递纸轮吸气时间即可。吸纸长度调节方法与纸间距相同，此处不再赘述。

（3）输纸操作

待折页纸张由递纸轮输出后就进入了输纸机构。输纸机构一般由双张控制器（见图2－26）、传送带、导向轨、压纸球、压纸条等组成。

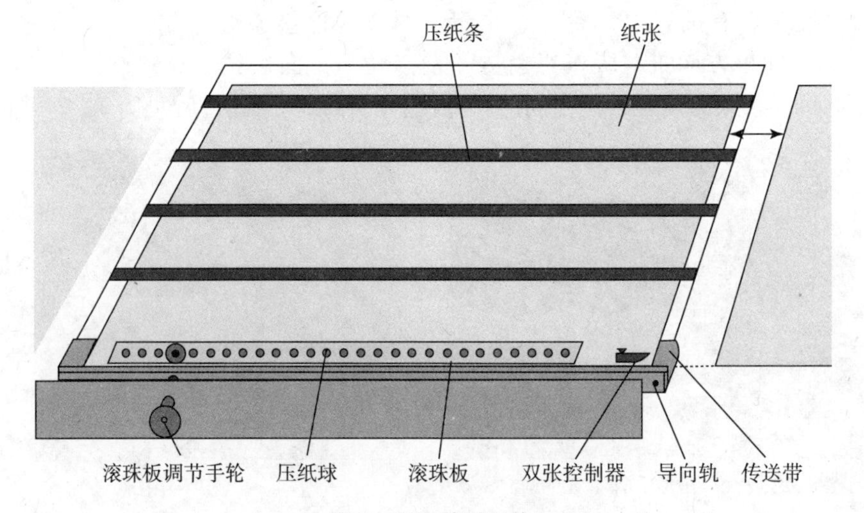

图2－26　输纸机构

①双张控制器调节。双张控制器的作用是防止双张、多张，输纸过程中控制器若检测出纸张厚度超标则触发微动开关（见图2－27）发出信号，设备立即停止运转。调节时将待折页纸张对折后塞入扇形片下方，轻轻拉动纸张观察扇形片是否转动，若不转动则松开紧固螺母，旋转调节螺钉控制扇形片下降直至拉动纸张时扇形片刚好转动为止，锁紧紧固螺母。若塞入对折纸张后扇形片已经转动，则换用单张纸再次塞入观察扇形片是否转动，若不转动则无须调整，若转动则根据上述方法将扇形片适量升高，直至塞入一张纸时扇形片不转动，而塞入两张时转动为止。

图2－27　双张控制器调节

②导向轨调节。导向轨（见图2－26）的作用是对纸张侧边进行定位。输纸过程中因导向轨有2°倾斜，纸张在进入输纸机构后会受到传送带横向推力紧靠导向轨，这样就可保证纸张侧边定位准确。导向轨位置应与递纸轮输出纸张侧边在一条直线上，调节时旋转滚珠板调节手轮，使滚珠板与导向轨移动至所需位置即可。

③压纸条调节。压纸条（见图2－26）的作用是保证纸张输送平稳，防止纸张在传输

过程中拱起。压纸条数量及位置需根据纸张幅面的大小而定，一般压纸条间隔为 30 ~ 50mm，待折纸张较薄时应增加压纸条数量，防止因传递过程中的风阻造成纸张前端拱起。

④压纸球调节。压纸球（见图 2－28）的作用是与传送带配合，增加纸张与传送带的摩擦力，防止纸张传输时打滑。一般压纸球由钢球和塑料球搭配使用，其配比及个数由纸张定量决定。对于较薄纸张，应多放置压纸球，其中以塑料球为主，40g/m² 以下纸张则不能使用钢球。对于厚纸，应少放置压纸球并以钢球为主。

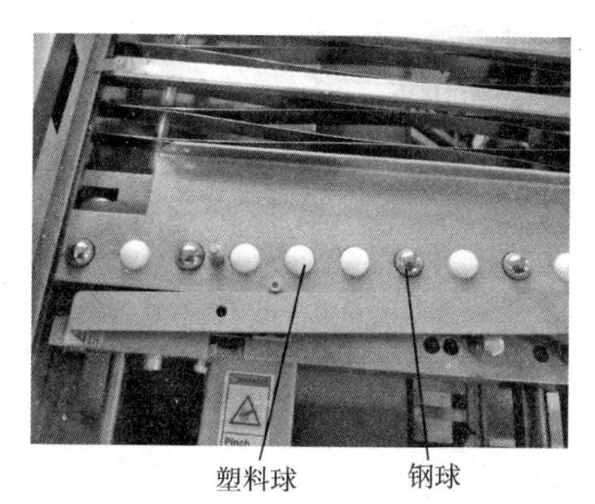

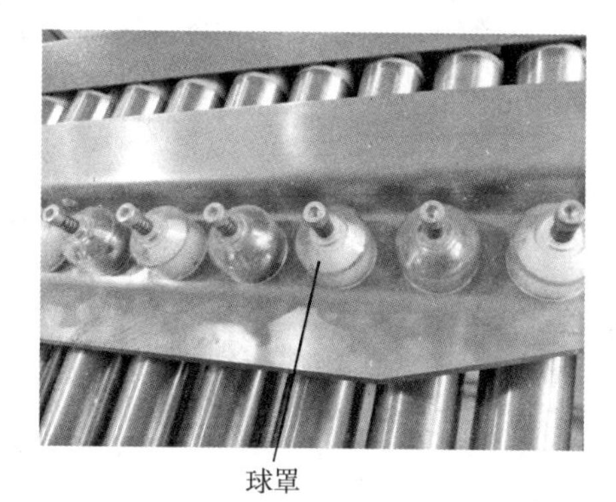

图 2－28 压纸球

3. 平台式折页机常见故障及排除方法

（1）双张或多张

①压纸片位置过高或伸进纸堆太少，不能有效阻挡纸张。调整压纸片位置。

②松纸吹嘴吹风量或高低位置不当。以吹开纸堆上部 8 ~ 10 张纸为标准进行调节。

③纸张较薄而吸嘴吸风量过大，将第一张下面的纸张带起。减小吸嘴吸风量，将吸嘴上橡皮圈（见图 2－29）调换成适合薄纸类型的。

④纸边粘连。检查纸堆四边和内部是否存在粘墨现象，将此种纸张取出。

⑤挡纸板与纸堆距离不当。调整纸堆高低位置，使其低于挡纸板 3 ~ 5mm。

⑥双张控制器过高。重新调整双张控制器的测控范围。

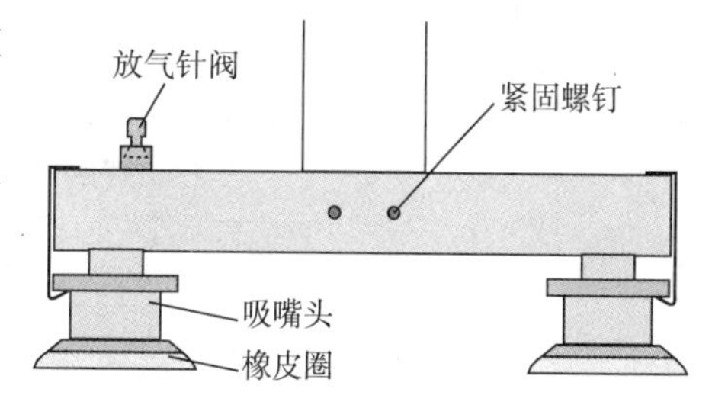

图 2－29 吸嘴

（2）输纸歪斜

①吸嘴及递纸轮吸风量不足。加大吸嘴及递纸轮风量或更换吸力更大的吸嘴橡皮圈。检查吸气软管是否存在老化、漏气、堵塞等现象。检查风泵的真空负压是否在额定标准的范围内，气泵真空度负压一般为 60 ~ 80kPa。

②纸堆不平整。将纸堆拿下理齐后重新装纸。

③分纸吹嘴风量不足，分离出的纸张不能被吹起并紧贴递纸轮。加大分纸吹嘴风量。

④吸嘴未放气或吸力过大，递纸轮拉不走分离后的纸张。检查吸嘴上放气针阀（见图 2－29）是否打开，吸嘴能否正常放气。调小吸嘴吸气量。

⑤传送带破损或传动轴承传动不灵活。调换传送带和轴承。

⑥递纸轮的吸气点不在下方位置。重新调节使递纸轮的吸气点在下部（前、中、后）

位置。

⑦压纸球排布、使用不当。重新选择压纸球类型，根据纸张定量增加或减少压纸球数量。

⑧纸张有折角、破碎、双张、多张。重新整理纸张，并调整双张控制器。

（3）断张

①压纸板位置过低或伸进纸堆太多，阻挡纸张分离。调整压纸片位置。

②吸嘴内弹簧失效，吸嘴不能迅速回到低点。更换吸嘴内弹簧。

③吸嘴吸力不够。检查气泵真空负压是否在额定范围内。加大吸气量或更换吸力较大的橡皮圈。检查吸嘴活动杆紧固螺钉（见图2－29）处是否漏气。

④吸嘴气路阻塞。将气泵吹气管和吸气管对换，开气泵将吸嘴内的污物吹出后复原。清洁气泵内空气过滤器。检查气泵真空负压是否达到标准。

⑤递纸轮离纸堆太远。调整递纸轮与纸堆间距为6～10mm。

⑥风轮套磨损。调换新风轮套。

⑦当栅栏靠身边纸堆色块为黑色标居中时，纸张不输出。调节光电检测开关的灵敏度。

⑧纸堆后沿堆放不齐。重新整理纸张。

⑨递纸轮电磁阀损坏。更换新电磁阀。

（二）环包式输纸机构调节

环包式输纸机构（见图2－30）一般由传送带、递纸轮、松纸吹嘴、压纸辊、挡纸板、输纸台、定位规矩等机构组成，其工作过程为：装纸→递纸→输纸。具体流程是将理好的半成品纸堆摆放在上输纸台上，由传送带托起纸张沿滚筒至递纸轮下，随后纸张在松纸吹嘴作用下浮起，使最上面一张纸贴近递纸轮，并在真空吸力的作用下将纸张送至拉规，再由拉规在输纸台上将纸张送入折页机构。

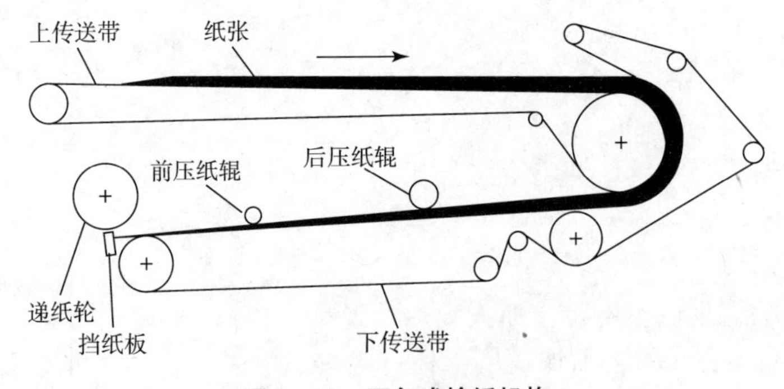

图2－30　环包式输纸机构

1. 装纸操作

与平台式折页机不同，环包式折页机上待折页纸张不是以纸堆形式堆放，而是要将纸张拔开后铺放（图2－31），纸张间距为2～5mm，若纸张较厚可适当加大间距。装纸时要注意纸叠印刷叼口规矩应摆放在折页机靠身侧挡规位置，而纸张拉规位置应紧靠折页机栅栏前挡规，初次装纸时要将输纸台上的压纸轮抬起，摇动手柄使纸叠顺着传送带绕滚筒转动，直至纸叠顶住挡纸板为止，放下压纸轮即完成环包式折页机装纸。

2. 输纸操作

（1）压纸辊调节

纸张从上传送带输送到下传送带后，被压纸辊（见图2－30）压住其表面部分，下传送带上压纸辊有两组，分别压在纸张的前后两位置，其作用是保持纸张输送得平衡，减少双张。根据纸张不同的规格和要求，调定压纸辊压力大小程度，既将纸张压牢，又能在输纸时，使之顺利通过为宜。前压纸辊前一半，应压在纸沓最上面一张纸的后拖梢纸边上，另一半应压在纸叠阶梯上，对于较薄的纸张或较厚的纸张，可略向后或向前一些。后压纸辊应压在下输纸台靠后1/4位置的纸沓表面上。

图2－31 装纸平台

（2）传送带调节

纸张从上传送带到下传送带时，要经过一个翻转过程，原来上面页码变成下面页码。整个传送过程都是由数根传送带（见图2－32）来完成，使得纸张的传送和分离变得平滑和稳定，因此传送带的松紧要基本保持一致。传送带的松紧由拉力弹簧控制，改变拉力钢丝的长度，就可改变传送带的拉力大小。若传送带拉力过松时将影响纸叠的正常输送，使纸叠上纸边的阶梯距离过大或不均匀。

图2－32 传送带

（3）吹嘴调节

吹嘴用来吹松纸张，防止双张和断张等现象出现。覆盖整个机器宽度的前吹气装置和侧吹气装置确保理想的纸张分离效果。前吹气嘴是从下向上的一组吹气嘴，以吹松纸沓表面的2～4张纸为宜，风量可根据纸张的厚薄进行适当调节，同时吹气嘴的吹气角度也可以通过手柄（见图2－33）来调节。侧吹气的功能是高效分离纸张，两边侧吹气量的大小以吹松纸张表面5～7张纸为宜，使纸张能漂浮在气流上，并符合输纸顺利的要求。

图2－33 吹嘴调节

（4）挡纸板调节

挡纸板（见图2－34）起到齐纸与过纸作用。挡纸板工作时受力向后微动一定距离，触发微动开关，使整个传送带向前输送纸张。同时挡纸板在弹簧的作用下，能挡齐纸张。挡纸板的上下位置在工作时，一般要高出纸张3～5mm，用来避免吹松的纸张向前车方向滑动，若纸张较薄需增加高出距离，纸张较厚则减小距离。挡纸板前后位置，可依

图2－34 递纸轮

纸质及速度做前后微调，挡纸板越靠后，离纸张规矩边越近，过纸时间就越慢，反之就越快。

（5）递纸轮调节

环包式输纸机构的递纸轮（见图 2－34）和平台式输纸机构的递纸轮原理完全一样，吸纸长度和纸间距的调节也完全相同，此处不再赘述。

二、折页机构调节

刀式、栅栏式、混合式折页机虽在结构上略有差异，但其工艺流程基本一致。从目前企业折页设备保有量来看，均以栅栏式和混合式为主，其中又以栅栏式居多。因此以这两种机型为例介绍折页机构操作过程。

（一）栅栏式折页机构调节

栅栏（见图 2－35）是栅栏式折页机构的核心部件，其数量决定了折页的方式和折数，一般该类型折页机均配备 4 个栅栏，也可根据不同产品需求配置不同数量的栅栏。

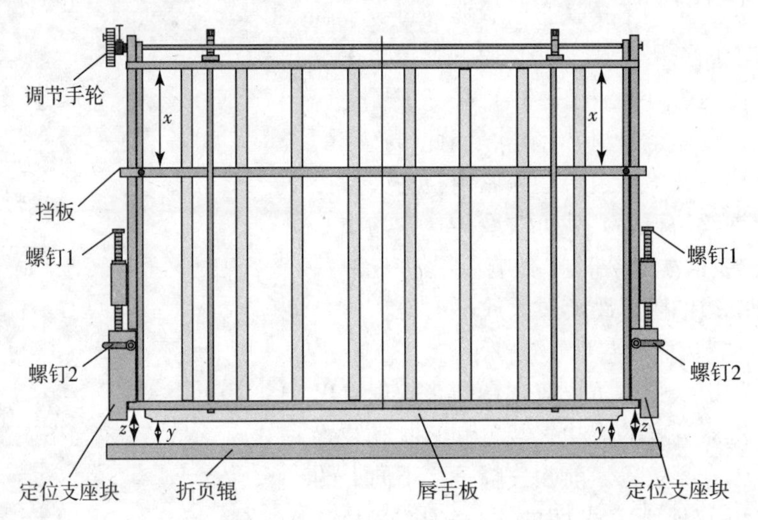

图 2－35　栅栏结构

1. 栅栏框调节

栅栏框是通过螺钉 1（见图 2－35）固定在机架腰型槽孔内的，若需拆装或调节位置只需松开该螺钉即可。整个栅栏框进纸口必须与折页辊保持平行，即栅栏框左右与折页辊间距 z 必须相等。调节时，松开左、右螺钉 2 上的紧固螺帽，旋转螺钉使距离 z 相等，拧紧紧固螺帽即可。

此外，对于不使用的折页栅栏应进行封闭，栅栏转向机构则是控制栅栏使用或闭合的部件。调节时，将栅框两边定位偏心手柄松开，沿导轨将栅栏框抽出一定距离，用偏心手柄锁住或将栅栏框卸下，松开栅栏板两边中部螺钉 1，先将栅栏转向板（见图 2－36）翻转 180°，再将栅栏定位支座块翻转 180°装上，然后紧固螺钉 1，纸张与书页就不能进入折页栅栏板进纸口，而沿着圆弧面转入另一对折页辊中，此折页板就失去折页功能；反之，翻转栅栏转向板及定位支座块 180°，装上栅栏框后，栅栏进纸口完全打开，允许纸张进入，可以完成折叠任务。

2. 挡板调节

挡板的作用是控制折页尺寸，即纸张碰到挡板后无法前进被迫从相向旋转的折页辊当中穿过。操作时先手工试折，用尺测量折页尺寸，拧松调节手轮上螺钉1（见图2－37）并旋转手轮，直至挡板到达所需尺寸为止，具体尺寸可通过栅栏上标尺读出，调节完毕紧固螺钉1。此外，当挡板上升到最高端时，挡板与栅栏框需平行（见图2－38），即距离x相等。若出现偏差可松开挡板调节手轮外侧紧固螺钉2上的旋钮进行微调，直至距离x相等，紧固螺钉2即可（见图2－37）。

图2－36 栅栏转向机构

图2－37 挡板调节

3. 唇舌板调节

栅栏唇舌板（见图2－35）的作用是调节栅栏进纸口大小以适应不同厚薄的纸张。若待折页纸张较厚，唇舌板应上移使栅栏板与折页辊之间形成的三角空间增大，若为薄纸，则唇舌板应下移。调节时，松开紧固螺帽（见图2－39），旋转螺纹连杆，改变唇舌板与折页辊间距y（见图2－35），并使距离y相等，调节完毕锁紧紧固螺帽即可。

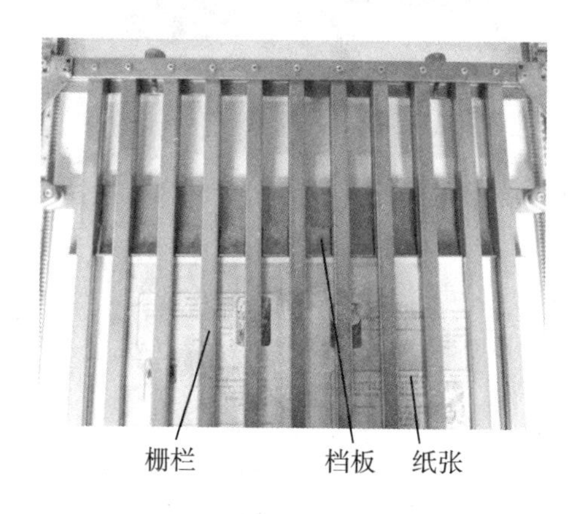

图2－38 栅栏

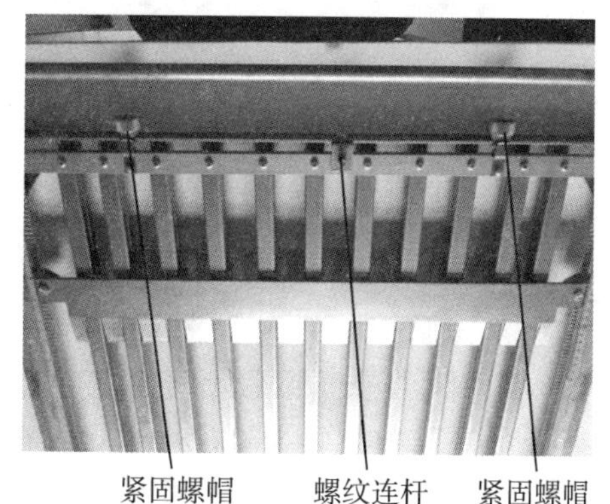

图2－39 唇舌板调节

4. 刀轴调节

折页机中均设有刀轴，刀轴（见图2－40）上一般安装划口刀、分切刀和压痕刀，每种刀具在纸张折页中都发挥着重要作用。若刀片钝化需要更换时可松开刀轴手柄上的紧固螺钉，拉出手柄则可将刀轴取出，安装时按反向操作即可。

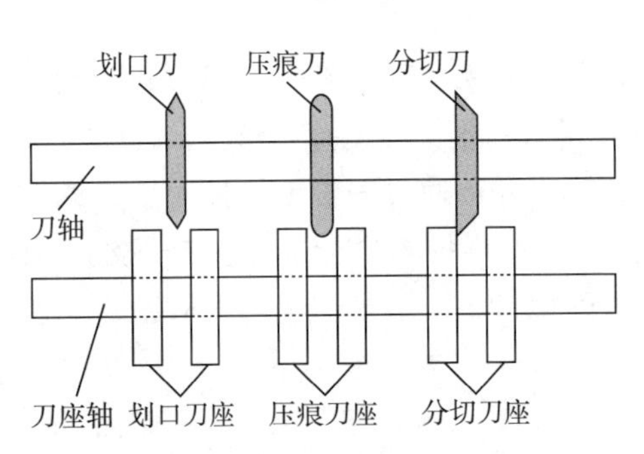

图 2-40　刀轴

(1) 划口刀调节

划口的作用是将书页间滞留的空气排出，以免垂直折页出现折爆和皱褶，具体方法是在下一折的折缝线上预先打一排长孔。划口刀（见图 2-41）呈锯齿状，齿形有宽有窄，刀片厚度一般在 0.6mm，内径为 25mm，外径为 53mm，根据不同的要求可选择不同的齿数和齿距。划口刀的安装位置必须与折缝一致，安装时先松开刀胎上的压紧螺母，将刀片断开部位掰开，套入刀轴中定位，拧紧压紧螺母，然后根据划口刀的定位，将划口刀座轻轻靠向划口刀形成凹槽。需要注意的是，划口刀应处于凹槽的中心点位置，刀座轮形成的凹槽宽度应根据纸张厚薄确定。

图 2-41　划口刀

(2) 压痕刀调节

压痕的作用是在待折纸张上压出痕迹防止纸张折叠后爆裂，此外对于二折以上的垂直交叉折或混合折，较容易出现折弯或尺寸偏差，特别是当待折纸张厚、折页次数多时，偏差会更大，因此在一折后附加压痕刀线装置，可使第二折更加精确。压痕刀（见图2-42）是没有刃口的圆刀片，厚度一般为 1mm，内径 25mm，外径 51.5mm，调整时应使压痕刀的凸缘轮与刀座上的凹槽中心位置相吻合。压痕线压力的大小根据纸张厚度和质地来确定，压力强弱可通过改变凹槽形座的间隔来调整，调整时只需移动左右两片刀座到需要位置即可。压痕刀既可安装在刀轴上，也可安装在刀座轴上，当压痕刀装在刀轴上时形成正压痕线，安装在刀座轴上则为反压痕线，具体采用哪种压痕线需根据折叠方向来调整。如多个平行折后再进行垂直方向的两个包心折时，就需两个同方向的压痕操作；又如多个平行折后再进行垂直方向的两个扇形折时，就需进行一正一反的压痕操作。

图 2－42 压痕刀

（3）分切刀调节

分切的作用是对待折页纸张进行修边或裁切。分切刀（见图 2－43）厚度一般为 1mm，内径 25mm，外径 54mm，采用单刀胎无齿刀片。分切时应以能将纸张裁开且纸边刀口光滑为标准，若出现刀口不光洁、毛边等弊病，应进行检查或修理调换。分切刀的安装方法与划口刀基本类似，唯一的区别是分切刀的单峰刃口必须朝刀座凹槽中心方向，平面部分紧贴刀座，刀片刃口不能与刀座的外缘相碰，以免损坏刀片。在分切刀和压痕刀组合使用时，若分切刀安装不当则会影响到压痕线质量，二者相互关联。

图 2－43 分切刀

5. 折页辊调节

折页辊在折页机中主要起输送、折页的作用，通常有直纹（见图 2－44）和螺旋纹（见图 2－45）两种。折页辊是折页机的心脏，其质量、精度直接决定了折页质量。折页辊调节是指对折页辊间隙（每对折页辊间的压力大小）的调整。折页辊压力过小，纸张不易进入折页辊，压力过大，纸张通过后会出现压皱现象，一般在折页机身上每一根折页辊的位置和对应支座都在侧面标牌（见图 2－46）上标识，可以快速相匹配进行调整。

调节时，旋松支座上的紧固螺钉（见图 2－47），将事先裁好的与折页纸张厚度相同的纸片压入支座压板下，使折页辊间隙符合通过厚度要求，再将厚度相同的纸条分别插入折页辊两端，调节旋钮以稍用力可将纸条抽动，且纸条完好为准。调校压力时当感觉折页辊两端压力一致，锁紧紧固螺钉即可。需要注意的是由于印张折法的不同，折页辊之间的压力调整也是不一样的，在调节折页辊时要根据纸张厚薄、折法、折页次数来确定各折页辊之间的间隙。

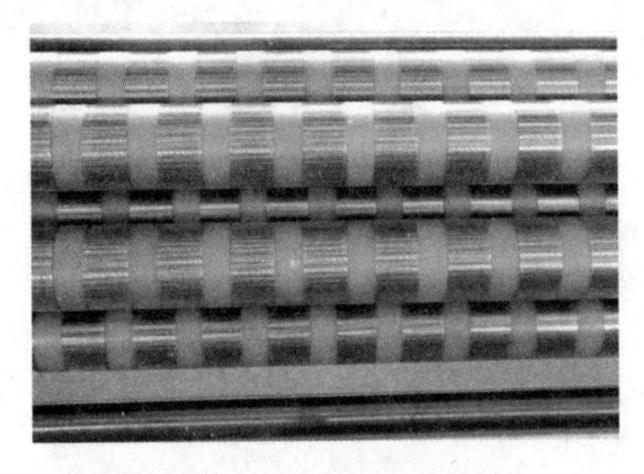

图 2-44　直纹折页辊

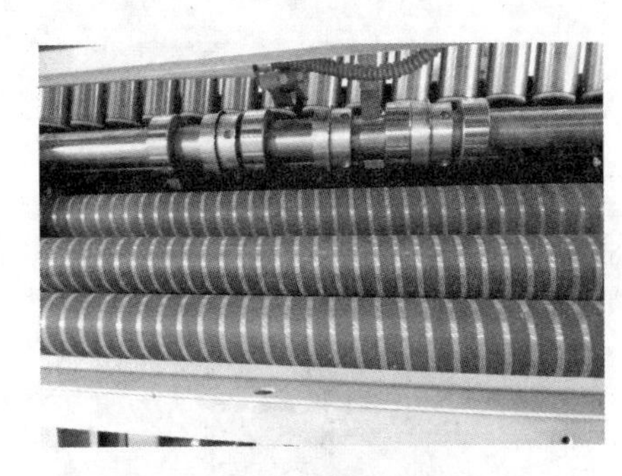

图 2-45　螺旋纹折页辊

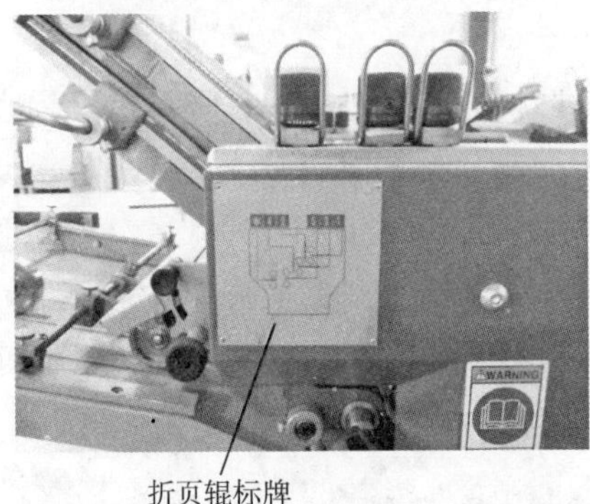

图 2-46　折页辊标牌

图 2-47　折页辊调节

6. 一、二折传送机构调节

栅栏式折页机第二组折页机构（见图 2-48）采用积木式设计，即不用时移开，需要时进行组合，通常第二组机构上装有滑轮，当机构定位后可使用固定销锁（见图 2-49）对该组折页机构位置进行锁定，防止在折页过程中发生移动。由于一、二组折页机构调节方法完全一样，此处不再赘述，但当折页纸张从第一组折页机构中输出时，一、二折之间的传送机构可决定第二组折页的精度，因此以下就对该传送机构调节进行介绍。

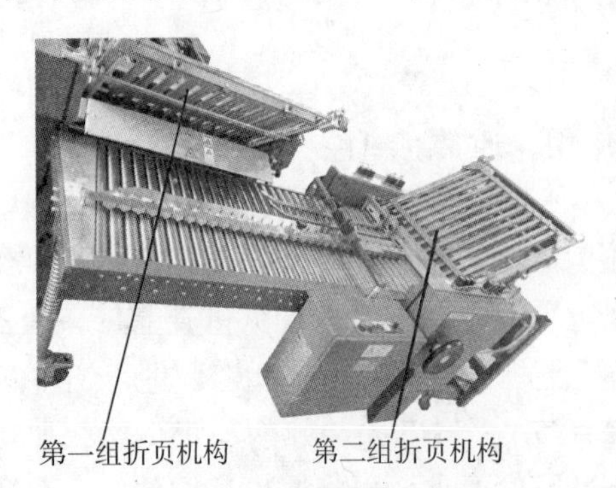

图 2-48　第二折机构

图 2-49　滑轮销锁

（1）第二折平台位置调节

一般第二折输纸传送机构平面比第一折平面低 8mm（见图 2-50）左右，因此书帖从第一折机构输出后，其高低位置要适当，以能进入第二折中导向轨为准。调节时旋转传送平台高度旋钮控制第二折平台至合适高度即可。

图 2-50 第二折平台位置调节

（2）定位调节

第一组折页机构输出的书帖转向 90°后进入第二组折页机构，纸张在一、二折之间传送的定位精度可直接影响最终折页质量。纸张在传送时可通过输纸辊、导向轨、压纸球、压纸条（见图 2-51）等相互配合实现纸张的横向定位，其调节方法同输纸操作中所述。

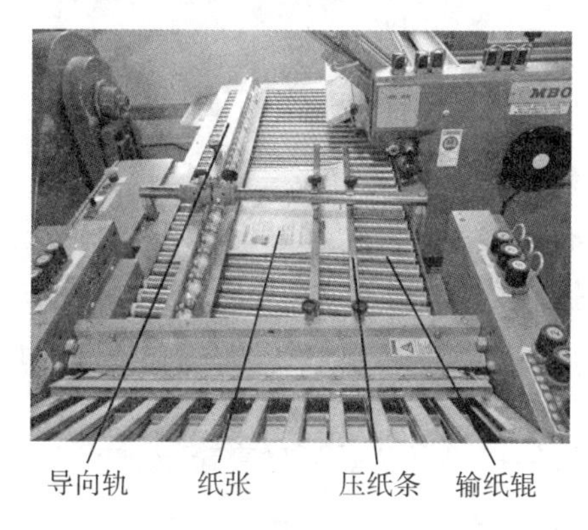

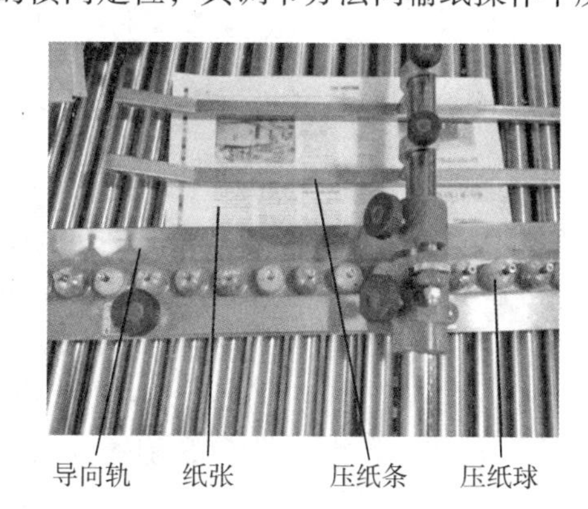

图 2-51 定位调节

（二）混合式折页机构调节

混合式折页机第一组折页机构均采用栅栏式，调节方法与栅栏式折页机完全相同，此处不再赘述。第二组折页机构则采用刀式折页，以下就对刀式折页机构（见图 2-52）调节进行介绍。

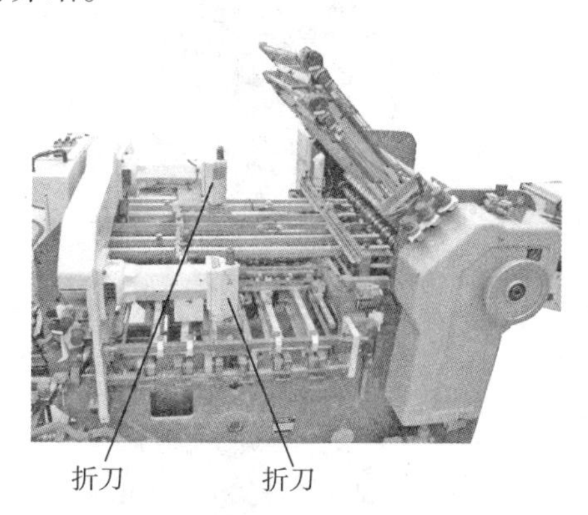

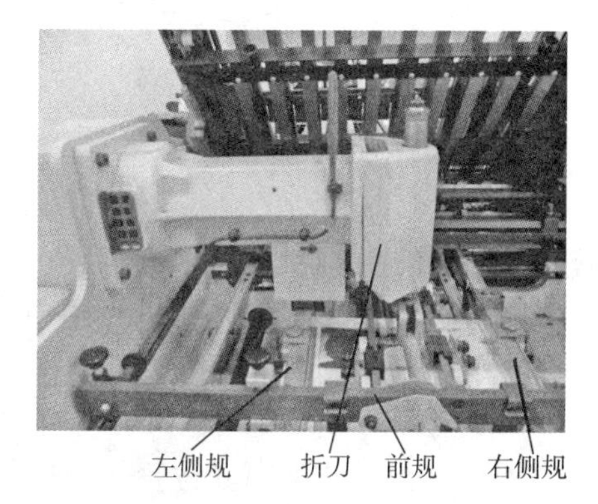

图 2-52 刀式折页机构

1. 折刀调节

(1) 平行度调节

折刀平行度调节是指折刀两端的水平调节。折页时要求折刀与折页辊轴线平行切入，调节时将两个19mm直径的小球置于两根折页辊之间，手工盘动机器，使折刀刃口一端与其中一只钢球接触，调整折刀柄上的调节螺钉（见图2－53），直至折刀另一端也与另一只小球接触即可，调节完毕拿出小球。

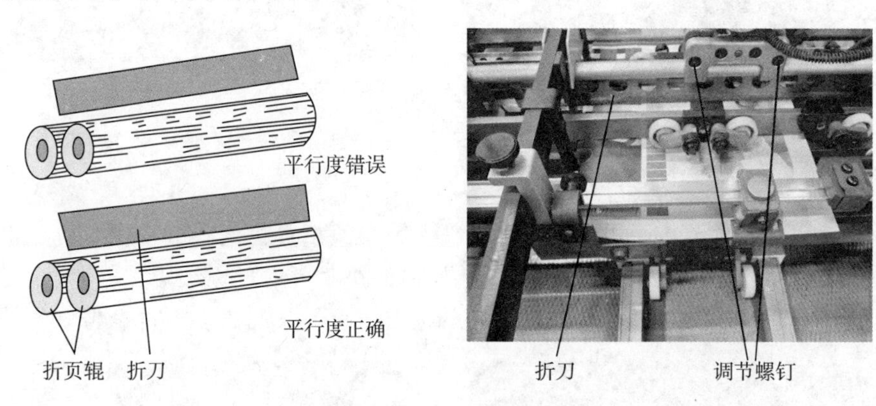

图2－53 折刀平行度调节

(2) 高低调节

折刀高底调节是指折刀与折页辊之间的距离调整。若折刀过高，与折页辊距离大，纸张输送速度就会变慢或纸张不能顺利被压入两折页辊之间。若折刀过低，则纸张输送速度加快，折刀会和折页辊相碰，造成折页不稳、页张皱褶和纸张破碎等弊病。折刀下压的时间与折页辊工作时间要配合协调，其下降距离 h（见图2－54）一般应为3mm左右。调节时，松开折刀架顶部的紧固螺钉，旋转调节螺母使折刀上升或下降直至尺寸符合要求，锁紧紧固螺钉。

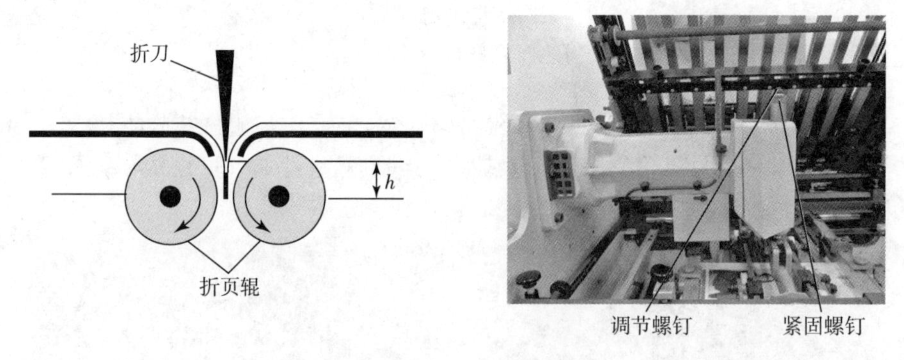

图2－54 折刀高低调节

(3) 中心位置调节

折刀下降工作时必须位于两根折页辊中间（见图2－54），若刀片位置向某一个方向偏离，则刀片下降就会将纸张夹在刀片与折页辊之间，刀片上升又会将纸张带起，造成折页不稳定或折页歪斜。折刀是否位于中心位置往往不容易观察，一般应根据折页时书帖运动的实际情况，凭经验来调节其位置，即在折刀下压时，听折刀有无同折页辊相碰产生的声音，看在最慢速度时，能否与折页辊配合将书帖折下。

2. 定位调节

（1）传送带调节

传送带（见图2-55）的作用是输送纸张到达规定位置。传送带需根据纸张大小移动，移动时只要移动传送带支架就可对传送带进行定位，从而达到每根传送带之间的间隔距离基本相等，避免由于传送带之间距离过大，不能有效托住纸张，影响折页质量。传送带的松紧要适中，过松传送皮带输送速度慢，甚至出现打滑，过紧则会拉长皮带导致皮带磨损，且每根传送带的松紧要基本一致，否则会造成走纸歪斜。调节时旋转胀紧螺钉就可拉紧或放松皮带。

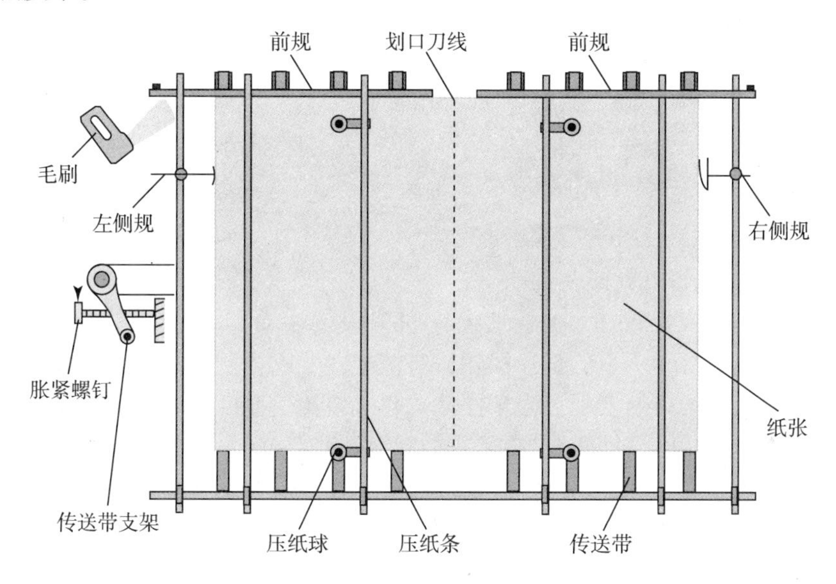

图2-55 定位调节

（2）前规调节

前规（见图2-55）起到为纸张纵向定位作用。前规可前后移动来适应不同大小的纸张折页，若将前挡规抬起，则前规失去作用，书帖不进行前定位直接沿传送带向前输送。调节时要注意左右前规的平行度，即左右两个前挡规要处于同一直线上，这样才能保证纸张的准确定位。

（3）侧规调节

侧规（见图2-55）起到为纸张横向定位作用。左侧规为弧型挡规，也是侧规的定位基准边，右侧规通常装有挡纸簧片。调节时，在确保纸张划口刀线与折刀刃线完全吻合的条件下，将左、右侧规分别轻靠纸张边缘并锁紧侧规上螺钉即可。

（4）压纸球调节

压纸球（见图2-55）的作用是压住纸张，增加纸张和传送带之间的摩擦力以及防止纸张到达前规后由于惯性回弹。调节时，压纸球位置应正好压住纸张后边缘，即纸张后边缘处位于压纸球的中心线上。

（5）毛刷调节

毛刷（见图2-55）的作用是挡住回弹纸张，避免由于纸张回弹引起的定位误差。调节时，将毛刷放置于纸张拖梢处或纸张前端。

（6）压纸条

纸张在快速传送中，前端受到风阻容易翘起和折角，为了保持纸张的平稳传送，需加装压纸条来防止纸张输送中的隆起现象。一般对于轻薄纸张需使用多根压纸条，较厚的纸张则适当减少压纸条的数量。

三、收纸机构调节

收纸（帖）机构（见图2－56）一般均采用可移动小车形式，收纸小车可根据需求调整高低和角度，并具有独立无级调速功能。收纸机构可分为摆动式、鱼鳞式及压平收纸一体机构，目前使用最多的是鱼鳞式和压平收纸一体机构。

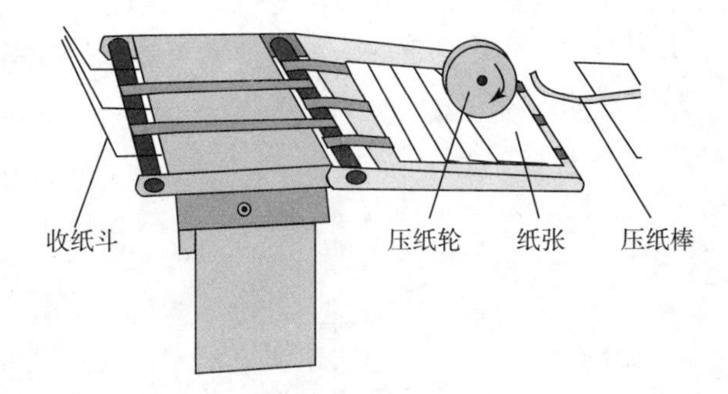

图2－56　收纸机构

1．摆动式收纸机构

摆动式收纸机构一般用于第四折折页的收帖，书帖是从上向下掉落在书斗中，当书帖刚接触底板板面时，推板道接住向挡板做摆动，书帖就被推着向挡板方向前进，并被底板上弹簧舌和两边的簧片挡住，书帖竖立着不会倒下。推板完成一帖书帖的输送任务后又作第二次的接帖摆动。由于摆动式收纸装置受速度限制，目前使用相对较少。

2．鱼鳞式收纸机构

鱼鳞式收纸机构（见图2－57）可对折页纸张进行不同位置收帖，适应性强，使用广泛。其工作原理是利用纸张自由落体和传送带方向的惯性冲力来接住书帖，并通过传送带变速机构使纸张上下叠加，在收帖斗中完成纸张的堆叠和储存。

3．压平收纸一体机构

压平收纸一体机构是一种组合式收纸机构，其功能除收集纸张外还可将纸张折缝处压平。此种机构最大的特点在于纸张经压实后可将空气完全排出，避免了因纸张捆扎产生起皱的现象，提高了折页质量。压平收纸机构种类繁多，其中使用较广泛的是立式收纸压紧机（见图2－58），其采用全自动化控制，具有计数和错张剔除功能，操作时需根据纸张厚度、含水量、灰分、折缝方向、折数等具体情况进行适当调节。

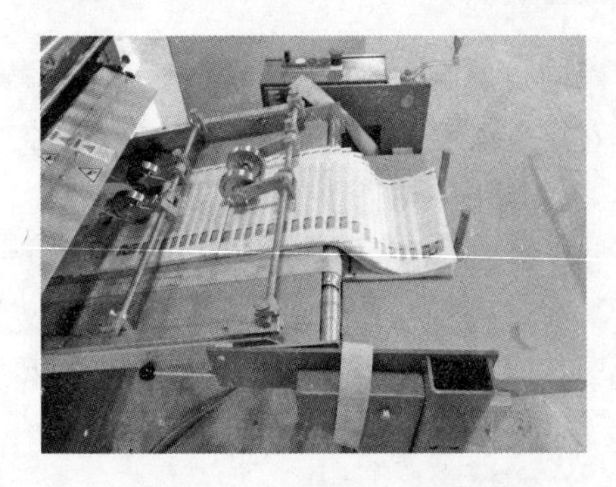

图2－57　鱼鳞式收纸机构

图2－58　立式收纸压紧机

四、折页质量标准与要求

1. 折页质量要求

（1）折页后纸张应无颠倒、无翻身、无死折、无串号、无筒张、无套帖、无双张，无外白版、无折角、无油脏、无撕页、无破碎、无残页等。

（2）折页后纸张相连两页码位置允许误差小于等于3mm，全书页码位置允许误差小于等于5mm，折口齐边误差不超过2mm，画面接版误差小于等于1mm。

（3）折页后纸张黑色折标居中一致，并全部裸露在最后一折的外折缝处。

（4）对于需三折及三折以上的纸张，应使用划口刀排除空气。

（5）若所折纸张为锁线订书帖，则前口毛边需比前口折边大4mm，以配合锁线机搭页工作的顺利进行。

（6）若所折纸张为骑马订双联书帖，则前口里层毛边需比外层毛边大10mm，以配合搭页工作的顺利进行。

（7）垂直交叉多折后纸张厚度会增加，可导致页面偏差，因此59g/m^2 以下纸张最多折四折，60～80g/m^2 纸张最多折三折，81g/m^2 以上的纸张最多折二折。

2. 收纸质量标准与要求

（1）收纸需整齐，无串号，整理纸张时口子应向外叠加堆放，以保证下道工序配页的正常进行。

（2）收纸斗中取出的纸张要抽检折页质量，发现有不合格折页时应及时改折或剔除。

（3）堆集和扎捆折页后纸张要平服，纸张应堆放在堆纸座面积范围内，不得超过堆纸座尺寸。

（4）纸张折完后要求每捆数量准确，打捆结实，每捆大小一致，堆叠齐整。

五、折页常见故障及排除方法

1. 页码不齐

（1）纸张尺寸不一。纸张裁切时尺寸应控制在允许误差内。

（2）纸张基准端面错误。印刷基准端面需与折页基准面一致。

（3）印刷叼口尺寸不一。印刷叼口尺寸应一致。

（4）划口刀钝化或刀片与刀胎安装不当。更换划口刀片并按正确间距调整刀片与刀胎之间距离。

（5）折刀与折页辊不平行，折刀与折页辊发生碰撞。调整折刀与折页辊平行度。

（6）传送带松紧不一致或损坏。调节各传送带松紧程度一致并更换损坏的传送带。

（7）纸张规矩定位不当。重新调节规矩位置，使纸张正确定位。

（8）压纸球和毛刷位置不当。调节压纸球和毛刷位置，使其有效压住纸张并防止纸张回弹。

2. 折页歪斜

（1）栅栏挡板平行度不当。调节栅栏挡板使其与栅栏框平行。

（2）折页辊压力不当。调节折页辊压力，使其两端压力一致。

（3）导向轨定位偏差。调节导向轨，使纸张侧边定位准确。

（4）折刀平行度不当。调节折刀平行度，使其与折页辊平行。

（5）某一折规矩不当。依次检查每一折规矩，并对每一折页码进行校正。

（6）划口刀安装位置不当。调节划口刀位置，使其划口位置与折缝线保持一致。

（7）机器折页速度不当。过快的车速会影响折页精度，保持适当的折页速度，减小折叠误差。

3．页张破损、皱褶、弯曲

（1）输纸位置不当。检查纸张在输送过程的各个环节，依要求正确调节，保证输纸到位。

（2）折页前页张存在折角、破口、粘连、翘角等现象。装纸时应披检纸张四角，剔除有问题的纸张。

（3）唇舌板与折页辊距离不当，若距离过大，纸张易折角，距离过小，则纸张易皱褶。调节唇舌板与折页辊距离。

（4）导向轨定位偏差。调节导向轨，使纸张侧边定位准确。

（5）折页辊压力不当，若压力过大纸张受压变形发生褶皱。调节折页辊压力，以稍用力可将调校纸条抽动，且纸条完好为准。

（6）折辊附着油墨或污物。清洗折页辊。

（7）压纸杆过低。重新调节压书杆高低。

（8）传送带输送不畅。检查是否存在新旧皮带共用或皮带磨损，更换新皮带时应整体更换。

（9）折页辊磨损。更换新的折页辊。

六、折页操作安全与设备保养

1．折页操作安全

（1）首次操作折页机前必须仔细阅读说明书，或在专业人员的指导下进行操作。

（2）折页前应确保折页辊中无残留油墨、碎纸等异物，保持纸张传送线路畅通及干净。

（3）开启设备前，必须确保周围环境安全，检查紧固件无松动、磨损，传动带松紧程度、链条张紧程度正常后方可开机。

（4）输纸台上除待折页纸张外不允许放置其他物品。

（5）若中途离开设备，回来后需重新检查参数等设定。

（6）开机过程中若发生意外情况或异响，必须立即停车检查。

（7）操作过程中若发生尺寸不准要及时停车，不可抢纸。

（8）调试设备工具必须及时卸下，避免因设备运动飞出造成事故。

2．折页机保养

（1）经常擦除输纸台上的纸粉，保持机器外部、内部及周围环境的清洁。

（2）电器箱部位灰尘、油污要及时清洁，避免因纸毛进入继电器及接触器开关造成电器失灵。

（3）定期检查油路是否畅通，及时对设备进行润滑。

（4）若设备长时间不运行，需用防尘罩罩好，以免灰尘进入。

（5）清洁折页辊时严禁使用钢刷或锋利工具铲刮，此外不可用煤油或柴油清洗，需使用毛刷或拧干的汽油、酒精抹布擦拭。

（6）对设备进行系统的维修后需清洗油路、气路，更换润滑油。

训 练 题

一、判断题

1. 印刷后的印张一般不够整齐，在机折或开料前必须进行撞页操作。(　　)
2. 对于厚和重的纸张可采用错动法进行理纸。(　　)
3. 任何印张都必须经过折页机来进行折叠加工。(　　)
4. 无论机械折页还是手工折页，最后一折的折线应与纸张横丝缕方向垂直。(　　)
5. 印刷叼口作为折页靠身侧规的定位边。(　　)
6. 任何折页方法都可以用机折来完成。(　　)
7. 对开纸进行连续垂直交叉的 4 折后，得到的书帖幅面是 32 开。(　　)
8. 全张纸折 4 折就是 32 开。(　　)
9. 书帖折数越多，误差越小。(　　)
10. 折页机在收帖时，一定要检查折标的位置是否居中。(　　)

二、单选题

1. 折页是书刊装订的（　　）工序。
   (A)第一道　(B)第二道　(C)中间　(D)最后
2. 相邻两折的折缝相互垂直的折页方式称为（　　）。
   (A)垂直交叉折　(B)平行折　(C)里外折　(D)混合折
3. 折页机上纸时，印刷（　　）应放置于紧靠折页侧规纸台上方。
   (A)叼口　(B)靠身侧规　(C)外侧规　(D)拖梢
4. 折页机堆纸台上，待折页印张间的错位应小于等于（　　）mm。
   (A)1　(B)2　(C)3　(D)4
5. 造成折页辊黏结粉尘的主要因素有（　　）。
   (A)印刷喷粉过多(B)场地不洁　(C)着装不洁　(D)加油过量
6. 全张纸进行连续垂直交叉 4 折后，得到的是（　　）开幅面书帖。
   (A)4　(B)8　(C)16　(D)32
7. 在平行折中，第一折与第二折为相反方向的折页方法是（　　）折。
   (A)对对　(B)扇形　(C)包心　(D)综合
8. 一张四开纸长边折叠 4 次，就成为（　　）开。
   (A)8　(B)16　(C)32　(D)64
9. 在折页机输纸机构中，当折页印张克重发生较大变化时，要及时调节（　　）。
   (A)纸间距　(B)吸纸长度　(C)吸纸宽度　(D)吸纸速度
10. 折页机折页速度越快，其页码误差（　　）。
   (A)越大　(B)越小　(C)保持不变　(D)无变化

三、简述题

1. 如何正确调节折页机的吸纸长度？
2. 怎样正确使用折页机的打孔刀？

项目三　配　页

教学目标

配页是将书帖按页码顺序配成书芯的过程，除单帖成本的书刊外，不论采用何种装订方法都需经过配页加工。本项目通过设置配页准备、配页操作两个任务，使学习者在了解配页方法及配页机工作原理的基础上，重点掌握配页机的调节和使用方法，并能排除配页过程中的常见故障。

能力目标

1. 掌握配页机贮页、分页、叼页、收页机构调节方法。
2. 掌握配页机集帖机构调节方法。
3. 掌握配页机自动控制装置的操作方法。
4. 掌握配页常见故障的排除方法。

知识目标

1. 掌握常见配页方法。
2. 掌握配页机种类及特点。
3. 掌握配页质量标准与要求。
4. 掌握配页机安全及保养知识。

任务一　配页准备

配页即成册，是将折叠好的书帖根据页码版面的排列顺序，使各帖组合成册的工艺过程。所有大于一帖的书册均要经过配页后才可进行装订加工。

一、配页方法

配页方法有叠帖式（见图3－1）和套帖式（见图3－2）两种，其中叠帖式常用于平装、精装书册，套帖式则多用于杂志、小册子。

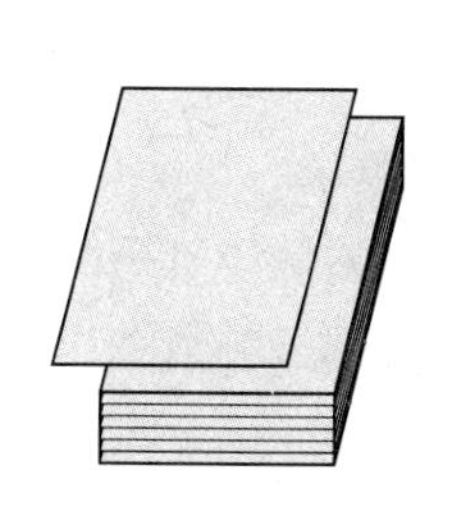

图3－1　叠帖式配页

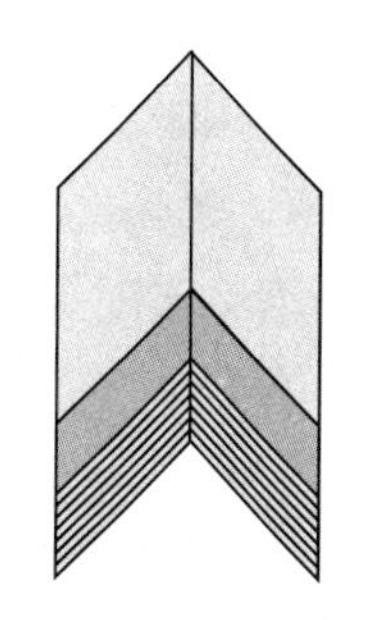

图3－2　套帖式配页

（一）叠帖式配页

叠帖式配页是按书籍页码顺序，将书帖逐帖叠合成为一本书芯的配页方法。

1．叠帖式配页摆版要求

书册的首帖和尾帖尽可能是整帖，若不足一帖则最好将书页分在第二帖或第三帖上，以利于装订过程撞齐、传送及分本操作。对于不满8页的零页，应将其套在另一整帖的外部，如有单页可先将此页粘在某一书帖的前面或最后，再进行配帖。

2．手工叠帖操作

（1）书帖摆放方式

书帖摆放时一般成两行，其中近身边一行，即第二行应低于第一行150mm（见图3－3）左右，书帖按第二行从左到右书帖编号递增，第一行从右到左书帖编号递增顺序排列。配页时从尾帖开始，按书帖编号从大到小顺时针循环即可。每叠书帖在摆放时应天头朝靠身，订口朝右，且小页码在上。此外上下行书帖高度应分别保持一致，若书帖较少，也可按书帖编号从大到小排列成一行进行配页。

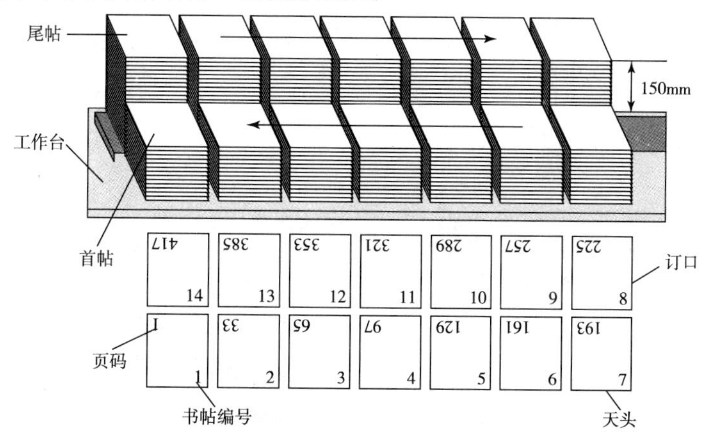

图3－3　叠配帖方法

(2) 叠帖式配页操作方法

取帖时，右手大拇指、食指与中指形成近似钳子形将书帖夹起，当手指接触到书帖时，食指、中指向内微拉书帖，大拇指向外微推书帖，即将书帖轻微捻动，这样可避免由于取书动作不当造成的双帖现象。待右手将书帖拿稳后迅速交给左手，左手大拇指与另外四指应形成近似角尺，即左手大拇指相当于书帖定位侧规，其余四指为下挡规，手掌则为托板。同时，在接过书帖时，左手除大拇指基本不动外，四指需不断调整并振荡，并将书帖向左胸部轻微撞齐，直至所有书帖配齐就完成了一本书芯的叠帖式配页，反复以上操作进行手工配页操作。

(二) 套帖式配页

套帖式配页是按书籍页码顺序，将书帖逐帖套合成为一本书芯的配页方法，此种方法一般多用于骑马订。

1. 套帖式配页摆版要求

套帖式配页摆版时书帖前半部分为书刊靠前页码，而后半部分则是书刊靠后页码。同时，在骑马订操作时，需把整帖放在书芯最里面，零页放在最外部，以便订书时书帖规矩能将薄页齐整。

2. 手工套帖操作

(1) 书帖的摆放方式

手工套帖式配页时，一般将套在最内部的书帖放在左面作为首帖（见图3-4），依次由左向右按页码从大到小顺序排列，尾帖为套在最外层的一帖，若为骑马订，则尾帖通常为封面。每叠书帖在摆放时应天头朝靠身，订口朝右，且小页码在上。

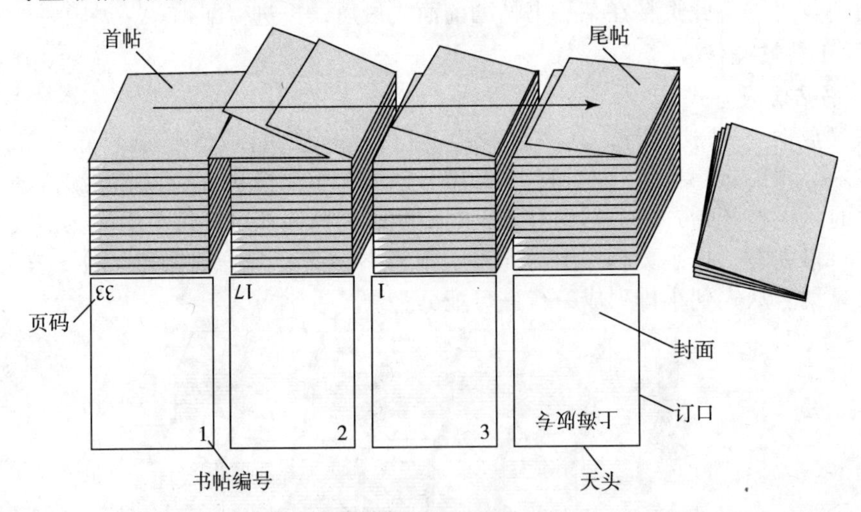

图3-4 套配帖方法

(2) 套帖式配页操作方法

取帖时，左手拿首帖口子下侧向右方移动，右手大拇指与食指在第二帖左下角将书帖向上掀开45°左右，将首帖套入第二帖中缝内，反复上述动作直至所有书帖配齐就完成了一本书芯的套帖式配页。此外，当一本书芯套帖完成后，应将天头向下在工作台上轻轻撞击，使书帖与封面能基本对齐。

二、配页机分类

（一）以叼页形式分类

1. 钳式配页机

钳式配页机叼页机构（见图3－5）的工作原理是由往复运动的叼页钳从贮帖斗中叼出书帖进行配页。叼页钳每往复运动一次，叼一个书帖，当叼页钳向上运动时，钳口张开准备叼页，叼到书帖后，钳口合拢夹紧书帖并返回。当叼页钳返回到落书帖位置时，钳口再次打开，将书帖放置于下方集帖链上由拨书棍将书帖带走。叼页钳开闭由凸轮机构控制，因采用往复运动形式，故存在配页速度慢、震动大、噪声大，机件易磨损等缺点，目前此种叼页机构使用较少。

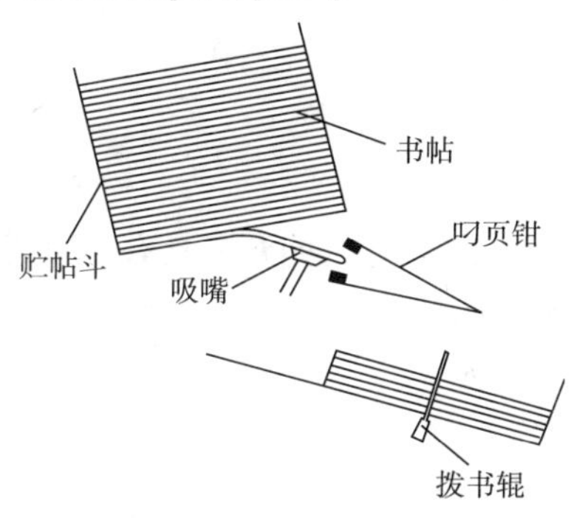

图3－5 钳式叼页机构

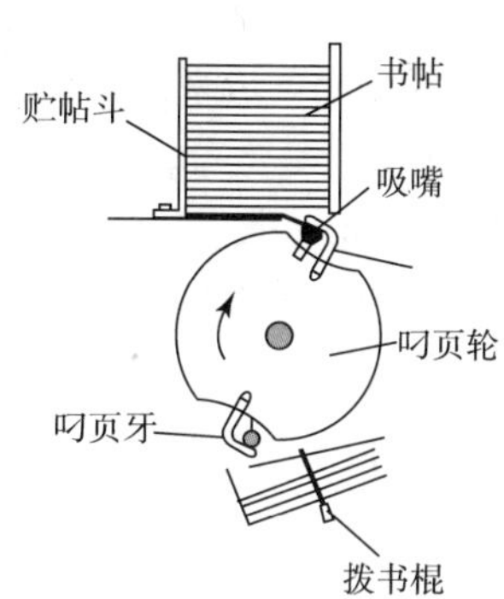

图3－6 辊式叼页机构

2. 辊式配页机

辊式配页机叼页机构（见图3－6）的工作原理是利用叼页轮与叼页牙配合从贮帖斗中叼出书帖进行配页。叼页轮每旋转一周，叼一个或两个书帖，叼页牙安装于叼页轮上并随其转动，当叼页轮转动至上方时，叼页牙张开叼住书帖后向下旋转，当叼页轮转动至下方，叼页牙松开，将书帖放置于下方集帖链上由拨书棍将书帖带走。叼页牙的开闭由凸轮所控制，由于采用旋转运动形式，故此类机型结构紧凑、运转平稳，配页速度相对较快。此外，辊式配页机又分为单叼和双叼，双叼机型叼页轮直径比单叼型大一倍，其上对称设置有两个叼页牙，每旋转一周可进行配页两次，因此此类机型具有配页效率更高，配页更加稳定，书帖更加平服的特点，此种叼页机构目前被广泛应用于配页机当中。辊式配页机见图3－7所示。

图3－7 辊式配页机

图3－8 无辊配页机

3. 无辊配页机（图3－8）

无辊配页机叼页机构（见图3－9）工作原理是利用传送皮带上小孔真空吸附功能从贮

帖斗中吸出书帖进行配页。因此种机构无辊和叼页机构，故噪声更低，速度更快，生产效率更高。目前随着配页机应用的日益广泛，先进的无辊配页机尤其适应大幅面、超薄纸张及高速配帖的需求，采用此种叼页机构的配页机也成为配页机今后的重要发展方向。

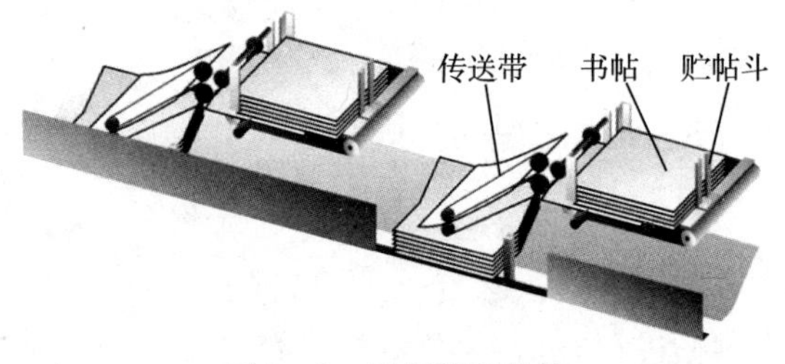

图3－9　无辊叼页机构

（二）以贮页形式分类

1．立式配页机

立式配页机贮帖斗中各书帖采用平放，即上下叠放，此类贮页方式具有加页便捷的特点，目前被大多数配页机采用，但由于贮帖斗中书帖高度一般需在300mm左右，因此操作者需频繁加帖。

2．卧式配页机

卧式配页机贮帖斗中各书帖采用立放，即左右竖放，此类贮页方式具有贮页量大的特点，卧式配页机的贮页斗一般有1.5m长，可采用手工加帖或以运用吊装设备直接把成捆书帖吊装入贮页斗内。卧式配页机的结构见图3－10所示。

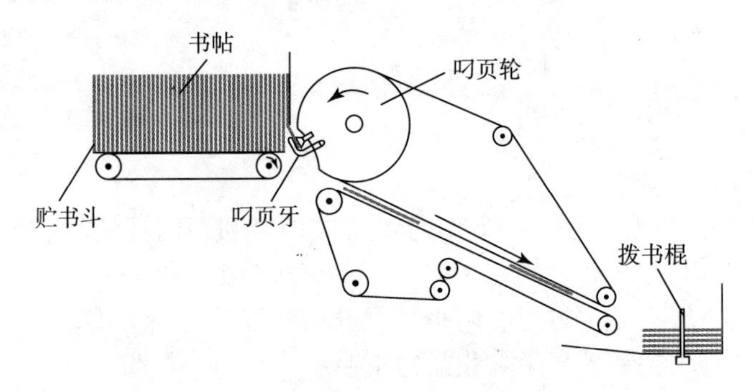

图3－10　卧式配页机的结构

三、配页机集帖方式

1．钳式配页机集帖方式

钳式叼页的书帖，其下落时书帖口子朝操作者靠身（见图3－5），折缝向外，集帖链位置在配页机台外侧下方（操作者前方），贮帖时应将书帖大页码向下，小页码朝上，书帖从贮帖斗下落至集帖链后并不改变方向，只是位置发生移动。

2．辊式配页机集帖方式

（1）立式贮帖方式

叼页牙咬住书帖缝中部，旋转半周，使书帖翻转180°后，将书帖放下的传递形式。此种机构集帖链位置在配页机台下方，立式贮页时应将书帖大页码向上，小页码朝下，其收帖页码与钳式配页机正好相反。

（2）卧式贮帖方式

叼页牙咬住书帖折缝，旋转1/4周，使书帖翻转45°后，将书帖放下的传递形式。此种机构集帖链位置在配页机台外侧前方，卧式贮页时应将书帖大页码朝靠身方向，小页码朝前。

3. 无辊配页机的集帖方式

无辊配页机为直线式传送，贮页斗中摆帖方式和集帖链拨书棍上的摆放方式完全一致，贮页时应将大页码朝下，小页码朝上。

四、配页准备

配页前，根据不同的装订形式，一般需要有粘页、理号、核对样书及填写生产工单4项准备工作。

1. 粘页

对于单页、插图、衬纸等零碎页，配页前必须先进行粘页操作。同时粘页后的书帖应压实，使其粘连牢固和平整。

2. 理号

理号就是按书刊页码或书帖编号顺序，进行书帖排列和整理的工作。理号时，一般观察书帖折缝上印刷的书名或本单位编排而印制的书名、总号及帖码，若有些书帖折缝上没有印制帖码，则要依据每帖前后页码连接的方法来进行排列和整理。

3. 核对样书

核对样书即将书帖按顺序放入贮帖斗内，从首帖开始每一书帖拿一帖，配成一本书芯，检查顺序正确与否。检查内容包括书册、页码、版面、开数等是否与样书相同。

4. 填写生产工单

填写生产工单即根据客户要求、生产要求制定合理的生产工艺，并将工艺参数及材料参数等填写于企业的生产工单上，以便操作人员及后续工序参考。

任务二 配页操作

配页机（见图3－11）型号较多，目前企业中主要以辊式配页机及无辊配页机为主，以下就以此种机型为重点介绍配页机的操作调节方法，其他机型调节方法类似。

图3－11 配页机

一、配页机工作过程

如图 3－12 所示，将理好的待配书帖按页码顺序分别放入贮帖斗内，当配页机运行时，吸嘴吸取贮帖斗内最下部一个书帖交由叼页牙，叼页牙随叼页轮旋转至规定位置后将书帖放置于集帖链的隔页板上，由集帖链上拨书棍将书帖带至下一贮帖斗处，直至所有书帖配页完毕，将配好的书芯送至收书台上，这样就完成了一本书芯的配页工作。

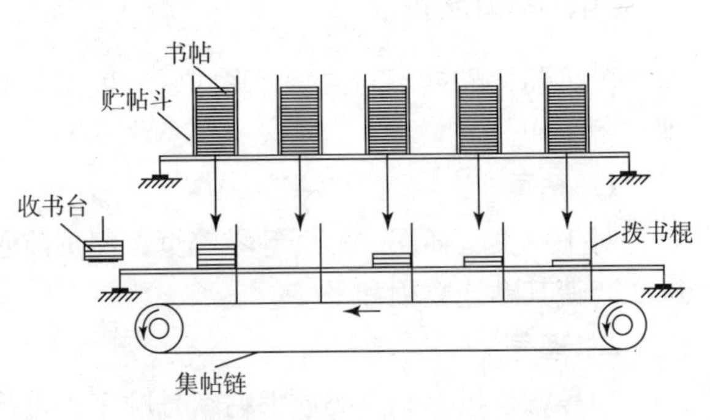

图 3－12　配页机工作过程

配页机收书台位于机身最左侧，因此在排列各书帖时应将尾帖放在离收书台最远的贮帖斗内，依次从右至左按页码递减顺序摆放。一般配页机贮帖斗配置 12～18 个最为适宜，当贮帖斗个数过多时，无疑会加大停机的可能性及停机次数，降低设备可靠性和生产率。同时大开本书帖、大 32 开双联与配中等开本书帖比较，每班的生产效率的损失会成倍增加，由 4.7% 升至 8.5%。在配页过程中，若发生多帖或缺帖等质量弊病时，配页机上检测机构会发出信号停机，并指示故障部位，或由抛废机构直接将差错书帖自动抛出。此外，当书帖在传送过程中出现乱帖，堵塞传送线路时，控制机构也会发出信号停机，并指示乱帖部位，待操作人员排除。

二、配页机调节

（一）贮页机构调节

配页机上配有多个贮帖斗，如前所述贮帖斗可分为立式（见图 3－13）和卧式（见图 3－14）两种，无论采用哪种形式，贮帖斗内均有 4 个挡规对书帖进行定位，即一个前挡规、两个侧挡规、一个后挡规，其中前规位置固定，其余规矩均可根据书帖幅面大小进行调节。

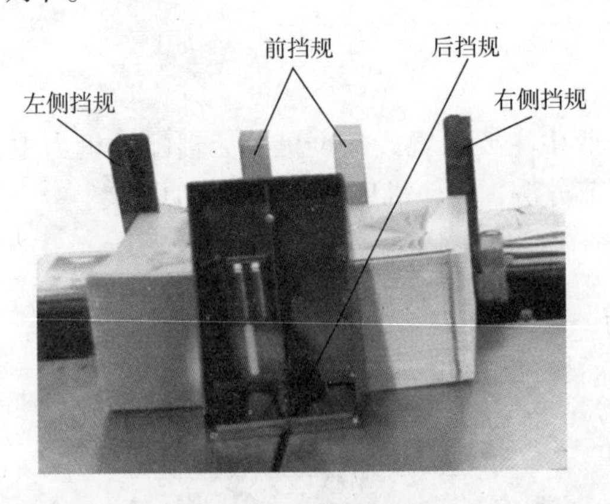

图 3－13　立式贮帖斗

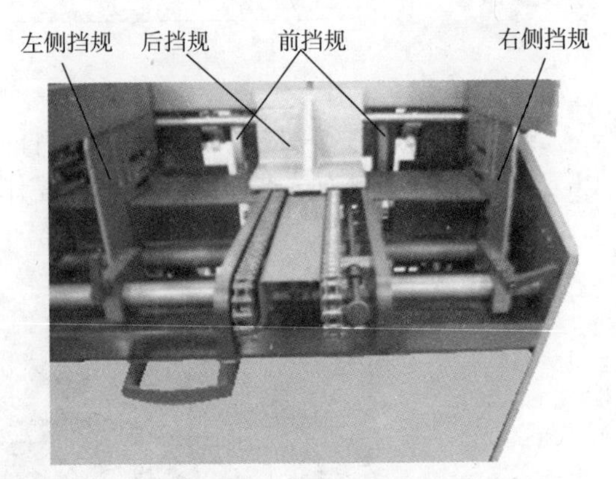

图 3－14　卧式贮帖斗

1. 立式贮帖斗规矩调节

由于立式贮帖斗工作时书帖需经过 180°旋转，因此在放帖时需将小页码朝下，书口朝靠身，订口向外，天头朝左，地脚朝右摆放入贮帖斗内，这样当书帖旋转翻身后则为正常排列顺序。书帖放入时除前挡规外，其余三规矩均需根据书芯开本做出相应调节，书帖贮存总厚度应控制在100～300mm之间，过少会造成书帖吸不出，过多则会对贮帖斗产生过大压力，影响吸帖顺畅。

调节时，松开左、右侧挡规上的紧固螺钉，以吸气嘴中心为参照按书帖长度对两侧挡规间距进行调节，使得书帖在放入后距离两侧挡规间隙1mm左右即可，过紧书帖无法吸出，过松则书帖不稳易出现双张。同样，后挡规调节时松开固紧手柄，将后挡规调至距书帖1.5mm处锁紧手柄。

2. 卧式贮帖斗规矩调节

卧式贮帖斗放帖时需将小页码朝前，切口朝上，订口朝下，天头朝左，地脚朝右摆放入贮帖斗内，书帖贮存总长度应控制在100～500mm之间。卧式贮帖斗调节方法及要求与立式完全相同。

（二）分页机构调节

1. 吸页过程

（1）钳式配页机吸帖时，吸嘴接触贮帖斗最下部一书帖订口边，吸嘴吸气将书帖吸住并向下摆动将此帖与其余书帖分离，分页爪托住未吸书帖，叼页钳上摆叼住书帖，吸嘴停止吸气完成吸帖过程。

（2）辊式配页机吸帖时，吸嘴（见图3－15）接触贮帖斗最下部一书帖订口边，吸嘴吸气并下摆动30°左右，将此帖与其余书帖分离，分页爪托住未吸书帖，叼页牙张开叼住已分离书帖，吸嘴停止吸气完成吸帖过程。

（3）无辊配页机吸帖时，吸嘴接触贮页斗最下部一书帖订口边，吸嘴吸气并向下运动5mm左右，将此帖与其余书帖分离，分页爪托住未吸书帖，传送带吸气吸住已分离书帖向前运动，吸嘴停止吸气完成吸帖过程。

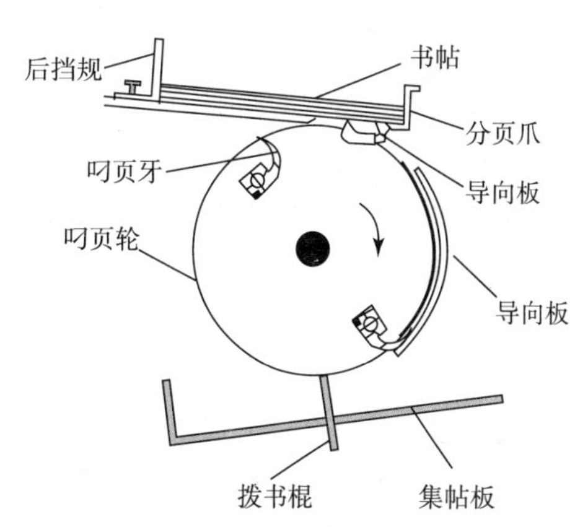

图3－15　辊式配页机叼页机构

2. 吸嘴调节

分页机构吸嘴吸气是靠气泵抽真空来实现的，吸嘴开始和停止吸气时间可通过气阀凸轮来调节控制，调节时以顺利吸起每一帖，书帖交由叼页钳、叼页牙或传送带时能及时停止吸气，不拉坏书帖为准。此外，吸嘴对书帖的吸力大小可通过气管上开关来进行调节。

（三）叼页机构调节

1. 钳式叼页过程

钳式叼帖时，叼页钳叼住书帖后向下拉动，待拉至集帖板后，钳嘴张开，书帖落在集帖链板上完成叼页过程。

2. 辊式叼页过程

辊式叼帖时，叼页牙叼住书帖闭合并随叼页轮向下旋转180°，叼页牙张开，书帖落到集帖链隔页板上完成叼页过程。

（四）集帖机构调节

集帖链（见图3－16）的作用是将配好页的书帖向前传送。集帖链的传送位置应与叼页牙放帖时间相配合，即当叼页牙张开放下书帖时，集帖链正好运动至两拨书棍的中间位置。集帖链的链条松紧可通过机尾处固定从动链轮的丝杆进行调节，旋转丝杆，使集帖链紧松适度即可。

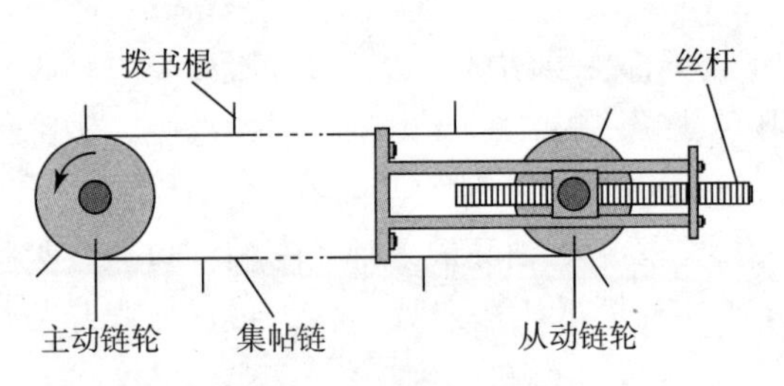

图3－16　集帖链机构

图3－17　手工收页机构

（五）收页机构调节

当配页完成后书芯被送至收书台，收书台中书芯可通过手工拿出（见图3－17）或自动推出，完成配页机工作全过程。

1. 手工收页过程

手工抽本收页主要是依靠手拿的方式将配页完成的书芯取出。取出书册后应进行页码粗查，再堆叠成摞。此种收书方法操作者消耗体力大，已较少使用。

2. 自动收页过程

自动翻摞收页是利用气动和电动控制，将配页完成的书芯按一定本数有规律地做45°翻身后，自动推出收书台的收页方式。此种收页方法大大减轻了操作者的体力劳动强度。

3. 连机收页过程

无线胶订联动收页是将配页完成的书芯一本一本地由平放状态转为直立，经传送链输送至无线胶订主机的收页方式。此种收页方式具有较高的生产效率，用于无线胶订联动线中。

（六）自动控制装置调节

配页机自动控制装置的作用是当配页机发生故障或出现多帖、缺帖、错帖等故障时能控制设备自动停机，并指出故障发生部位或发出信号抛出废书。

1．厚薄检测装置

厚薄检测装置是通过采用光电检测器来测量书帖厚薄用以控制配页过程中的缺帖、错帖、多帖等弊病。此装置一般安装在叼帖轮下端，当叼出的书帖经过装置上滚轮时进行一次检测。检测原理是当书帖经过压紧滚轮时，滚轮受压后带动螺钉下降触碰传感器中弹簧钢片弯曲，使电阻感应片变形，电路中产生不平衡，发出排废或停机指令。

2．图像检测装置

对于厚薄相同的书帖，则上述厚薄检测装置失效，因此图像检测装置可有效地对此种情况下的漏帖、错帖进行检测，但无法判断多帖。此种装置主要是使用摄像头对书帖进行拍照，与事先存入计算机的正确配页书帖图像进行对比，以达到控制配页质量的目的。目前此种检测手段对于彩色图片的检测正确率已达100%，而对于黑白书帖和彩色文字等还不能做出有效检测，为了解决这种问题，一般采用在书脚放置条形码的方法来提高检测正确率。

3．乱帖检测装置

配页机在书帖传送面板和集帖链通道上均装有乱帖检测装置，以防止书帖集帖不齐而堵塞通道的现象。检测原理是叼页牙张开放下书帖，若书帖未落至正确位置，则书帖输送过程中就会触碰乱帖触片，从而引发装置报警并停机。需要注意的是，每次排除完乱帖故障后，都应拨动调节装置使触片复位才能再次开机。此外，乱帖触片与集帖链距离应根据每个集帖工位的书帖厚度来进行调整，即从尾帖至首帖配页过程中，书帖总厚度逐渐增大，此距离也应逐渐加大。

三、配页质量标准与要求

1．折标标记要求

叠配帖时，为防止配页出现差错，在页张印刷时，每帖书页订口处，应按照书帖顺序印制一个黑色小方块，即折标标记（见图 3－18）。若采用套配帖，则折标应印在书帖页张的天头折缝线处。使用此标记可从订口或天头清晰看出书帖经配页后有无缺帖、错帖、多帖等弊病。

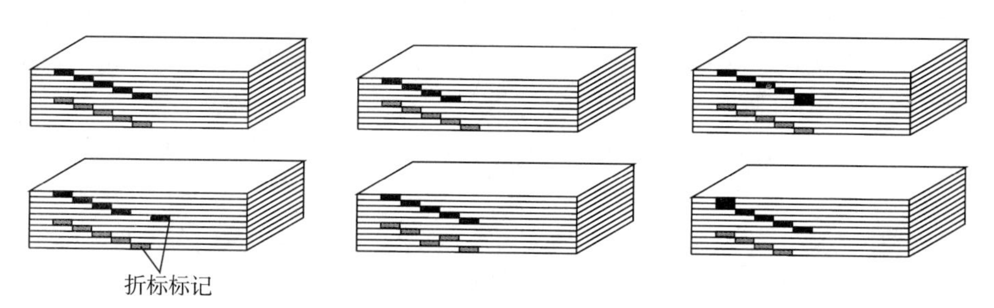

图 3－18　折标标记

2．配页质量要求

配页机所收书册需进行粗查，以避免单机配页工序出现的原则差错。检查时可根据折缝黑标的阶梯规律，将双帖、缺帖、倒帖、串号等差错及时剔出。

四、配页常见故障及排除方法

1．缺帖

（1）书帖贮放过多。减少书帖贮放数量。

（2）贮帖斗内规矩夹书太紧。调整各规矩与书帖间隙。

（3）气泵真空度太小，吸力不足。增加气泵吸气的真空度。

（4）吸嘴橡皮圈磨损，吸力不足。调换新的吸嘴橡皮圈。

2．多帖

（1）分页爪太松，没有将书帖完全托住。调节分页爪，使其能完全将书帖托住。

（2）吸嘴太低，摆动幅度太小。调节吸嘴高度及摆动幅度。

（3）书帖不整齐。将书帖撞齐后再贮帖。

3．错帖

贮帖时将书帖加错。加书帖时应先查看帖码和页码。

4．乱帖

（1）集帖链上拨书棍超前或延迟。调节集帖链，使其位置正确。

（2）叼页牙太紧，放帖有快慢。调整叼页牙咬纸压力，并使放帖快慢基本一致。

（3）隔页板角度不当。调整挡书板角度。

（4）书帖弓皱不平。剔除弓皱书帖，或加以整理后再加帖。

（5）乱帖检测装置位置不当或失灵。调整乱帖检测装置至正确位置或更换失灵部件。

5．书帖破损

（1）气泵真空度太大，吸气量过大。减小气泵吸气的真空度。

（2）叼页牙太紧，将书页咬破。调整叼页牙咬纸压力。

（3）贮书斗中书帖过多，吸嘴将书帖吸走时带出其余书帖。贮帖量要适当。

6．书帖轧坏

由乱帖所引起。参照乱帖原因及排除方法。

7．不吸帖

（1）吸嘴不吸气，吸气管被异物堵塞。检查气泵、吸气管及吸嘴，排除堵塞物。

（2）吸嘴摆动角度不当。调整吸嘴摆动角度。

（3）吸气时间不当。调整吸气时间，以吸嘴接触书帖时开始吸气为准。

8．不叼帖

（1）叼页牙张开、闭合时间与吸嘴摆动位置不吻合。调整叼页时间与吸嘴下摆位置。

（2）叼页牙松紧不一。调整叼页牙，使其松紧一致。

五、配页操作安全与设备保养

1．配页操作安全

（1）首次操作配页机前必须仔细阅读说明书，或在专业人员的指导下进行操作。

（2）开启设备前，必须确保周围环境安全，设备无失灵及部件无松动后方可开机。

（3）开机过程中若发生意外情况或异响，必须立即停车检查。

（4）操作过程中若发生配帖故障要及时停车，不可抢帖。

（5）调试设备工具必须及时卸下，避免因设备运动飞出造成事故。

（6）设备安装后必须将电机妥善接地。

（7）不行私自拆除、改装、移位配页机保护装置。

（8）设备在维修、保养时必须将电源切断。

2. 配页机保养

（1）工作开始前应对机器主要部分进行检查并加注润滑油。

（2）每班工作结束前，应对各摩擦面及光亮表面涂以润滑油并对设备进行清洁。

（3）若设备较长时间搁置不用时，需将所有光亮面擦拭干净并涂以防锈油，用塑料套将整机遮盖。

（4）维修、保养机器零部件时，严禁使用违规工具及操作方法。

训 练 题

一、判断题

1. 胶订采用的是套帖式配页。(　　)
2. 辊式配页机采用卧式贮帖台时，书帖上大页码紧靠前挡规。(　　)
3. 书帖的折标一定是放在每帖书页的最外页订口处。(　　)
4. 采用叠配帖时，折标黑方块是印在书帖的天头上。(　　)
5. 配页折标就是每个书帖上按配页顺序印刷上去的阶梯形黑方块。(　　)
6. 毛本书册上的折标是按梯型来排列的。(　　)
7. 配页机不吸帖的原因是吸气不足。(　　)
8. 钳式配页机的速度快于辊式配页机。(　　)
9. 无辊配页机叼页形式采用真空吸气皮带完成叼帖。(　　)
10. 由于纸张厚薄的变化，配页机允许厚薄检测装置存在一定的误差。(　　)

二、单选题

1. 配页时须保持书刊（　　）顺序的正确性。
   (A)页码　(B)页张　(C)帖码　(D)帖标
2. 骑订工艺采用套配帖方式，最后将封面套在（　　）。
   (A)最里面　(B)最中间　(C)最上面　(D)最下面
3. 根据页码顺序配齐各版或各号，使各帖组合成册的工艺过程叫（　　）。
   (A)折页　(B)插页　(C)粘页　(D)配页
4. 配页机贮帖斗有多个挡规，其中固定挡规是（　　）挡规。
   (A)前　(B)后　(C)左　(D)右
5. 配页机贮帖时，发现不符合质量要求的书帖时要及时（　　）。
   (A)掉弃　(B)修正　(C)剔除　(D)分批配下
6. 配页机上（　　）的作用是将放落的书帖堆集并输送。

(A)贮帖台　(B)贮帖规矩(C)吸嘴　(D)集帖链

7. 配页机配出的毛本书册，应重点检查书帖（　）。

(A)清洁度　(B)梯型折标(C)整齐度　(D)数量

8. 配页后的书册出现两个重叠位置的黑方块折标，这种弊病是（　）帖。

(A)多　(B)少　(C)倒　(D)串

9. 配页机上图文检测装置只能检测（　）帖。

(A)多　(B)缺页　(C)套　(D)错

10. 配页机的人机界面就是机长和配页设备之间的（　）。

(A)维修　(B)维护　(C)沟通　(D)检测

三、简述题

1. 简述配页的方法及适用性。

2. 简述配页自动控制装置的工作原理。

项目四 锁　　线

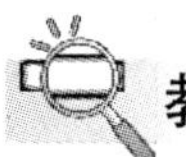

教学目标

锁线是用针线将配好页的书帖按顺序逐帖串联，并使书帖之间相互锁紧的装订形式。本项目通过设置锁线准备、锁线操作两个任务，使学习者在了解锁线方法及锁线机工作原理的基础上，重点掌握半自动锁线机的调节使用方法，并能排除锁线过程中的常见故障。

能力目标

1. 掌握锁线机引线方法。
2. 掌握锁线机穿线针、钩线针、底针调节方法。
3. 掌握锁线机贮帖、输帖、收帖装置操作方法。
4. 掌握锁线常见故障的排除方法。

知识目标

1. 掌握常见锁线方法。
2. 掌握锁线机种类及特点。
3. 掌握锁线质量标准与要求。
4. 掌握锁线机安全及保养知识。

任务一　锁线准备

用针线将配好页的书帖按顺序逐帖串联，并使书帖之间相互锁紧的装订形式称为锁线订。锁线订历史久远，是一种高质量的有线装订法，适用于较厚书册的装订。由于锁线订是沿书帖订口折缝处进行订联的，因此订后书册能翻开摊平，便于阅读。锁线订一般采用机械锁线，但对于小批量、特殊活件或返修品，还需采用手工方法来完成。

一、锁线方法

1．平锁

平锁（见图4－1）是由穿线针和钩线针间隔构成一组，穿线针把线沿折缝引入书帖中间，钩爪把线拉到钩线针位置并套入钩线针凹槽中，再由钩线针把线拉出书帖订缝形成线圈并相互锁牢的锁线方法。经平锁后的书帖，串联线位于书帖中间，而线圈及线结则在书帖外面，平锁方式是目前使用最多的锁线方法。

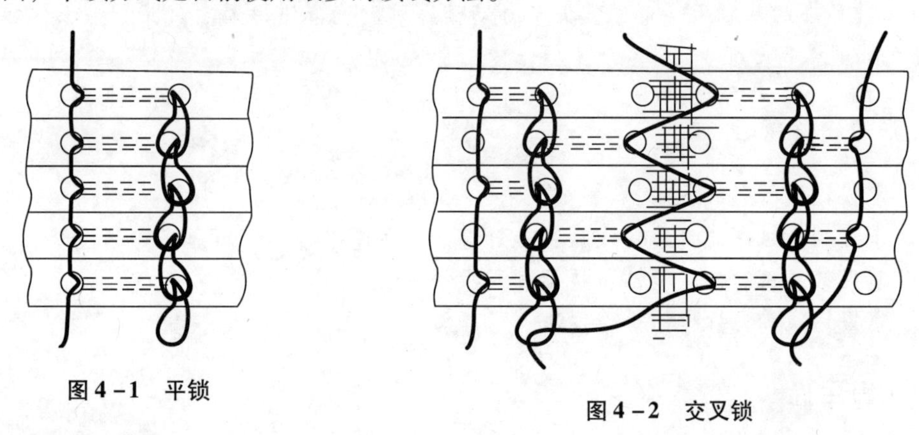

图4－1　平锁

图4－2　交叉锁

2．交叉锁

交叉锁（见图4－2）也称间帖串、跳锁或绞花锁。一般由固定穿线针、活动穿线针及钩线针构成一组，活动穿线针左右往复运动将书帖锁成册。经交叉锁后的书帖，串连线均匀分布于书帖折缝中心，较平锁而言交叉锁书帖更加平整、紧实，书芯和书脊厚度基本相同，且节省串联线，但此种方法牢固性不如平锁，且上下书帖易发生错位。

二、锁线机分类

锁线机是运用机构将配页好的书帖，从订口折缝逐帖串连成书芯的机械，一般由锁线机构、搭页机构、控制原件等组成，按自动化程度可分为半自动锁线机和全自动锁线机两类。

1．半自动锁线机

半自动锁线机（见图4－3）主要有两种：一种是手动将书帖搭在订书架靠板上，另一种是手动将书帖搭在输帖链上，通过输帖链将书帖输送至订书架靠板上。一般半自动锁线机速度为 35～85 帖/分，最大加工尺寸 460mm×400mm，最小加工尺寸 100mm×150mm，锁线机底针最小直径 2mm，针距 23.55mm，最多针数 12 组，可进行平锁和交叉锁。

图 4－3　半自动锁线机

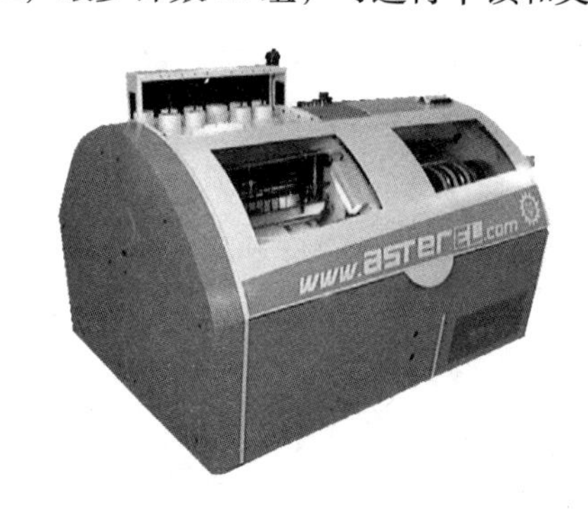

图 4－4　全自动锁线机

2．全自动锁线机

全自动锁线机（见图 4－4）由输页机构、缓冲定位机构、锁线机构、出书机构及自动控制器等部件组成，除加书帖和收书芯需人工完成外，搭页、揭页、锁线、计数、割线分本等均自动完成。全自动锁线机最快速度可达 250 帖/分，最大加工尺寸 320mm×510mm，最小加工尺寸 75mm×150mm，锁线机底针最小直径 1.5mm，针距 18mm，最多针数 12 组，可进行平锁和交叉锁，同时具有对齐边和不齐边两种分帖功能，以满足不同书芯的加工要求。

三、锁线准备

（一）线的准备

锁线订缝的连接材料是线，线的种类及质量直接关系到书册的连接牢固性，因此线的挑选是锁线前的重要准备工作。锁线常用线有棉线、丝线、合成纤维线等。

1．棉线

棉线是由棉花纤维制成的线，可分上光与不上光两种。包装形式有直轴形、宝塔形等，锁线以使用宝塔形较为多见。棉线规格根据专业标准分为 42 支纱 4 股、42 支纱 6 股、60 支纱 4 股和 60 支纱 6 股四种，对应型号分别为 S424（42S/4）、S426（42S/6）、S604（60S/4）、S606（60S/6），其中 S 表示支纱，斜线下数字表示股数。锁线时应根据书册厚度，书帖折数，纸张定量等来选用不同粗细的棉线，若棉线过细，强度低，则书帖连接牢固性差，订缝经锁线后易出现断线、散帖等现象，缩短了书册的使用寿命。若棉线过粗，虽然强度高，书帖连接牢固，但订缝经锁线后会加大书背宽度及书脊高度，造成加工困难，耗材浪费的同时也影响了书册外观，因此需根据书册具体情况挑选合适的棉线进行加工。

2．丝线

丝线是由蚕丝制成的线，是我国历史上最早使用的一种订缝锁线材料。丝线原色与纸张相同，具有质地柔软、强度好、光滑、牢固耐久等特点，经丝线锁线后的书册书背平整，不高凸，不易变型。但丝线因价格高、伸缩性大而较少使用，目前只在一些高档古装书和画册上应用。

3. 合成纤维线

合成纤维线是一种将聚合物在高温高压下熔融后，经过极细孔径的喷头流丝、凝固后加工制成的纤维线，较为常见的有涤纶线和尼龙线。合成纤维线具有强度高，无线头、价格便宜等特点。使用合成纤维线进行锁线可选用较细的线而不断裂，经加工后的书册书背不高凸，平整服贴，但此种线弹性较大，易引起收缩拉回，导致切口不齐或书背弯曲等现象。

（二）引线装置准备

引线装置的作用是顺利地将线穿入书帖内，使书帖串连成书芯，该机构由拉线杠杆、过线圈、压线盘等部件组成。

1. 穿引线路

将线圈插入线圈搁板（见图4－5）的弹簧片上，拉出线头穿过线孔，然后经压线盘进入过线圈，最后将线穿至穿线针的针孔内。

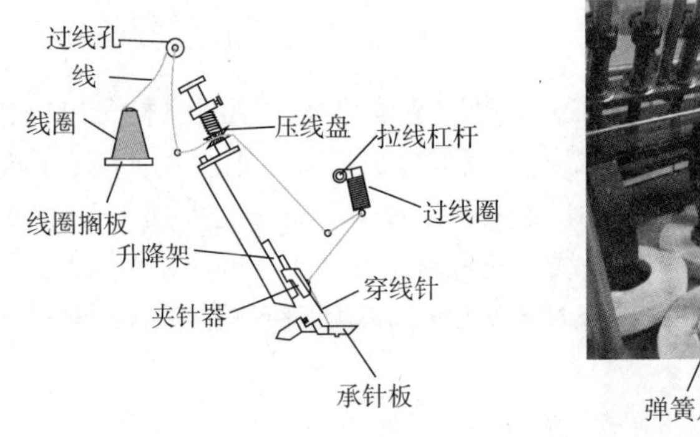

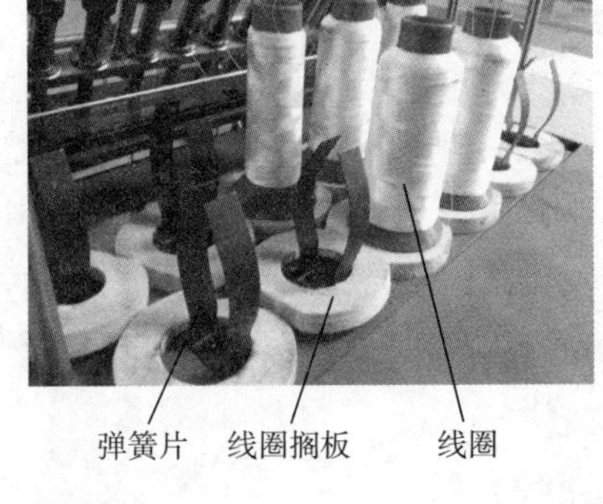

图4－5　穿引线路

2. 拉线松紧调节

穿引好的线路拉紧力大小直接关系到锁线机是否能正常工作，线路过紧易产生断线和拉破折缝现象；过松则纱线锁成"辫子股"产生松散、泡起，勾不住线等现象。拉线的松紧可通过压线盘（见图4－6）、拉线杠杆（见图4－7）的调节来控制。

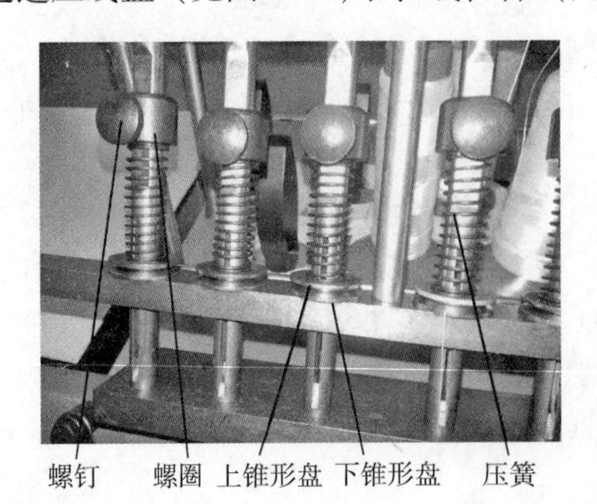

图4－6　压线盘

图4－7　拉线杠杆

（1）压线盘调节

压线盘由上、下锥形盘组成，上锥形盘上部套有压簧，压簧压力由紧圈控制，上、下锥形盘之间的压力就是压线盘对线的压力。调节时，松开紧圈上螺钉，移动紧圈上下位置改变压簧压缩范围控制压簧压力，向下移动压力增加，向上移动压力减小，当压力符合要求时，紧固螺钉即可。压线盘对线的压力一般是以升降架上升时可将线正好拉紧为标准。

（2）拉线杠杆调节

拉线杠杆由凸轮（见图4－8）带动进行上下摆动，其摆动时间、摆动幅度都会影响线的松紧。调节摆动时间时，松开凸轮上的两个螺钉，将凸轮沿正常工作方向转动则拉线杠杆摆动时间提早；反方向转动杠杆摆动时间推迟，根据拉线松紧具体情况调整完毕锁紧螺钉即可。

螺钉 凸轮

图4－8 拉线杠杆摆动时间调节

调节拉线杠杆摆动幅度时，松开调节螺钉，更换拉杆与拉线杠杆连接孔（见图4－9）位置即可调节杠杆摆动幅度，当连接左边孔洞时，摆动幅度增大，连接右边孔洞时则摆动幅度减小，调节完毕锁紧螺钉即可。

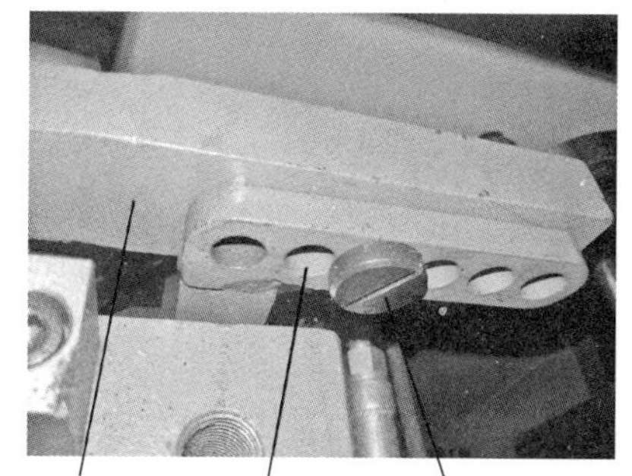

图4－9 拉线杠杆摆动幅度调节

任务二 锁线操作

一、锁线机工作过程

1．锁线机工作过程

锁线机工作过程为搭页→输页→定位→锁线→出书。首先由搭页机按顺序将书帖搭放在鞍形导轨支架上，送帖链条上的推书块将书帖沿导轨向前推送。当书帖到达送帖位置时，高速旋转的加速轮将书帖夹紧并送至订书架上的缓冲定位工位，至此书帖就完成了输送和定位。订书架接到书帖后摆向锁线位置进行锁线，在锁线过程中，定位机构始终夹持着书帖，以确保书帖定位准确。锁线完毕由推书板将书帖推至出书台上。

2. 锁线机构工作过程

锁线机构工作过程为底针打孔→穿线针引线→钩爪拉线→钩线针打结。根据选定的锁线方式，订书架（见图 4－10）下的底针先打底孔，穿线针在升降架带动下开始下移穿线，钩线爪、钩线针按工艺进行拉线、钩线，一个书帖锁完后，订书架摆回原位。为使书帖脱离订书架，在订书架摆回的同时，定位装置放开书帖，敲书棒将锁好的书帖敲一下向内夹紧，使书帖平稳离开订书架。挡书针的作用是挡住书芯，使书帖在出书台上保持整齐，防止后退松散。当继续下一帖锁线时，底针、穿线针、钩爪等重复以上动作，钩线针上的线圈被留在第二帖小孔外部，钩线针从小孔内拉出一个线圈，将线圈相互套在一起形成链状。在书帖向出书台推送过程中，前一帖的活扣抽紧为一个线结。待所有书帖锁完后，计数器控制搭页机空转一周，使设备不送书帖但锁线机构仍运行一次，原来藏在书帖折缝内的线因无书页遮掩成为明线，在书帖推送过程中将最后一帖活扣锁紧成一个死结，由割线刀将明线割断，一本书芯即制作完成。见图 4－11 所示。

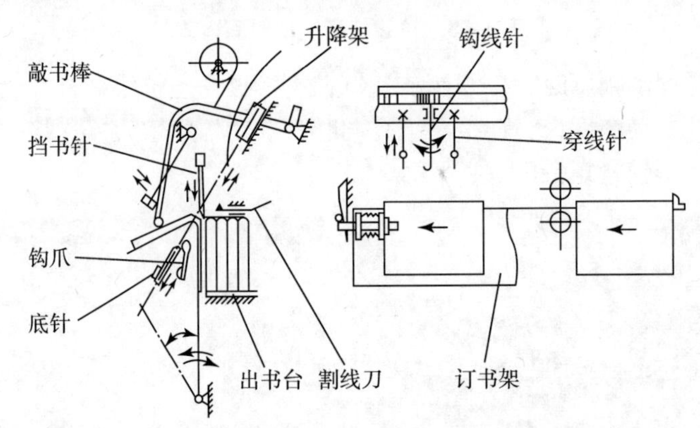

图 4－10　锁线机构

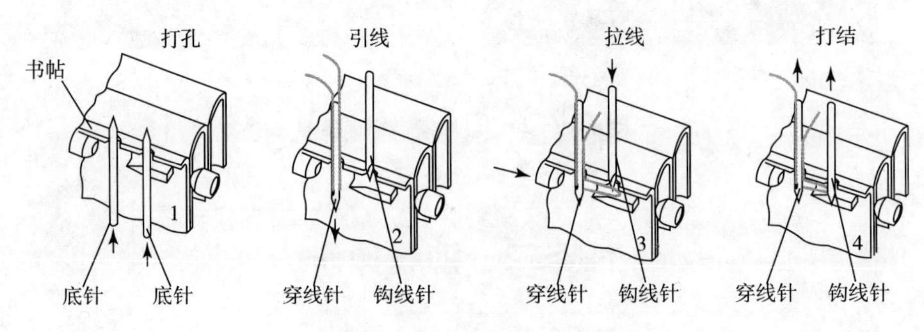

图 4－11　锁线机构工作过程

二、锁线机调节

（一）半自动锁线机操作

半自动锁线机搭页以手工完成，其后锁线工作全部由锁线机自动完成，需要注意的是当每本书册所有书帖全部搭完后，要停搭一次，使纱线被割断。

1. 搭帖操作

手工搭帖时，书帖大页码朝上，天头（见图 4－12）朝左，左手揭开天头处书帖一半，右手随即接过左手传递来的书帖，并将其沿内折缝骑搭在订书架上紧靠前规，搭帖需从末帖开始。搭帖前要先对前规进行定位，前规通过订书架上螺孔与螺钉连接确定位置，调节时松开螺钉，前规就可更换位置或左右移动，以锁线针组在书背上居中为标准调整前规至合适位置，锁紧螺钉即可。

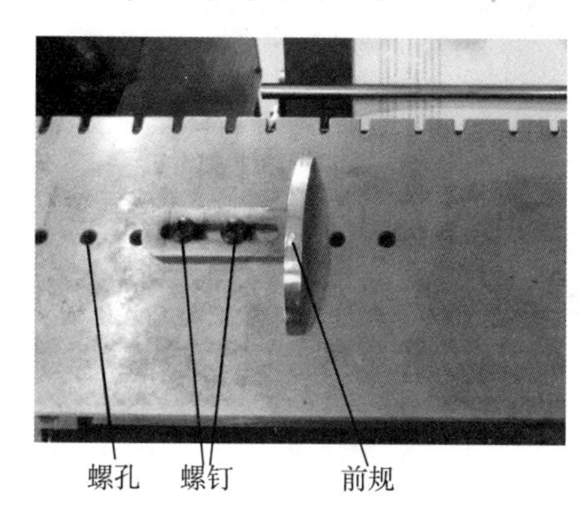

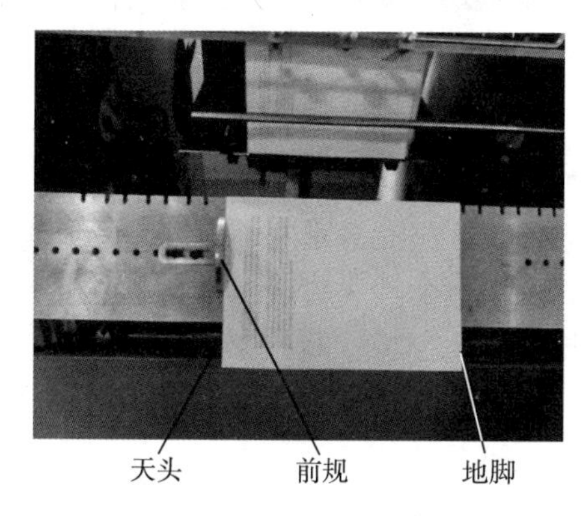

图 4－12　搭帖操作

2. 底针打孔操作

底针打孔即锁线前从书帖内折缝向书帖外折缝打孔，其作用是使穿线针和钩线针顺利地通过打好的孔洞进行穿线和钩线。

（1）底针更换

当底针断裂或钝化时需对底针进行更换。操作时，松开订书架前靠板（见图 4－13）两端的螺钉，取下前靠板。松开底针盖板上螺钉，取下底针。更换好新的底针后，装回底针盖板和前靠板即可。需要注意的是，所有底针必须在一条直线上，不得发生歪斜。

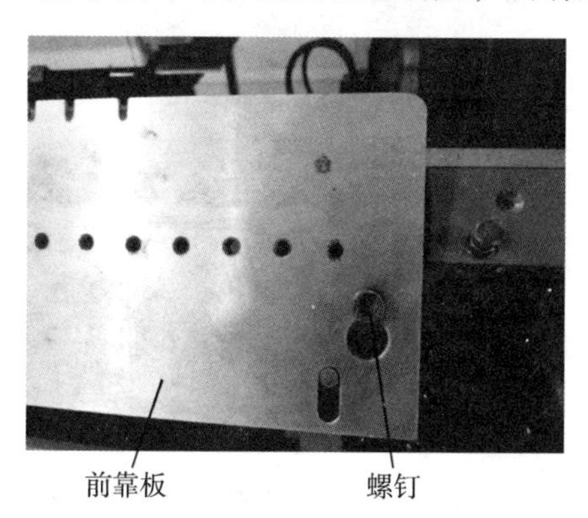

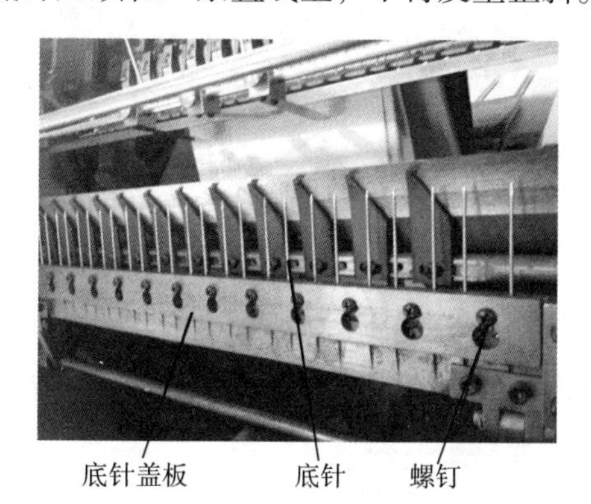

图 4－13　底针更换

（2）底针上下位置调节

底针打孔时，上下移动距离一般是以将书帖脊背打穿，但不与穿线针和钩线针相碰为准。调整时，松开底针盖板两端螺钉（见图 4－14），根据需要上下移动底针盖板位置，待底针到达合适位置后，锁紧螺钉即可。

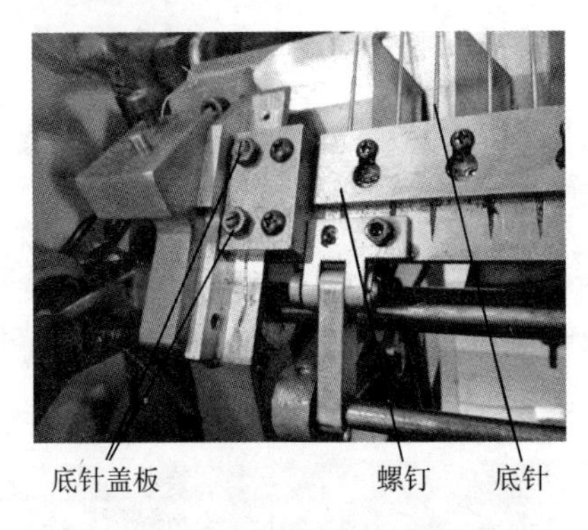

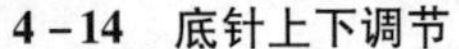
4－14　底针上下调节

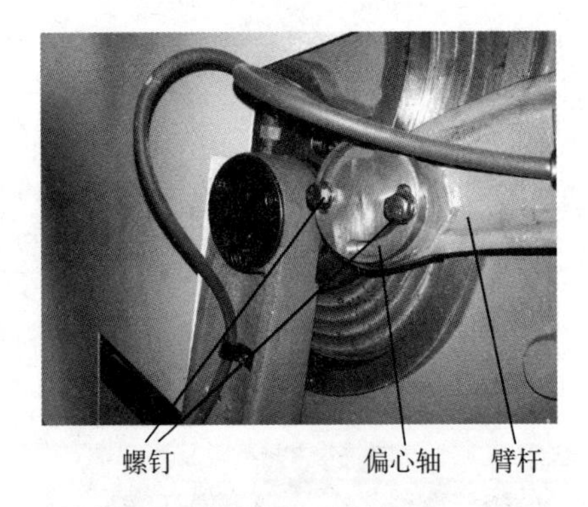

图 4－15　拉线杠杆

（3）底针前后位置调节

当底针前后位置（见图 4－15）发生偏差时会造成打孔歪斜，不在书缝处。调节时，松开臂杆顶端两个紧固螺钉，转动偏心轴到使底针前后移动，直至位置符合要求后锁紧紧固螺钉即可。

3．穿线针操作

（1）穿线针更换

穿线针（见图 4－16）安装在夹针器上，夹针器则通过螺钉固定在升降架上，锁线时穿线针由升降架带动上下进行穿线。更换穿线针时，松开紧固螺钉，拿下穿线针，更换新的穿线针紧固螺钉即可。需要注意的是，安装穿线针时其针孔应朝下。

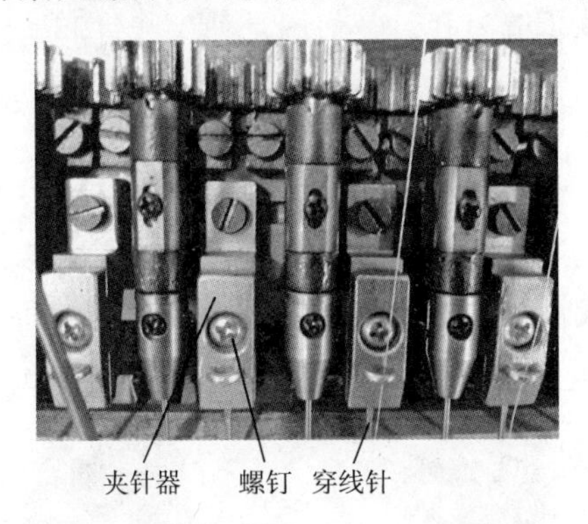

图 4－16　穿线针更换

（2）穿线

穿线针的主要操作是将纱线穿入穿线针针孔内并留出 10～20mm 线头，为针头下降留出余地。需要注意的是，当断线时不必将夹针器取下，可直接进行接线。

（3）穿线针高低位置调节

穿线针高低位置要适当，调节时以穿线针到达最低点时线头能被钩爪准确钩住为准，过高或过低都会因钩不住线造成散帖或锁线不牢现象。调节时，松开升降架上螺母 1、螺母 3（见图 4－17），旋转螺母 2 穿线针就可上下移动，直至到合适位置后紧固螺母 1、紧固螺母 3 即可。

（4）穿线针左右位置调节

穿线针工作时需从底针打好的孔洞中穿入，因此穿线针左右位置必须与底针对准。调节时，松开螺杆（见图4－18）两端螺母，旋转螺杆穿线针就可左右移动，待穿线针到达合适位置后锁紧螺母即可。

图4－17　穿线针高低调节

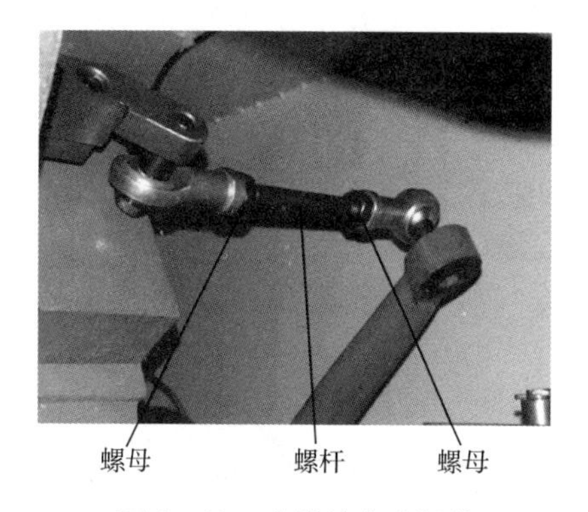

图4－18　穿线针左右调节

4．钩爪调节

（1）钩爪更换

钩爪（见图4－19）用于钩住穿线针引来的线，安装于钩线导向板上，装卸时，拧下螺钉就可将钩爪取下。

（2）钩爪上下位置调整

钩爪上下位置即钩爪与钩线针的间距，若此间距过大则不钩线，过小易出现撞针现象，调节时，以钩线针降到最低点时距钩瓜0.2～0.4mm为准。因钩爪固定在钩线导向板上，其上下位置变化可通过导向板移动来实现，旋转导向板上的两个螺钉（见图4－20）可使导向板升降，当钩爪达到要求位置时锁紧螺钉即可。

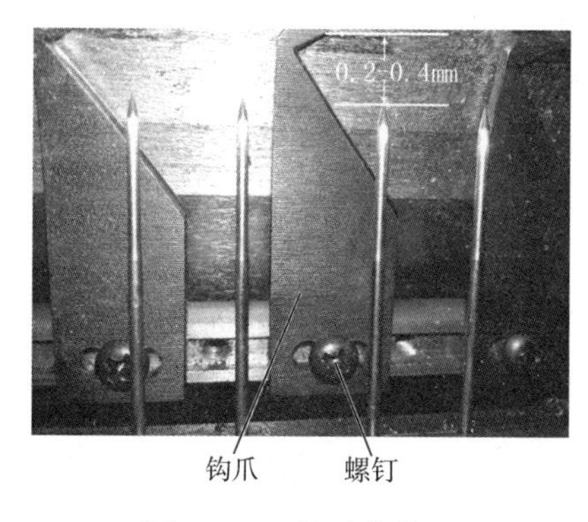

图4－19　钩爪安装

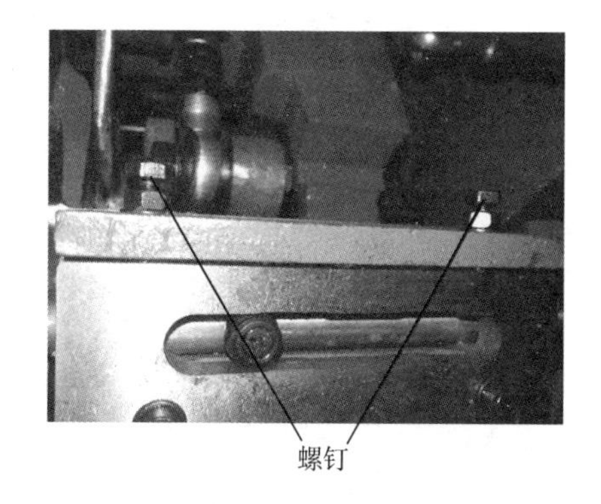

图4－20　钩爪与钩线针间距

（3）钩爪左右位置调整

钩爪（见图4－21）在工作时向右移动超过钩线针，当处于最右端时，钩爪背应距离钩线针3mm左右，此距离可通过滑杆上滚子与导向槽之间的间隙来控制。调节时，松开螺钉，在滑杆上移动滑套，使滚子与导向槽之间间隙为1mm紧固螺钉即可。

5．钩线针调节

（1）钩线针更换

钩线针（见图4－22）安装在夹针器上，夹针器则通过螺钉固定在升降架上，锁线时穿线针由升降架带动上下进行钩线。更换钩线针时，松开螺钉，换上新的钩线针即可。需要注意的是，安装钩线针时其针头弯曲处应向外。此外，钩线针上凹槽不可过大或过小，过大钩双线，过小不钩线，凹槽内要光滑，与纱线接触部分不可有毛刺，以免钩线时将纱线磨断。

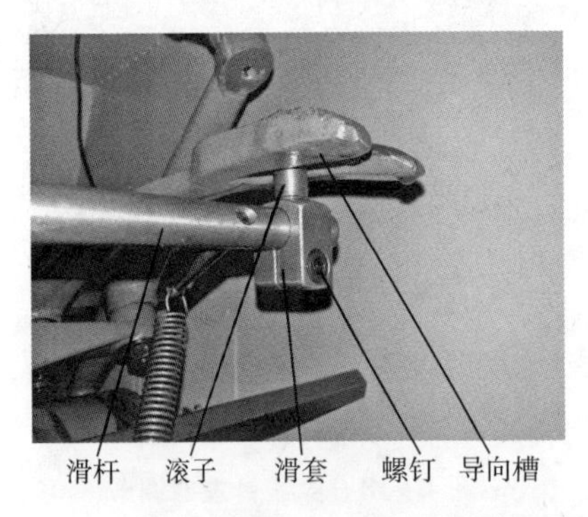

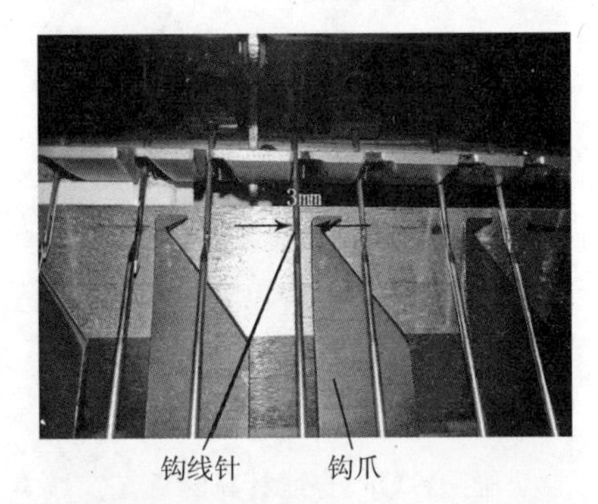

图 4－21　钩爪左右调节

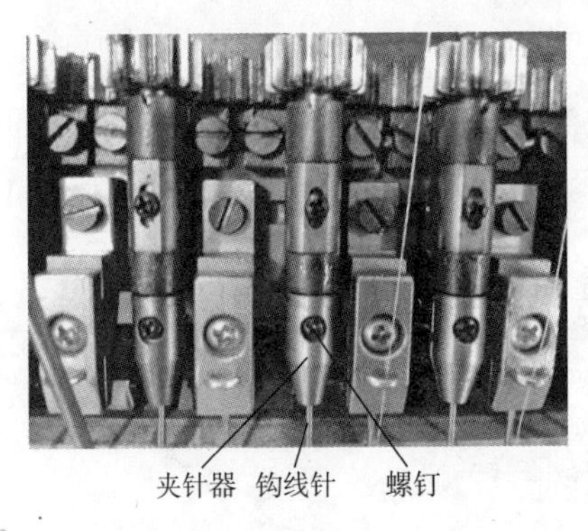

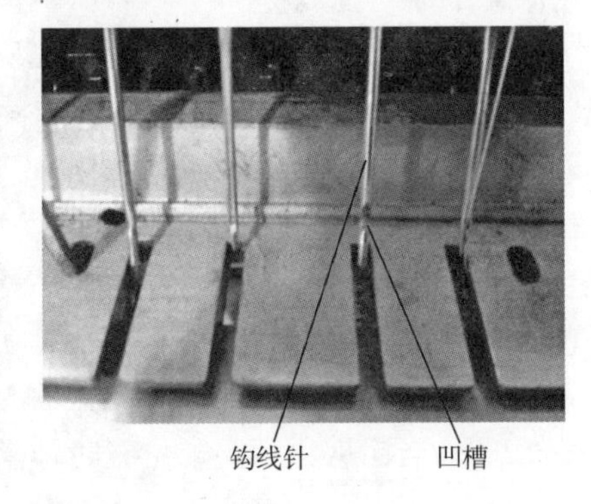

图 4－22　钩线针更换

（2）钩线针位置调整

由于钩线针和穿线针均固定于订书板升降架上，因此高低、左右位置调节与穿线针完全相同，此处不再赘述。

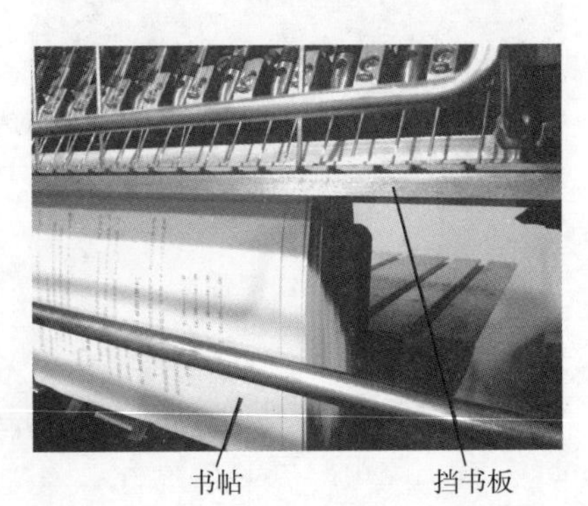

图 4－23　挡书板调节

6. 挡书板调节

挡书板（见图 4－23）也称打书板，其作用是当书帖穿线后挡书板立即摆动至书脊边缘处敲打一下并挡住书帖，使线结锁紧，书帖齐整，便于第二帖书页的穿订。挡书板摆动轨迹由凸轮控制，其摆动幅度影响挡书板敲打力度，若敲打过重可使书脊变形，敲打过轻则起不到挡书板作用。调节时，松开螺钉挡书板即可前后移动，待挡书板调至合适位置时，锁紧螺钉。

7．敲书棒调节

敲书棒（见图 4－24）的作用是在订书架后摆时，将锁好线的书帖向内夹紧，使书帖平稳地离开订书架。敲书棒需根据书帖厚度进行调节。

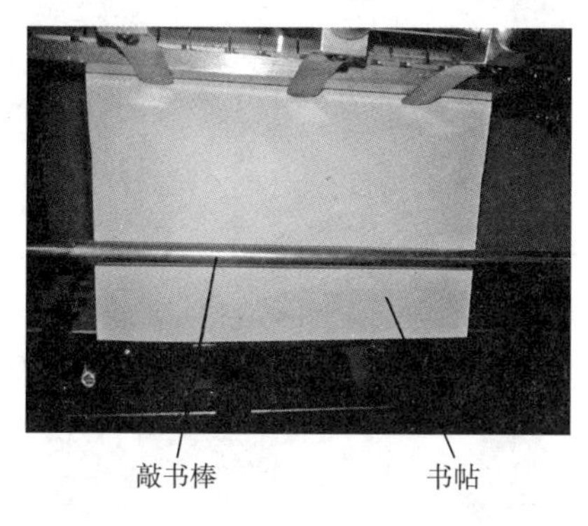

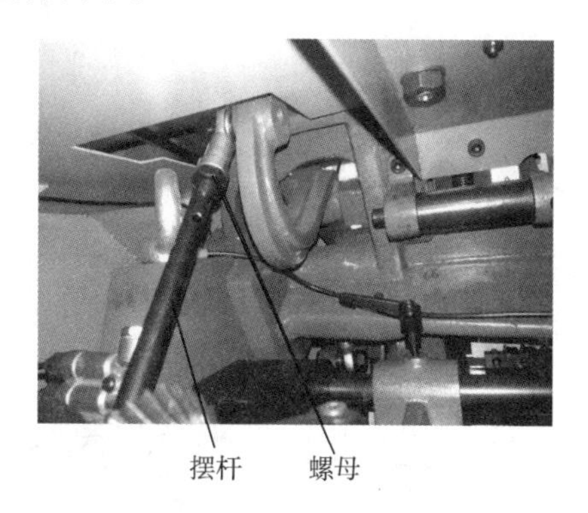

图 4－24 敲书棒调节

8．挡书针调节

挡书针（见图 4－25）的作用是当书帖锁好线后，订书架后摆，挡书板敲打书脊，挡书针下降挡住书帖，使书帖在出书过程中保持齐整，避免松散。因挡书针是伸入承针板槽孔（见图 4－25）内的，所以其位置需对准承针板上槽孔。调节时，松开挡书针架上紧固螺钉，移动挡书针至适当位置，锁紧螺钉即可。

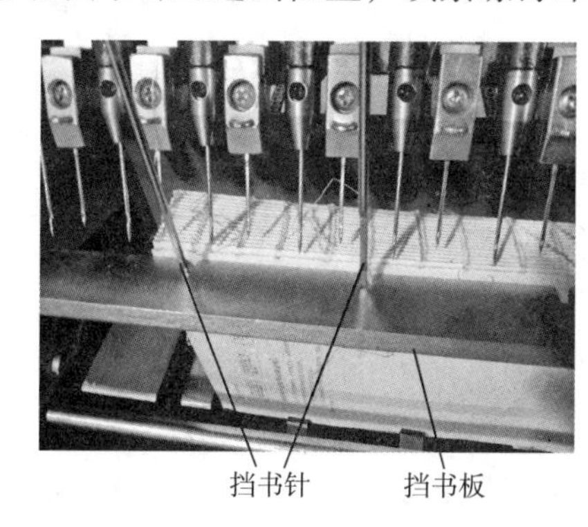

图 4－25 挡书针调节

9．承针板调节

承针板的作用是便于调节针距，使穿线针、钩线针、底针位置相对准确，同时对挡书针位置进行控制，根据锁线方法不同可分为平锁承针板（见图 4－26）和交叉锁承针板（见图 4－27）两种。承针板通过两端的螺钉与挡书板连接，松开螺钉前后移动承针板可控制其与订书架的间距，而该间距即为书帖的厚度，因此需根据书帖具体情况适时调节。

10．订书架与横撑架相对位置

横撑架的作用是抵住订书架，使订书架两边受力均匀，不因机器的震动而影响订联质量。订书架与横撑架的相对位置以订书架与调节螺钉轻触为准。调节时，松开调节螺母，旋转调节螺钉，当调节螺钉与订书架接触时锁紧调节螺母即可。见图 4－28 所示。

图 4－26　平锁承针板

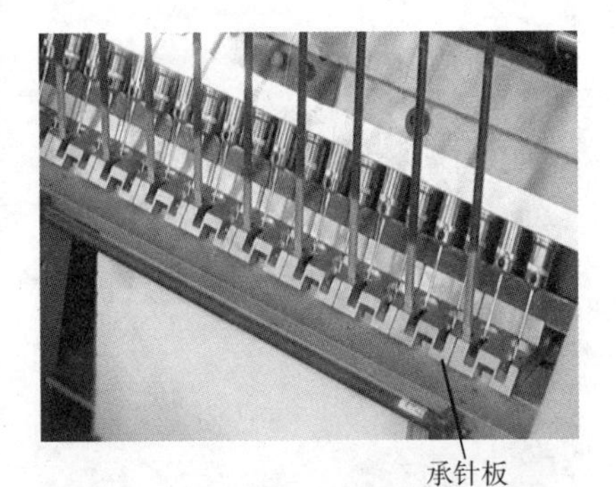

图 4－27　交叉锁承针板

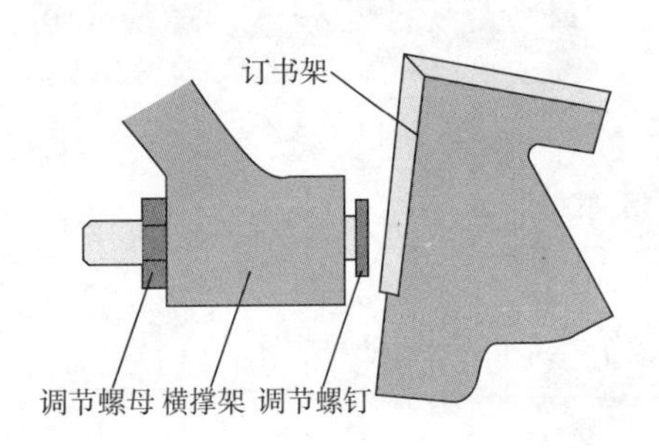

图 4－28　订书架与横撑架相对位置调节

11．割线操作

割线即当书帖锁线完毕，由割线刀将纱线进行割断。割线刀要求安装位置合理，以钩住线为准，若存在偏差，易产生钩不住现象，造成割线机构失效。

（1）割线刀片更换

割线刀片（见图 4－29）通过螺钉固定于刀杆上，因此更换刀片时只需松开螺钉，取下旧刀片，换上新刀片，锁紧螺钉即可。

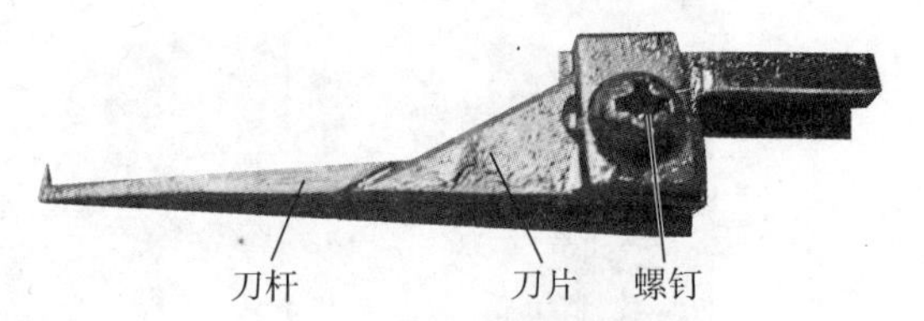

图 4－29　割线刀

（2）割线刀前后位置调节

割线刀安装于承针板背面的凹槽中，其前后位置可通过支架（见图 4－30）两端的螺钉来控制，即支架前进割线刀同时向前运动，通过此方式可对割线刀杆钩线距离进行调节。

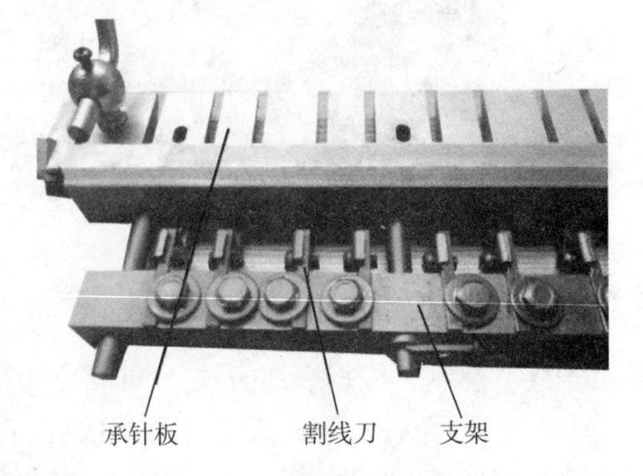

图 4－30　割线刀位置调节

（3）割线刀上下位置调节

由于割线刀固定在承针板上，因此割线刀上下位置与承针板保持同步，在承针板做上下调节时，需同时考虑到割线刀与线圈的对准位置。

12. 收书机构操作

（1）推书板调节

推书板（见图4－31）的作用是当书帖锁线完毕将书帖送入收书台，两块推书板左右、上下位置需依据书帖开本大小进行调整。调节时，松开螺钉1可使推书板左右移动，松开螺钉2推书板可上下移动，待推书板调至合适位置后锁紧螺钉1、螺钉2即可。

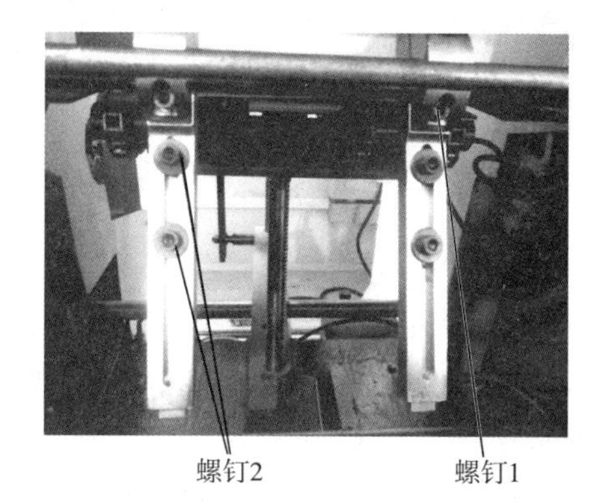

图4－31 推书板调节

（2）收书台调节

收书台用来贮放锁好的书芯，其高低位置可根据需求任意调整。调节时，松开收书台后端的紧固螺母（见图4－32），再松开手轮上的翼形螺母，旋转手轮直至收书台符合要求后锁紧两螺母即可。

图4－32 收书台调节

（3）收书挡规调节

书芯输出时是依靠左传送链、右传送链和下传送链（见图4－33）提供动力的，同时左传送链、右传送链还兼作书芯输送左挡规、右挡规对书芯进行定位。调节时，松开紧固手柄，移动左传送链、右传送链，使其分别轻靠书芯天头、地脚，锁紧紧固手柄即可。

（二）全自动锁线机操作

全自动锁线机由输帖机构和锁线机构组成，其主要工作步骤有贮帖、分帖、搭页、输帖、定位、锁线、出书等。因全自动锁线机和半自动锁线机锁线机构工作原理、操作方法基本一致，此处不再赘述，以下主要介绍输帖机构的操作方法。

图4－33　收书挡规调节

1. 贮帖操作

全自动锁线机贮帖斗规矩调节方法与配页机类似，具体请参见配页项目，此处不再赘述。贮帖时，脚踩踏板，将配好页的书帖天头向右（见图4－34），地脚朝左，订口朝下，切口朝上撞齐后放入贮帖斗，松开脚踏板，后挡规自动紧靠书叠。

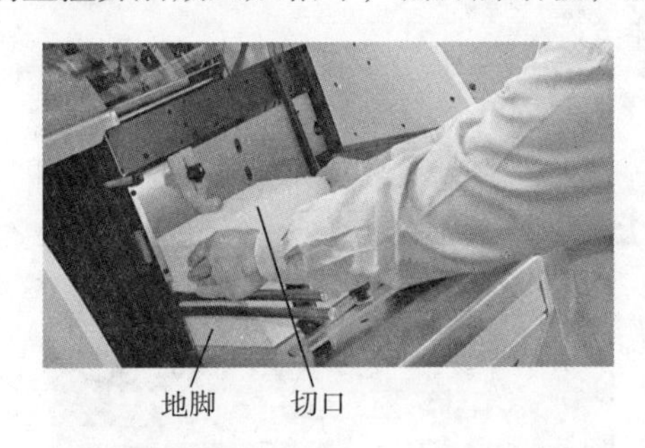

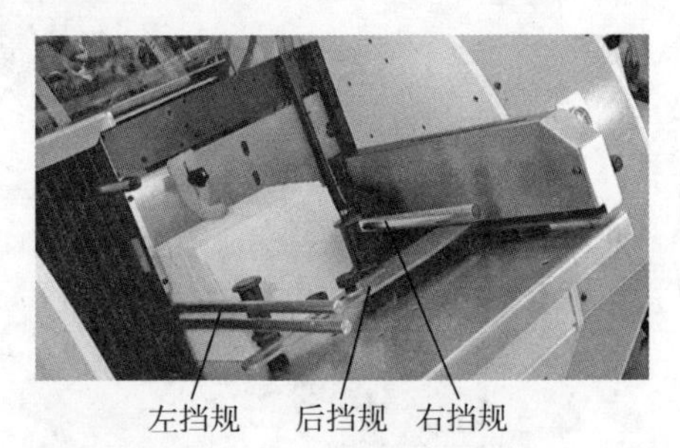

图4－34　贮帖操作

2. 分帖操作

分帖是将输送来的书帖从当中分开成“人”字形，并按序自动推放在输送链的导轨上。分帖机构上装有分帖吸头（见图4－35）和分帖器，可快速将书帖长短边分离，尤其对于尺寸、厚度、折法各异的书帖，有很强的适应性。

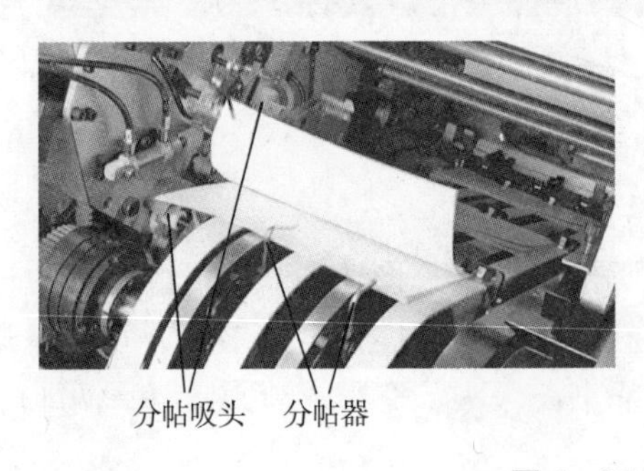

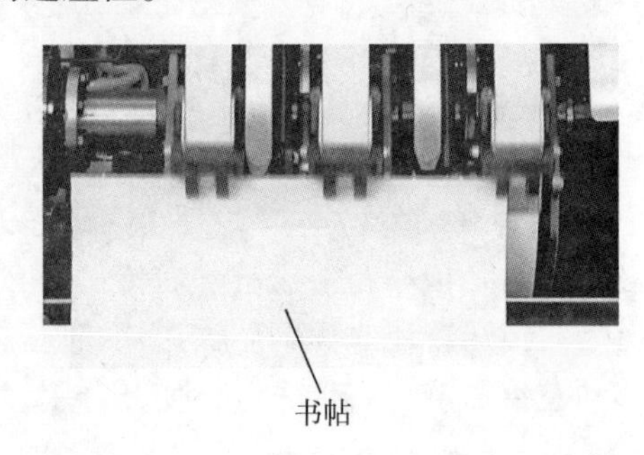

图4－35　分帖操作

3. 输帖操作

输帖是将输送链传来的书帖平稳地送至订书架靠板的规矩处，以供锁线机构使用。输帖是靠上送帖轮、下送帖轮（见图4－36）配合完成的。

图 4－36 送帖轮

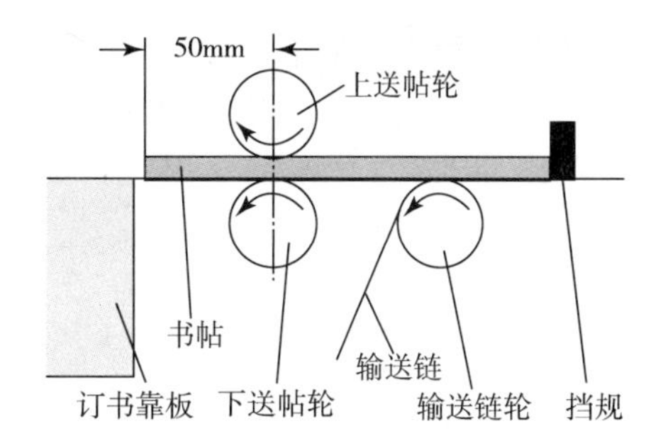

图 4－37 输帖位置调节

（1）输帖位置调节

输帖位置与书帖长度有关，一般以上送帖轮下压接触书帖时，书帖前端距两送帖轮中心线约 50mm（见图 4－37）左右为准，调节时可通过左右移动输帖链上挡规进行控制，即长书帖多送，短书帖少送。

（2）送帖轮高度调节

上送帖轮、下送帖轮的间距需根据书帖厚度而定。一般为使书帖获得良好的输送效果，将两送帖轮间距调至书帖厚度一半左右为宜，过高起不到摩擦作用，书帖送不出去，过低则书帖被送帖轮压出痕迹或造成断裂。值得注意是，此高度需待上送帖轮下压到最低点时调节，且两送帖轮不可直接接触产生摩擦。

（3）输帖速度调节

输帖速度应根据书帖厚度、幅面大小及纸质好坏而定。一般若书帖折数少，纸张薄软，输帖速度应减慢，反之书帖折数多，纸张厚硬，则速度就应加快。输帖速度过快会造成书帖被弹回或歪帖，过慢则出现送不过去或书帖送不到位等现象。

4. 定位操作

书帖经送帖轮到达订书靠板后需进行定位，定位机构有缓冲和定位两方面作用，其中缓冲是为了避免书帖因快速传输碰到挡规时出现回弹、偏移等现象。定位机构调节时应以书帖幅面尺寸为准并同时与锁线机构上针孔位置相配合，其中拉规（见图 4－38）拉纸尺寸应控制在 3～4mm 为宜。

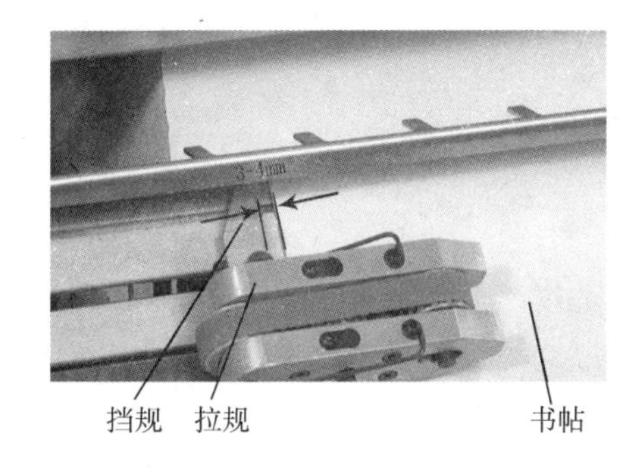

图 4－38 拉规

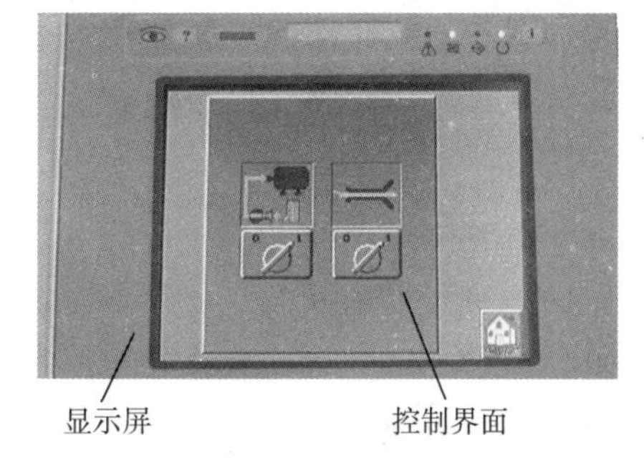

图 4－39 控制界面

5. 控制界面操作

全自动锁线机自动控制装置比较齐全，包括自动计数、自动割线、书满自动停车等，对于锁线过程中出现如缩帖、漏帖、错帖、断线等弊病时不仅可自动停机，并且还可在控制界面（见图4－39）上显示发生错误位置及原因，以方便操作者及时排除故障。因不同厂商生产的全自动锁线机控制界面都存在差异，本任务不对此操作进行详述，但一般全自动锁线机控制界面都较直观，操作者很容易掌握。

三、锁线质量标准与要求

1．锁线要求

锁线前，检查配页页码顺序，是否存在多帖、少帖、串帖、错帖等现象，检查时可查看折缝上印刷标记，不合格品应及时剔出或补救。

锁线时，需保证书帖平整，针孔光滑，订线松紧一致，无油污、撕破、多帖、少帖、错帖、串帖、缩帖、歪帖、断线、脱针等弊病。

锁线后，书册厚度需基本一致，订缝齐整不歪斜，书册卸车后，要认真检查错帖、漏针、错空、扎破等不合格品，保证锁线质量。

2．针位与针数要求

针位应均匀分布于书帖最后一折的折缝上，针数与针位具体要求请参考表4－1。

表4－1　针位与针数参考

开本	上下针位与上下切口距离	针数	针组
≥8开	20～25mm	8～14	4～7
16开	20～25mm	6～10	3～5
32开	15～20mm	4～8	2～4
≤64开	10～15mm	4～6	2～3

3．用线要求

42支或60支，4股或6股的白色蜡光线，属于棉线；也可使用同规格的锦纶线、尼龙线，属于合成纤维线。

4．锁线形式

书帖用纸小于40g/m^{2}的4折书帖，41～60g/m^{2}的书帖，或与上述同等厚度的书帖均可用交叉锁形式，除此均使用平锁形式。

四、锁线常见故障及排除方法

1．书帖歪斜

（1）上送帖轮下压时间与订书架靠板接帖时间配合不当，造成送帖过快或过慢。调整送帖轮升降摆动凸轮角度，使送帖轮下压时间适合订书架靠板的接帖时间。

（2）送帖链挡规推送书帖过多或过少。重新调节送帖链挡规位置，使其符合送帖轮要求。

（3）书帖输送路径阻塞，妨碍书帖顺利输送。检查输送机构各部件是否松动、突起，订书架后挡板与靠板之间隙缝是否恰当等。

（4）拉规过高，无法对书帖定位；拉规过低，书帖进入不了拉规。重新调节拉规高低位置。

2. 漏针或脱针

（1）钩爪与穿线针间距过大，钩不住线。将钩爪与穿线针间隙调整为0.2mm左右。

（2）钩爪与钩线针间距过大，线套不能进入钩线针的凹槽中。将钩爪与钩线针间隙调整为0.2～0.4mm。

（3）钩线针安装过短或角度不对。调节钩线针安装长度，当钩线针下降时，其凹槽应朝前。

（4）钩爪摆动时间不当。调整钩爪控制凸轮，使得钩线针在准备上升的瞬间，钩爪即向前摆动。

（5）升降架上下移动偏心轮磨损，使得凸轮与偏心轮之间产生相对错动，夹针器下移时产生晃动而钩不住线。更换偏心轮等损坏部件。

（6）底针偏歪或未穿透书帖。调整底针位置，并适当放长底针使书帖被底针完全穿透。

（7）钩爪的钩线角磨损，钩不住线。更换钩爪。

（8）钩爪过薄或钩线针凹槽太大，钩不住线。调换钩爪或钩线针。

3. 断针

（1）穿线针和钩线针安装位置不正，使得针头碰到承针板或未沿底针打好的孔洞穿入而断裂。依据承针板槽位置重新安装穿线针或钩线针，使其位置符合要求。

（2）底针位置不正，使得底针同穿线针或钩线针相碰。调整底针同穿线针、钩线针之间的位置。

（3）钩爪与穿线针或钩线针相碰。调节钩爪位置和摆动角度，防止钩爪左右移动或前后摆动时与针相碰。

（4）出书台板调节过前或太高。将出书台板调节至合适位置。

4. 断线

（1）压线盘过紧。调节压线盘的压力，使压线松紧适当。

（2）钩爪上有毛刺。保持钩爪光滑。

（3）底针与穿线针相碰，穿线针穿进书帖时断线。调节底针同穿线针的相对位置。

（4）针孔内有毛刺。检查针孔内壁是否光滑，保持针孔内光滑。

（5）钩爪摆动过迟。调节钩爪控制凸轮角度。

（6）纱线质量不好，牢度差。调换质量较好的纱线。

5. 穿线松紧不当

（1）压线盘过松或太紧。调节压线盘对线的压力。

（2）钩爪左右移动距离过大，拉出线的长度超过钩线针所移动的距离，纱线无法拉紧。调整钩爪左右移动距离。

（3）出书台板过低。将出书台板的高度作合理的调整。

（4）拉线杠杆摆幅过小。重新调节拉线杠杆的摆动幅度。

6. 不割线

原因：刀杆离穿线针过远或过近，没有钩住线，使装订好的书芯没有按本分割。

解决方法：重新调节刀杆位置，使之能顺利地钩住线。

7．圆书脊

（1）上下送帖轮旋转时切线不在一条直线上，形成披书。调节上送帖轮位置，使上送帖轮、下送帖轮在同一直线上旋转送帖。

（2）承针板高低不当或承针板上钢皮过松。合理调节承针板的高度，保持压书脊钢皮具有良好的弹性。

（3）敲书棒敲击过重或过轻。重新调节敲书棒位置。

8．针眼大小不均

（1）选针不当。若书帖页数少或纸张软薄，应该选用细针；反之选用粗针，一般书刊锁线常选用22号针。

（2）底针与穿线针或钩线针位置存在偏差，造成针眼扩大。调节使底针、穿线针或钩线针位置，使其相互对准。

五、锁线操作安全与设备保养

1．锁线操作安全

（1）首次操作锁线机前必须仔细阅读说明书，或在专业人员的指导下进行操作。

（2）开启设备前，必须确保周围环境安全，设备无失灵及部件无松动后方可开机。

（3）开机后，应先手动2～3个工作循环，以免部件调整不妥或物件阻塞而损坏设备。

（4）锁线机正常工作中要随时抽检产品质量，发现问题及时停机处理，不得擅自脱离工作岗位。

（5）调试设备工具必须及时卸下，避免因设备运动飞出造成事故。

（6）设备在维修、保养时必须将电源切断。

2．锁线机保养

（1）单班开车每两周擦检一次，双班开车每周擦检一次。

（2）定期检查油道、气路，并保持清洁、畅通无阻。

（3）对于损坏零件应及时更换，调换时需使用专用工具。

（4）经常注意润滑油泵（见图4－40）内油量，及时补充润滑油。

（5）若设备较长时间搁置不用时，需将所有光亮面擦拭干净并涂以防锈油，用塑料套将整机遮盖。

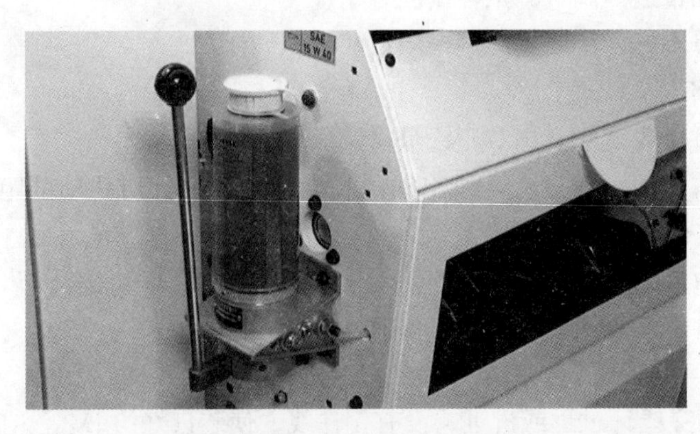

图4－40　润滑油泵

训 练 题

一、判断题

1. 锁线机上工作灯的电压是220伏。(　　)
2. 锁线常用线的股数是4股线或6股线。(　　)
3. 锁线机书帖输送通道上螺钉松动、突起，有毛刺都会造成输送阻塞及撕帖现象。(　　)
4. 锁线生产中套帖过厚会引起穿线针和钩线针断裂。(　　)
5. 锁线机割线刀位置不正，就会造成不割线。(　　)
6. 任何配页后的书册都可以用平锁和交叉锁来进行锁线。(　　)
7. 自动锁线机上搭页机搭帖时必须做到搭页时间和搭页位置正确。(　　)
8. 锁线机送帖机构的作用是当书帖脱离输帖链挡规后，能获得足够的减速度。(　　)
9. 锁线机在锁16开本的书芯时，锁线用针组为2~3组。(　　)
10. 锁线后书册应过数、分沓，整齐堆放在收书台上。(　　)

二、单选题

1. 在常用锁线用线中，S606中的(　　)表示纱支。
   (A)S　(B)6　(C)60　(D)6
2. 锁线机上送帖轮下压的时间与订书架靠板接帖的时间配合不当，就会造成(　　)帖。
   (A)多　(B)少　(C)缩　(D)套
3. 锁线机钩线三角与穿线针间距过大就会造成(　　)。
   (A)漏针　(B)断针　(C)断线　(D)线松
4. 锁线机穿线针、钩线针与底针的位置不正，就会造成(　　)。
   (A)漏针　(B)断针　(C)断线　(D)线松
5. 锁线生产中压线盘压得过紧，就会造成(　　)。
   (A)断线　(B)不割线　(C)断针　(D)漏针
6. 锁线机上下送帖轮旋转时切线不在同一直线上，就会产生(　　)现象。
   (A)多帖　(B)少帖　(C)缩帖　(D)披书
7. (　　) g/m^2 及以下的4折页书帖，可用交叉锁来锁线。
   (A)40　(B)52　(C)70　(D)80
8. 自动锁线机上搭页机揭页后的书帖是依靠(　　)落在输帖链上的。
   (A)滚轮惯性　(B)自身重力　(C)吹嘴吹气　(D)吸嘴带动
9. 锁线机送帖机构在过帖时做的是(　　)速运动。
   (A)慢　(B)匀　(C)加　(D)变
10. 锁线机钩线爪的作用是(　　)。
   (A)打孔　(B)引线　(C)拉线　(D)钩线

三、简述题

1. 简述自动锁线机的工作过程。
2. 简述锁线订的质量要求。

项目五　骑马订

教学目标

骑马订是最常见的书刊装订形式之一，具有工艺流程短、出书快、成本低等优点，特别适用于期刊及小册子的装订。本项目通过设置骑马订准备、骑马订操作两个任务，使学习者在了解骑马订工艺流程及骑马订书机工作原理的基础上，重点掌握半自动骑马订书机的调节使用方法，并能排除骑马订过程中的常见故障。

能力目标

1. 掌握骑马订书机订头调节方法。
2. 掌握骑马订书机定位部件调节方法。
3. 掌握骑马订书机各辅助部件调节方法。
4. 掌握骑马订常见故障的排除方法。

知识目标

1. 掌握骑马订工艺流程。
2. 掌握骑马订书机种类及特点。
3. 掌握骑马订质量标准与要求。
4. 掌握骑马订书机安全及保养知识。

任务一　骑马订准备

图5－1　骑马订

在印后书刊装订工艺中，运用纤维丝或金属丝等将套合的书帖和封面订联成册的装订方式称为骑马订（见图5－1），此种方法属于订缝连接法。骑马订书机一般由料架、钉头、订书台、传动机构及机架等组成。因此种装订方式便捷、简单，一般适用于小册子、较薄书册、宣传册、杂志等的订联。骑马订书机可单机生产，也可以联动线形式生产。

一、骑马订书机分类

1．根据自动化程度分类

骑马订书机根据自动化程度不同，可分为手动骑马订书机、半自动骑马订书机和全自动骑马订联动机三类。

手动骑马订书机是最简易的订书机，采用单订头形式，进帖、订书、出书过程全部由人工手动完成，因此该类设备加工速度低、结构简单、操作强度大，目前手动骑马订书机多用于骑马订联动线的缺订修补。

半自动骑马订书机是在手动骑马订书机基础上发展起来的，通常半自动骑马订书机在订头前装有集帖链，由人工将书芯搭在集帖链上进入订书机构自动完成骑马订。该类机型具有加工速度快、结构简单、操作强度小等特点，使用范围非常广泛，是装订领域的主流机型。

全自动骑马订联动机能自动完成搭页、装订等工序，用于装订、切书连线生产，同时此类设备还可根据需求连接折页机、裱胶机、计数机等设备，能大幅度提高生产效率。

2．根据订头数量分类

骑马订书机根据订头数量不同可分为单头机、双头机和多头机。虽然订头种类、外形不同，但其结构原理及技术性能基本类似。通常以订脚之间的距离来代表订头型号和规格大小，常用订头有 ZG45（见图 5－2），最小订距为 45mm；ZG48，最小订距为 48mm；ZG50，最小订距为 50mm；ZG75，最小订距是 75mm。

图5－2　常用订头型号

二、骑马订工艺流程

骑马订配页采用套帖方式，订书时铁丝从书背折缝处穿入后弯折即可将书芯连同封面订连。骑马订的工艺流程为输送铁丝→切断成型→订书→弯脚。

1. 输送铁丝

通常骑马订书机采用由右至左向订头输送铁丝，其机械结构分为棘轮机构输送，偏心凸轮机构输送及组合式输送三种，其中大多数骑马订书机采用将棘轮机构与偏心凸轮相组合的方式输送铁丝。

在骑马订书机工作前应将铁丝穿入订头中。操作时转动铁丝开关手柄（见图5－3）至中间位置，使两只铁丝传动轮分开。将铁丝盘放入铁丝盘芯轴，拉出铁丝穿入导丝架铆钉孔，沿导丝板进入导丝弹簧中的两片毛毡圆片之间，毛毡圆片经加油后起润滑铁丝作用。再将铁丝从固定块孔中穿出进入导丝管1，固定块对铁丝起固定作用，使铁丝只能向订头方向运行，不可倒退，当调节中需要从订头中拉出铁丝时，只需将固定块上移，铁丝就可被固定块释放。铁丝从导丝管1出来后，通过穿丝嘴进入铁丝传动轮中间，旋转铁丝开关手柄，使两只铁丝传动轮啮合，铁丝就可在传动轮之间的凹槽中借助传动轮转动时的摩擦力向订头输送，因此两只铁丝传动轮为骑马订书机铁丝输送的动力源。从传动轮出来后铁丝经过导丝管2，进入圆角刀进行截断，如此就完成了铁丝的整个输送过程。需要说明的是，当铁丝在导丝管1或导丝管2中出现堵塞时，可将铁丝开关手柄旋转至中间位置后拆卸导丝管，方便对故障进行排除。

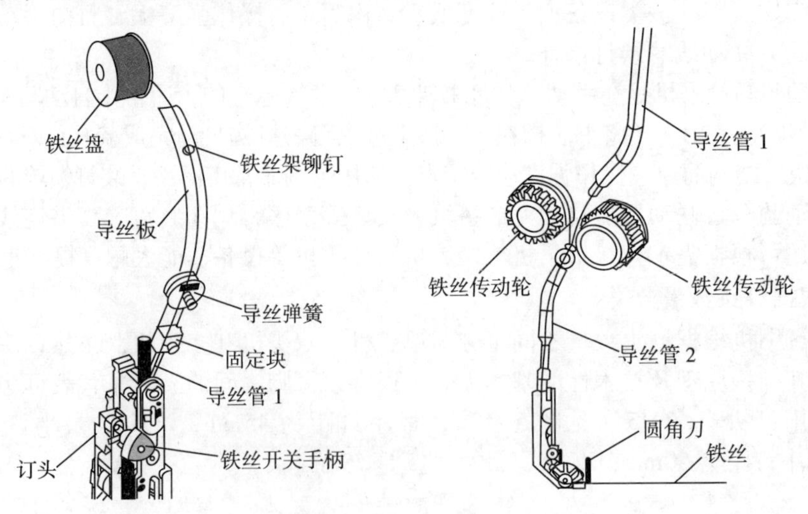

图5－3　输送铁丝

2. 成型

成型即将铁丝切断并弯制成订书针形状，此过程是靠弯钉器（见图5－4）与成型块相互配合完成的。当铁丝输送至成型块位置时，圆角刀下切将铁丝截断，成型块中的磁铁吸住铁丝，两块弯钉器下降，使露在成型块外的铁丝两端受压，受压后铁丝两端发生90°弯折后进入弯钉器沟槽内，而铁丝中断由于成型块的支撑未发生任何变化，保持平直。至此铁丝就变为订书针形状，待后部订书时使用。

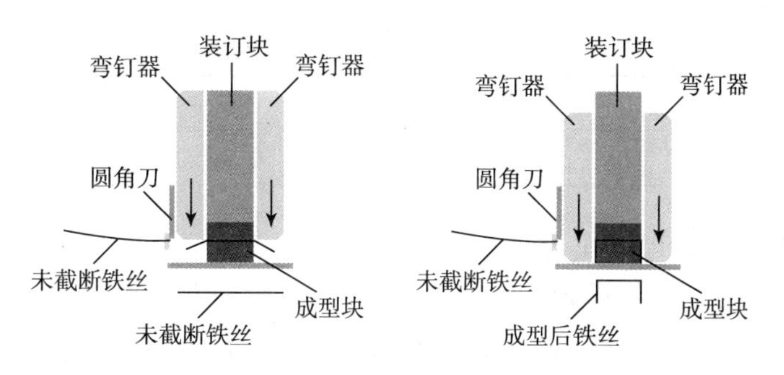

图5-4　切断成型

3. 订书

订书即将成型后的铁丝穿入书册的过程。当书本到达挡规位置后，装订块（见图5-5）向下运动，把成型好的铁丝压入书背内。在装订块下压的同时，装订块下方为斜角度可使成型块顶出，使铁丝订顺利向下运动订入书背。

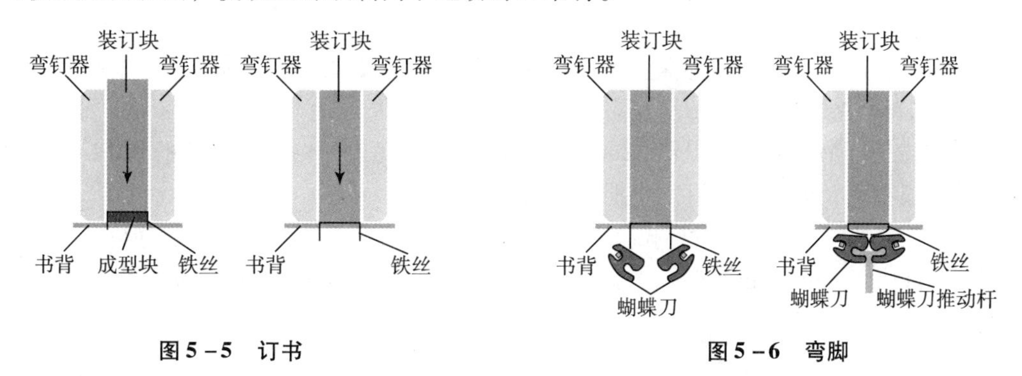

图5-5　订书　　**图5-6　弯脚**

4. 弯脚

弯脚即铁丝穿入书册后将铁丝两端露出书册部分向中间相向弯曲的过程。当铁丝订入书背后，两端会穿透书背并长出一些，此时蝴蝶刀（见图5-6）抬起挤压长出两端，由于铁丝上端被装订块压住，长出部分只能被挤入蝴蝶刀顶部凹槽内并发生相向90°弯曲将书册订联。

三、骑马订准备

1. 书帖准备

作业前按书样理号，核对书帖和封面是否正确，配页后书帖页码是否连续。

2. 原材料准备

骑马订生产中所用到的原材料或部件包括铁丝、装订块及弯钉器，一般应根据书刊厚度事先准备好合适的原材料。

（1）铁丝

铁丝型号（见表5-1），即铁丝粗细是由被订书本厚度和纸质来决定的。当书本页张多、纸质定量大时应选用粗铁丝，反之则选用较细铁丝。选用时应挑选优质且强度好的铁丝，同时还需注意其摩擦阻力是否符合订头要求，若阻力太大会导致铁丝传输不畅，磨损铁丝导向零件，影响订头正常工作。常用铁丝均为圆盘式，分大、小两种，大圆盘包装直径一般为150mm，小圆盘包装直径为50～100mm。

表5-1　常用铁丝规格型号

铁丝型号	21	22	23	24	25	26	27
铁丝直径/mm	0.8	0.7	0.6	0.55	0.5	0.45	0.4

具体选用时应注意以下几点：

①骑马订用一般选用大圆盘铁丝，因大圆盘铁丝曲径大、曲率小，便于制作订书钉，而小圆盘铁丝曲径小、曲率大，对订书钉成形和垂直度有一定影响，不宜装订使用。

②骑马订铁丝需粗细一致，表面光洁，无毛刺、锈迹、弯曲不直，应强度好，硬度适中，并具有一定的柔韧性。

③骑马订铁丝直径一般控制在0.4~0.8mm之间。需根据装订纸质及书芯厚度及时更换不同型号的铁丝。

④若选用铁丝硬度过大且表面有毛刺时，可用涂油再除油的方法处理，使铁丝表面光滑度增大。

⑤暂不使用的铁丝应妥善保管，储存在干燥处，并采取防潮措施，以防铁丝生锈。

（2）装订块

目前骑马订书机装订块提供12mm、14mm两种长度选择，使用较多的为12mm。此长度为铁丝成型后，即最终装订入书册的铁钉长度。

更换装订块时，将中央滑杆拉（见图5-7）至最低点并抽出后装订块即可从联动销上取下。装订块上下端面完全对称，若一面磨损或损坏，可换至另一端面安装后继续使用。

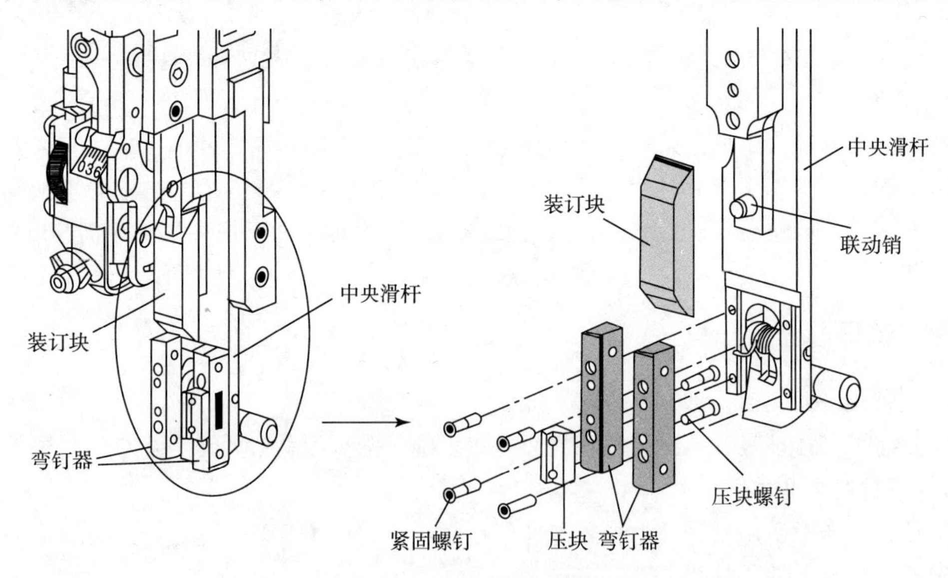

图5-7　装订块、弯钉器更换

（3）弯钉器

当选用粗铁丝时，如21、22、23号，应选用凹槽较宽的弯钉器，反之选用细铁丝时，如26、27号，则选用凹槽较窄的弯钉器。若铁丝过粗而弯钉器凹槽过窄，则铁丝不能被挤入凹槽内进行定位，甚至由于压力过大发生断裂，若铁丝过细而弯钉器凹槽过宽，则铁丝与凹槽会出现较大间隙，导致订脚不平或弓皱。

更换弯钉器时，将中央滑杆（见图5－7）拉至最低点并抽出，松开弯钉器上紧固螺钉及压块螺钉后即可取下。弯钉器上下端面完全对称，若一面磨损或损坏，可换至另一端面继续使用，需要注意的是，因弯钉器上有凹槽，为保证凹槽位置正确，换端面使用时需将左右弯钉器对调安装。

任务二　骑马订操作

半自动骑马订书机（见图5－8）除搭页、收书由人工完成外，传送、定位、订书可全部自动完成。此机型具有体积小、效率高、操作维修方便等优点，因此是印刷装订企业必备的主流设备。以下就以平湖英厚DQB460半自动骑马订书机为例介绍其操作调节方法，其他品牌及型号半自动骑马订书机类似。

图5－8　半自动骑马订书机

一、骑马订书机工作过程

半自动骑马订书机工作过程为：搭页→传送→定位→订书→出书。搭页需借助集帖机构完成，半自动骑马订书机集帖形式分为往复式送帖和集帖链送帖两种。往复式送帖需先将书帖和封面配页后才可装订，此种集帖形式占地面积小，结构简单，适用于小批量、多品种活源，多用于数码印后加工。集帖链式机构拥有多个搭页工位，每个工位可将对应书帖搭在上一工位传送过来的书帖上，完成套帖式配页，此种集帖形式占地面积大，结构相对复杂，生产效率较高，适用于大批量活源的装订。书册搭页完毕，经传送装置送至订头下进行定位，定位后订头对书册装订，装订好的书籍可通过出书机构错口重叠排列送至出书台上，最后由人工将其取下，检查并堆放整齐。需要注意的是，半自动骑马订书机对于缺帖、多帖、颠倒、歪斜等弊病均通过人工检查，并无自动检测装置，因此在收书时要严格检查，防止不合格品出现。

二、骑马订书机调节

（一）订头调节

订头是骑马订书机的“心脏”，其调节好坏直接影响到骑马订设备的正常运行与成品质量。

1. 订头装卸

订头安装在机架（见图5－9）T形槽内，可随机架做左右往复运动。安装订头时，将订头T形块从左侧或右侧对准机架T形槽，两个随行块对准横梁导向槽，将机头滑入槽内。使用内六角扳手将内六角螺钉拧紧后即将订头固定在机架上。工作时，机架可带动订头一起做左右移动，驱动横梁则带动两个随行块做上下移动，订书钉在书刊上的位置、订书钉之间的距离都可通过侧向移动订头来调整。拆卸订头时只需按照安装的反向操作即可。

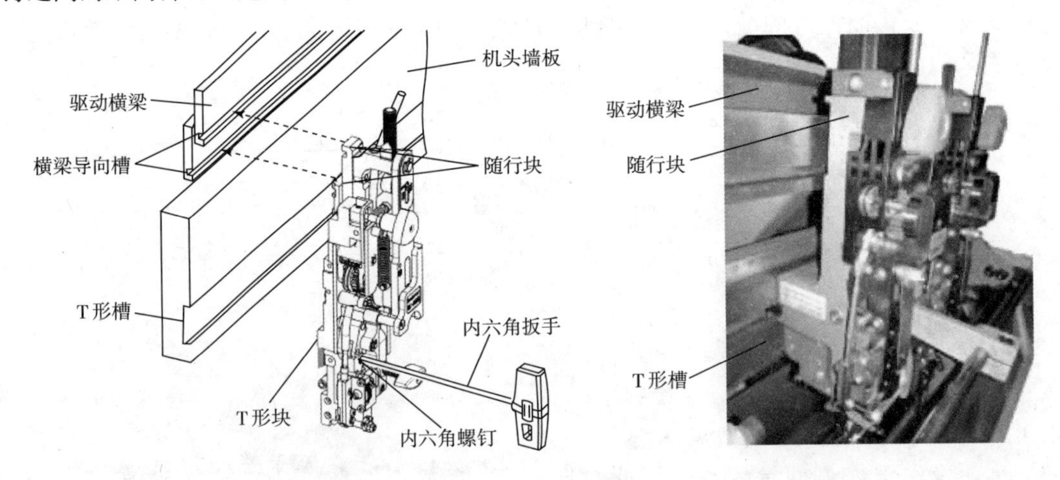

图5-9　订头装卸

2. 铁丝长短调节

每个订书钉所需铁丝长度取决于装订书刊的厚度，书刊越厚，所需铁丝越长，具体数据可参考表5-2。调节时，旋转调节旋钮（见图5-10），按“+”方向旋转一周铁丝伸长2mm，按“-”方向旋转一周则铁丝缩短2mm。

表5-2　常用订书钉铁丝长度

书本厚度/cm	0.5	0.5~1	1~1.5	1.5~2	2~2.5	2.5~3
铁丝长度/mm	23	24	25	26	27	28

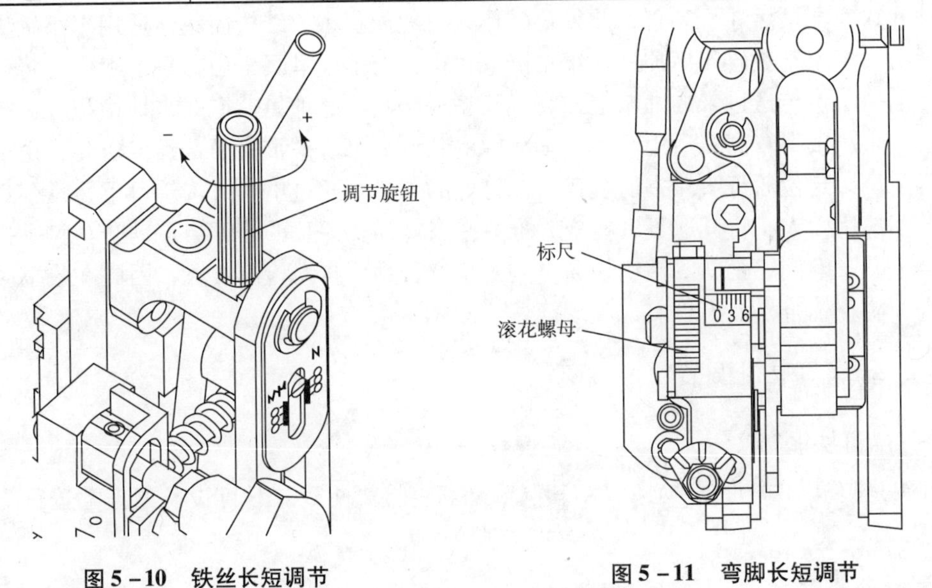

图5-10　铁丝长短调节　　图5-11　弯脚长短调节

3. 弯脚长短调节

订书钉两个弯脚的长度同样取决于书册厚度，书册越厚，所需弯脚越长，若弯脚长度不够，则无法穿透书册。调节时，旋转滚花螺母（见图5-11），直至标尺指向所需书册厚度即可。

4. 成型块中心位置调节

成型块与弯钉器的配合直接影响铁丝成型的准确性，当成型块到达弯钉器下方时，必须将铁丝准确对准弯钉器槽口，使铁丝在该槽口内得到定位。调节时，松开成型块上紧固螺钉（见图5－12），旋转偏心挡块，内外移动成型块，直至铁丝对准弯钉器槽口为止，锁紧成型块紧固螺钉即可。

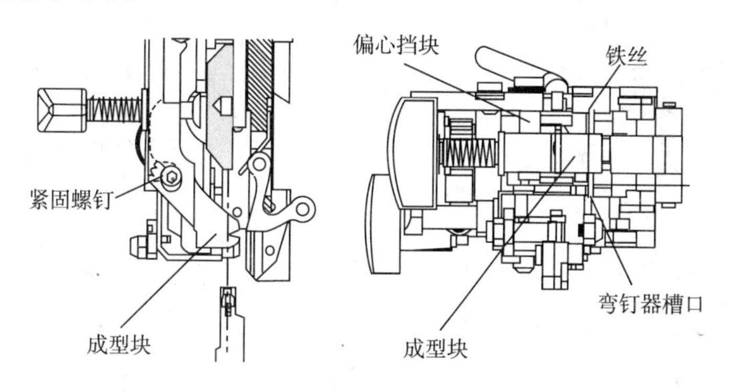

图5－12 成型块中心位置调节

5. 对中装置调节

订头上对中装置的作用是将订书钉准确订入书帖折缝的中央位置（见图5－13），对中装置的核心部件为对中压块和中底块，又分别分为左、右两块。其工作过程是对中压块随弯钉器下降，在订书钉压入书帖中缝前，将书帖紧压在中底块中进行折缝定位。

图5－13 订书钉装订位置

（1）右对中装置

安装右对中压块（见图5－14）需先将导向销1插入定位孔，拧紧紧固螺钉1。然后旋转调节螺钉使右对中压块对准右中底块，校正右对中压块前后位置。最后松开蝴蝶刀盒上的右中底块紧固螺钉2，上下移动中底块，使中底块上端距离蝴蝶刀上端约0.5mm，锁紧紧固螺钉2即可。

（2）左对中装置

左对中压块是安装于连杆（见图5－14）上的。安装时先将弹性销插入订头弹性孔内，使得拉簧钩住弹性销和连杆，然后将导向销2、3分别插入定位孔，拧紧紧固螺钉即可。左对中压块前后及左中底块上下位置调节与右对中装置完全相同，请参照上述调节方法。

6. 平刀、圆刀更换

平刀和圆刀（见图5－15）的作用是将传输进订头的铁丝根据长短需求进行切断，工作时当铁丝穿出圆刀中心孔后做短暂停顿，此时平刀紧贴圆刀面向下运动将铁丝切断。当刀片长期使用钝化时，需拆下更换，否则会影响骑马订质量。

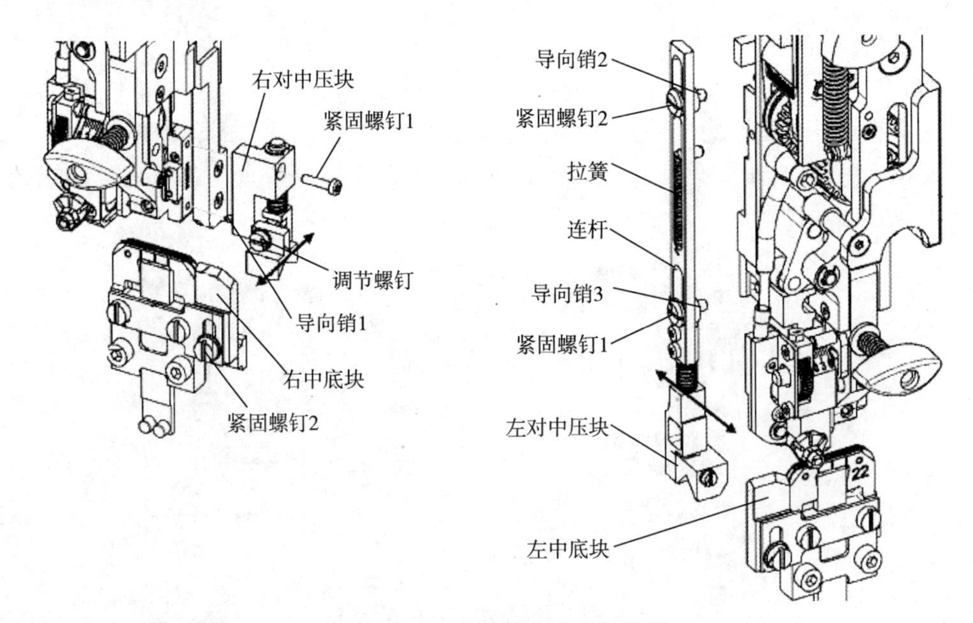

图5－14　对中压块中心位置调节

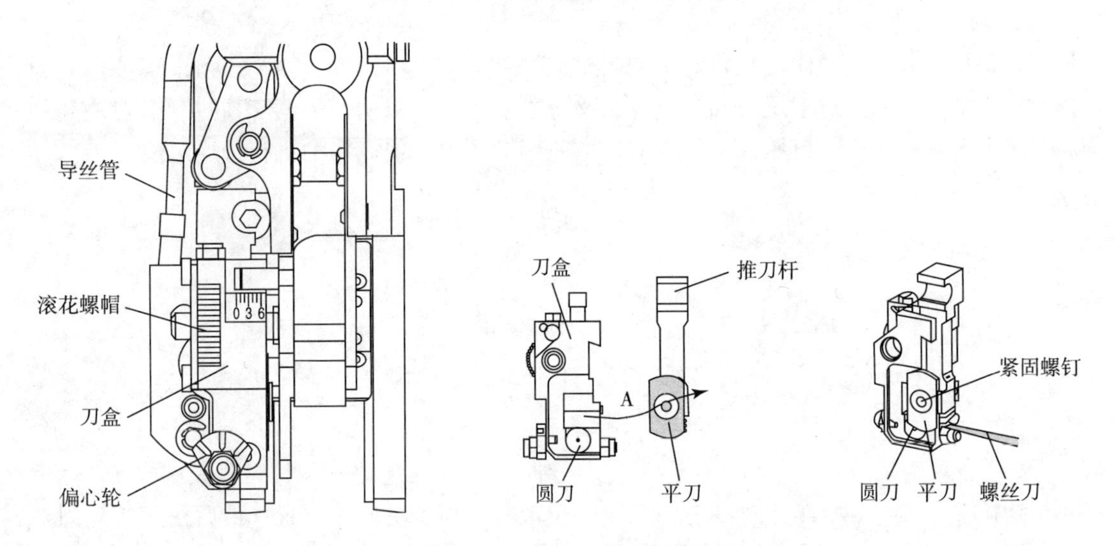

图5－15　平刀、圆刀机构

（1）平刀片更换

更换平刀片时先要将刀盒（见图5－15）卸下，旋转滚花螺帽刀盒可慢慢退出订头导轨，取下刀盒。从刀盒中拿出推刀杆，拿下时需注意推刀杆下部弹簧瞬间弹出。松开平刀片上紧固螺钉，刀片即可取下。换上新刀片后锁紧平刀紧固螺钉，将推刀杆装入刀盒，再将刀盒放入导轨，并将导丝管插入刀盒内，按相反方向旋转滚花螺帽，使刀盒慢慢滑进导轨。

（2）圆刀片更换

更换圆刀片时先旋转偏心轮，直至内六角螺钉孔露出，松开内六角螺钉（见图5－16），则可取下圆刀片，换上新的圆刀片锁紧内六角螺钉即可。圆刀片与平刀片的间隙直接影响铁丝切断时的平直和光滑，安装后的圆刀片应与平刀片相贴，不可过松或过紧。

调节时，松开定位螺钉，用螺丝刀将圆刀片向外推，使圆刀片贴合在平刀片上，拧紧定位螺钉即可。需要注意的是，若圆刀片与平刀片贴合过紧会造成推刀杆卡死，铁丝堵塞等弊病。此外，铁丝从圆刀孔穿出时必须平直，若发生弯曲可使用螺丝刀旋转偏心轮，直到铁丝从圆刀孔中笔直输出为止。

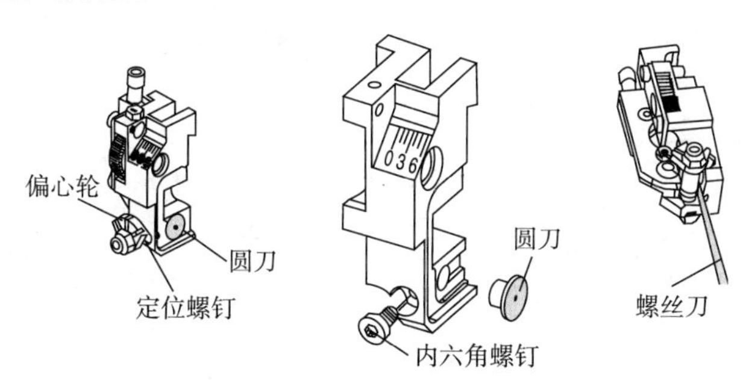

图 5－16 圆刀更换

（二）蝴蝶刀调节

1. 刀片更换

拆卸时，松开蝴蝶刀盒上的紧固螺钉（见图 5－17），使蝴蝶刀推动杆可从下部抽出，向上旋转蝴蝶刀片，将其从定位销上部取出。安装时，将新蝴蝶刀片槽口对准定位销放入刀盒并向下旋转，装上蝴蝶刀推动杆，锁紧紧固螺钉即可。

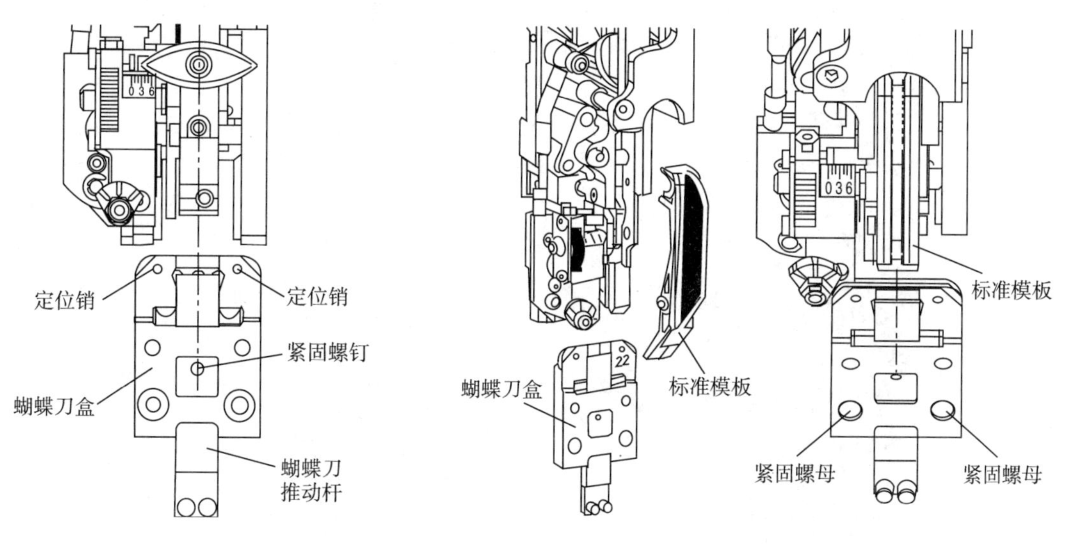

图 5－17 刀片更换　　**图 5－18 中心位置调节**

2. 中心位置调节

安装好后的蝴蝶刀中心必须与成型块（见图 5－5）中心对齐。调节时可目测或借助随机附带的标准模板（见图 5－18），松开蝴蝶刀盒上两个紧固螺母，卸下成型块，将标准模板插入成型块销代替成型块，根据标准模板上刻度线，移动蝴蝶刀盒位置，直至刀盒中心线与刻度线重合为止，锁紧紧固螺母，拆下标准模板并重新安装成型块即可。

3. 高低调节

蝴蝶刀盒上升或下降由凸轮、拉簧控制。调节时拆下防护罩，盘动机器，使滚轮定位于凸轮（见图5－19）曲面的最高点处，松开调节螺杆两端的螺母，旋转调节螺杆，直至蝴蝶刀推杆将刀片弯脚顶出刀盒平面0.5～0.8mm为止，锁紧调节螺杆两端螺母即可。

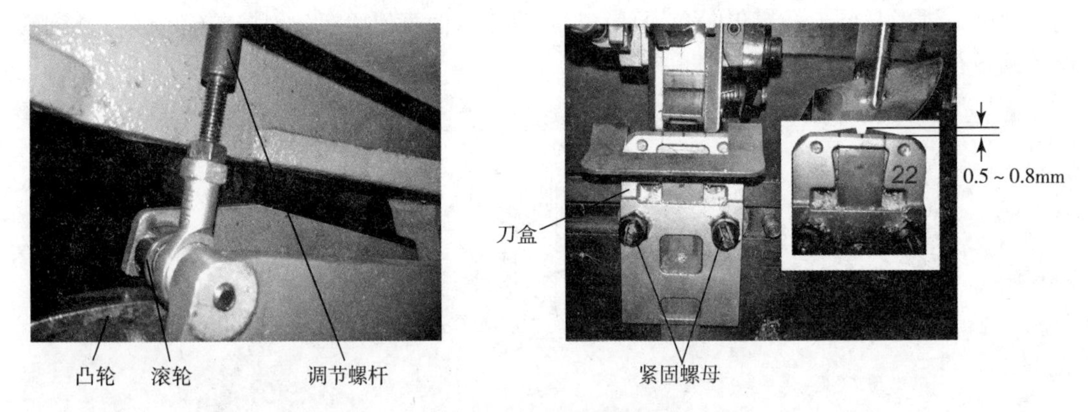

图5－19　蝴蝶刀调节

（三）书册厚薄调节

当装订书册厚薄发生变化时，订头高低位置也应相应调整，若书册较厚，订头相对要高些，书册较薄，则订头需适当降低。

骑马订书机在出厂时已设定好订头上下运动行程范围，可根据不同厚薄书册视情况调整。当碰到超厚书册，调换减速箱或发生意外碰撞引起走位时，需对订头基准位置进行调整。操作时，点动订头至最低位置，松开螺杆两端锁紧螺母（见图5－20），旋转螺杆使订头升高，将装订块与蝴蝶刀之间垫入一张纸，反方向旋转螺杆，直至装订块与蝴蝶刀顶端接触，纸张稍用力可拉出为标准，紧固双头螺杆两端螺母即可。

若前后装订书册厚薄相差过大，需要对订头高低位置进行调节。操作时，点动设备使订头升至最高位置，松开锁紧螺母，旋转螺杆使机架厚度标尺"0"位高于标尺上箭头位置，继续旋转螺杆，使订头下降到标尺指示尺寸为书册厚度一半时，拧紧锁紧螺母即可。若未按上述程序进行调整，将会造成减速机主轴弯曲。

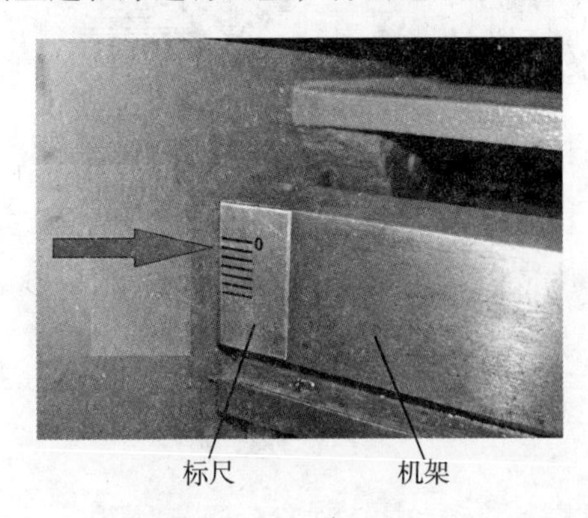

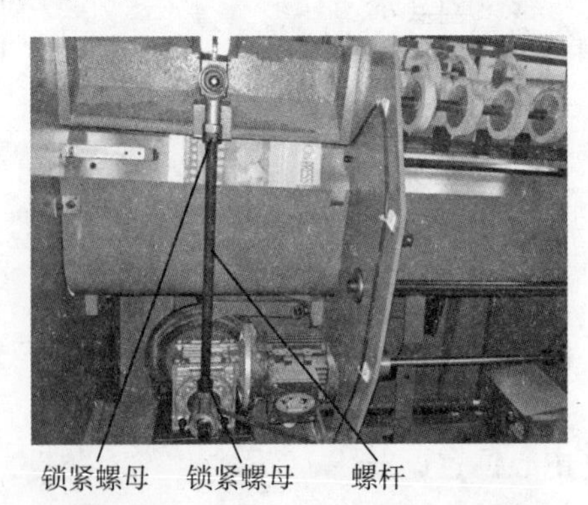

图5－20　书册厚薄调节

（四）订距调节

国家装订质量标准规定骑马订的订位为订锯外订眼距书芯上下各1/4处，即裁切后书册天头、地脚到相邻订书钉中心点的距离为书册长的1/4（见图5－21），两订书钉中心点间距为书册长的1/2。调节时需根据成品书册长度，控制订头左右位置来实现订距的变化，订头移动时，需用内六角扳手将固定机头的内六角螺钉拧松（图5－9），左右移动订头到所需位置后，拧紧内六角螺钉即可。

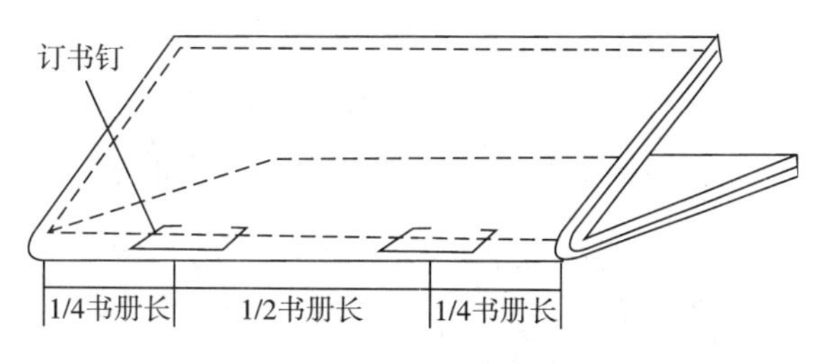

图5－21 订距位置

（五）压书板调节

压书板（见图5－22）是安装在订头上的压板，随订头升降，装订时起压紧书册的作用。调节时先将书册搭在蝴蝶刀盒上并找准订联位置，旋松压书板上的紧固螺钉，用手对压书板加压，使书册紧贴蝴蝶刀盒，锁紧紧固螺钉即可。

（六）定中心挡规调节

采用往复式送帖形式的半自动骑马订书机具有定中心挡规（见图5－23），集帖链式送帖则无此部件，其作用是在书册输送过程中顶住书册，防止书册在送帖塑料尾板回程时后退。调节时，松开挡圈上的螺钉，旋转挡圈调整扭簧扭力，使书册在定中心挡规的压力下紧贴输帖板，同时保证定中心挡规与输帖板垂直，定中心挡规中心点与送帖塑料尾板中心点重合，紧固螺钉即可。

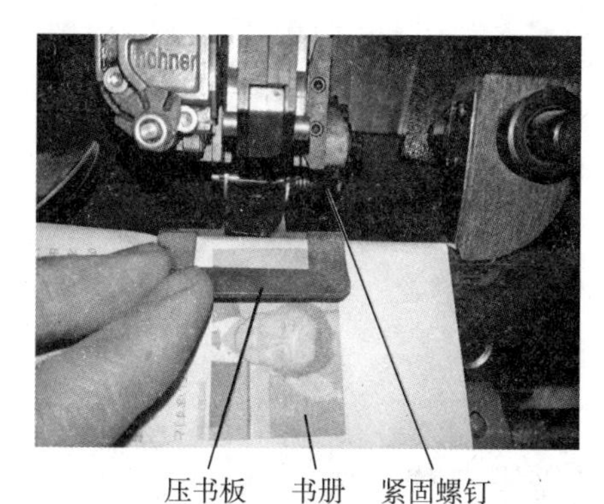

图5－22 压书板调节

图5－23 定中心挡规调节

（七）支撑座调节

支撑座（见图5－24）对书册起支撑作用，它能使书册在移动时保持均匀平稳直线传送，防止书册因传送倾斜而碰撞机件后受阻。支撑座在使用时需保证书册传送中地脚不掉落至“凹坑”内，尤其对于大开本尺寸书册，机件间跨度会同步增大，因此应多放置一些支撑座，起到良好支托作用。调节时，松开支撑座上紧固螺钉，移动支撑座到所需位置后，锁紧螺钉即可。

（八）压脚调节

压脚（见图5－25）可使骑马订书册在传送过程中始终保持“∧”字形，防止书册出现传送偏位。调节时，松开紧固螺钉，根据书册厚薄上下移动压脚至所需位置，保证书册在输帖板传送时不与压脚发生碰撞，锁紧紧固螺钉即可。此外，根据书册开本不同可安装多个压脚以保证书册传送的平稳。

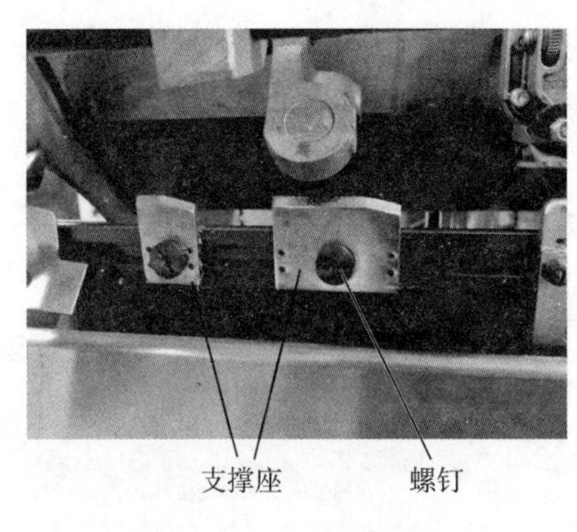

图 5-24　支撑座调节

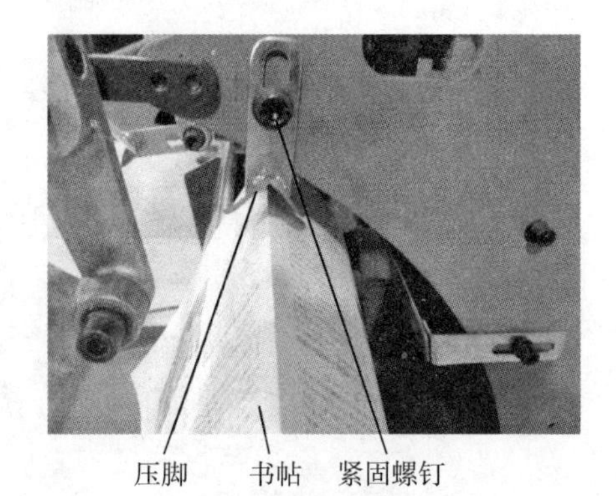

图 5-25　压脚调节

（九）毛刷调节

毛刷（见图 5-26）在书帖传送时起挡齐书帖，防止书帖前后错位，保证书帖上下紧密，使书册传送整齐稳定的作用。调节时，松开螺钉使两把毛刷中心对准送帖塑料尾板中心，并使毛刷鬃毛与书册轻微接触对书册形成适当的下压力，若毛刷压力太小，则书帖之间空隙较大，对于薄帖还会出现浮帖现象，毛刷压力过大，则书帖地脚会受压翘起或弓皱，调节完毕紧固螺钉。

（十）叉书臂调节

订联后的书册是由叉书臂从输帖板上送到较高位置的抛书架上。叉书臂（见图5-27）高度由凸轮和摆杆进行控制，调节时松开紧固螺钉，使叉书臂顶端低于出书导向板顶部 1.5～2.5mm，锁紧紧固螺钉即可。

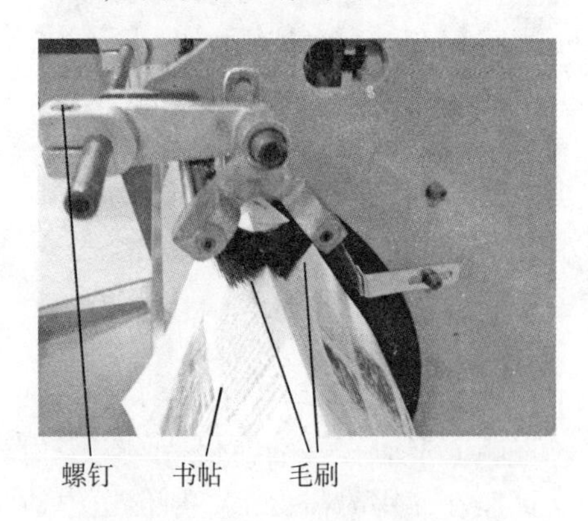

图 5-26　毛刷调节

图 5-27　叉书臂调节

（十一）抛书架调节

抛书架（见图 5-28）的作用是接收叉书臂传送来的书册，经过旋转滚轮组压紧后抛出到输出传送带上。每当书册开本或厚度发生改变时，都要对各组橡胶轮的位置及间隙进行调节。

1．位置调节

各组橡胶轮（见图5－28）位置需根据书册幅面大小进行调整，以保证橡胶轮起到良好的抛书作用。调节时，松开橡胶轮上的紧固螺钉1，移动橡胶轮至书册长度所需位置后锁紧紧固螺钉1，松开导向板上的紧固螺钉2，移动至书册长度所需位置后锁紧螺钉2即可。

2．间隙调节

各组橡胶轮的间隙需根据书册厚度进行调整，开本大橡胶轮间隙应增大，开本小则减小。调节时，松开手柄（见图5－28），将待装订书册从橡胶轮下部塞入橡胶轮之间，旋转手柄使各组橡胶轮之间间隙适合书册厚度，间隙大小以稍用力可将书册拉出为准。

图5－28　抛书架调节

（十二）出书挡规调节

装订好的书册经抛书架抛出后堆积于出书台上，由于出书挡规（见图5－29）的作用，会使书册较整齐地排列在传送带上，当书册幅面发生改变时，需调整出书挡规位置以适合不同开本书册的定位。调节时，松开螺钉，移动出书挡规至需要位置，锁紧螺钉即可。

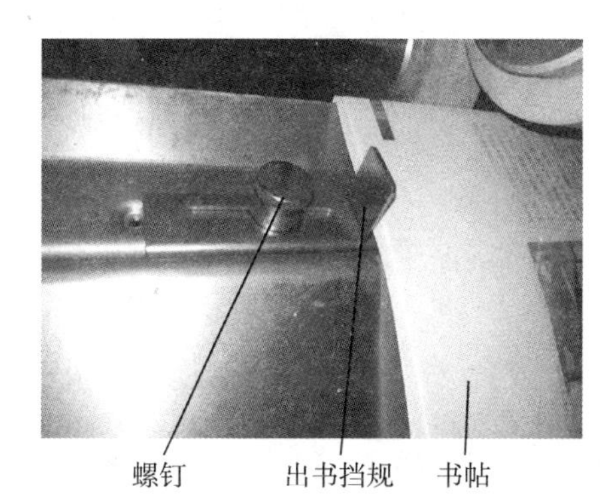

图5－29　出书挡规调节

图5－30　压书轮调节

（十三）压书轮调节

出书台上装有压书轮（见图5－30），其主要作用是将书册压在传送带上，使书册传送稳定。压书轮应正好压于传送带上，调节左右位置时，松开压书轮挡圈上的螺钉，移动压书轮至所需位置锁紧螺钉即可。调节前后位置时，松开压书轮支架上的螺钉，移动压书轮使刚抛出的书册前边正好与两滚轮接触，锁紧螺钉。

（十四）出书传送带调节

出书传送带与压书轮相互配合起输出装订好书册的作用，各传送带位置需根据书册开本大小进行调整，具体以外侧的两根传送胶带调整至缩进书册两端5mm，中间一根传送带位于书册中心为准。调节时，松开传送带定位挡（见图5－31），左右移动传送带至所需要位置即可。此外，为保证传送带松紧适度，需松开紧固螺钉，平行拉动滚花轴至传送带拉紧力符合要求后紧固螺钉。

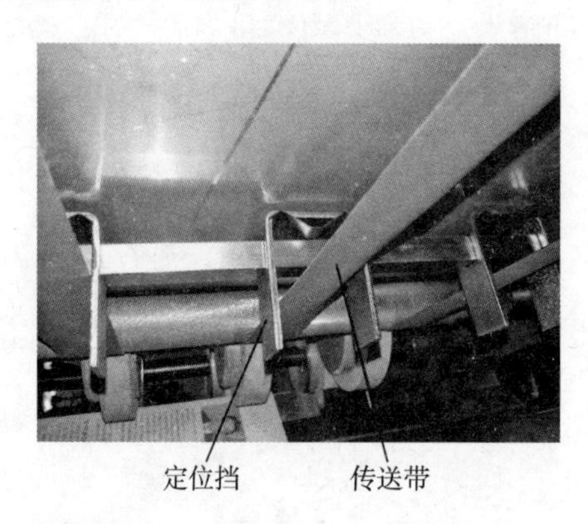

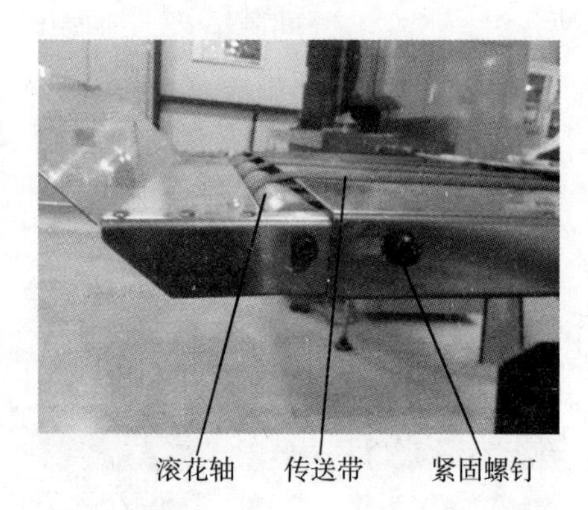

图5－31　出书传送带调节

（十五）交叉订调节

交叉订的作用是在装订过程中使订书钉位置发生规律性变化，避免切书时由于订书钉位于同一位置而凸起，影响裁切质量。一般最大交叉量为16mm，采用交叉订形式，既要满足书册钉脚的位置要求，又要保证书册输送平稳，无卡阻现象。调节时，点动机器使塑料输帖尾板运动至最后位置，松开调节轮上的螺钉1（见图5－32），拔出定位销，松开从动链轮上的螺钉2，使偏心轴可自由转动，旋转偏心轴1/4圈，调节轮上的销孔对准从动链轮上的孔洞，插入定位销，紧固螺钉1、螺钉2即可。

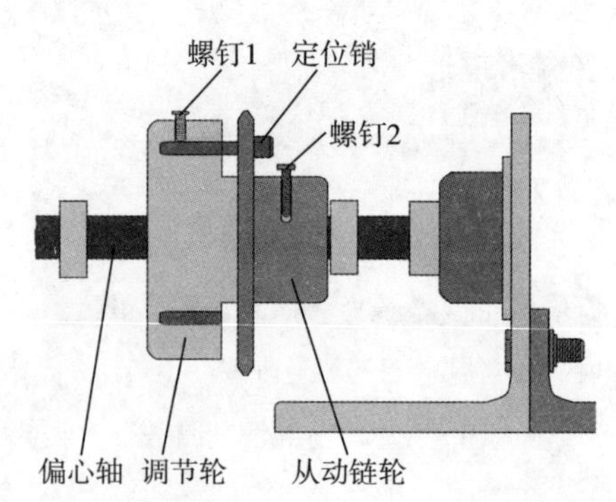

图5－32　交叉订调节

三、骑马订质量标准与要求

1. 配帖应整齐、正确。
2. 订位为订锯外订眼距书芯上下各 1/4 处且在折缝线上，弯脚平服。
3. 铁丝钉不扎手、不轧断、不起弓，铁丝不陷入书页内。
4. 上下书页不拉破、不粘污，允许书帖歪斜误差小于等于 3.0mm。
5. 装订后书册应无坏钉、歪钉、漏钉、断钉、缺钉，书册平服整齐，钉脚平整。
6. 铁丝选用时请参考以下标准，见表 5－3。

表 5－3 铁丝的选用

书刊页数	40 页以下	41～70 页	70～120 页	120 页以上
线径/mm	0.5～0.55	0.55～0.6	0.6～0.7	0.7～0.8
铁丝号数	25～24	24～23	23～22	22～21

四、骑马订常见故障及排除方法

1. 不出铁丝

产生故障原因：铁丝没有盘好或铁丝盘安装角度不当。排除方法：更换铁丝盘或重新安装铁丝盘。

2. 铁丝切不断或发毛

产生故障原因：平刀及圆刀磨损或圆刀选择不当与铁丝的粗细不匹配。排除方法：更换圆刀和平刀，选择合适的圆刀型号。

3. 铁丝弯曲

产生故障原因：①铁丝太软；②铁丝未对直；③平刀或圆刀磨损；④装订块沟槽堵塞；⑤装订块沟槽磨损。排除方法：①调换与书册厚薄相适应的铁丝型号；②重新校正成型块中铁丝与装订块沟槽的中心位置；③调换平刀或圆刀；④拆卸装订块进行清洁；⑤调换装订块。

4. 订脚不牢

产生故障原因：①订书钉未被充分压实；②蝴蝶刀上升高度不足；③蝴蝶刀上升时间不对。排除方法：①重新调整订书所需要的装订厚度；②调整蝴蝶刀上升高度；③由厂家重新设定订头上升时间。

5. 订脚弯曲

产生故障原因：①铁丝太软；②铁丝未对直；③蝴蝶刀片与装订块中心位置不当；④铁丝钉脚长短不对；⑤平刀、圆刀磨损。排除方法：①调换适应书页厚度的铁丝；②调节铁丝偏心轮位置，直至铁丝从圆刀中心孔水平输出为止；③调整蝴蝶刀与装订块的中心位置；④重新调整铁丝钉脚的长短；⑤调换或旋转平刀、圆刀工作端面。

6. 针脚断裂

产生故障原因：①装订块或蝴蝶刀上有断丝；②铁丝太脆；③铁丝厚度和铁丝导向件

不匹配；④成型块与弯钉器的铁丝导向沟槽未对准。排除方法：①清洁装订块或蝴蝶刀，除去断丝；②更换铁丝；③更换与铁丝相匹配的装订块、弯钉器；④调整成型块与弯钉器的铁丝导向沟槽。

7．钉脚同方向歪斜

产生故障原因：①铁丝未对直；②装订块与蝴蝶刀中心位置不当；③弯钉器导向槽磨损。排除方法：①调节铁丝偏心轮位置，直至铁丝从圆刀中心孔水平输出为止；②调整装订块与蝴蝶刀中心位置；③调换弯钉器。

8．铁丝打圈

产生故障原因：①平刀摆杆锁死；②刀盒上铁丝导管移位；③成型块安装不当，不能准确输送铁丝。排除方法：①调整圆刀与平刀间隙；②校正刀盒上铁丝导管位置；③调整成型块位置。

9．订书部位书页破损

产生故障原因：①蝴蝶刀抬升过高；②蝴蝶刀与机头距离过小，使铁丝钉脚陷入书页。排除方法：①重新调节蝴蝶刀高低；②调节钉头与蝴蝶刀的距离。

五、骑马订操作安全与设备保养

1．骑马订操作安全

（1）首次操作骑马订书机前必须仔细阅读说明书，或在专业人员的指导下进行操作。

（2）开启设备前，必须确保周围环境安全，设备无失灵及部件无松动后方可开机。

（3）开机后，应先手动2~3个工作循环，以免部件调整不妥或物件阻塞而损坏设备。

（4）开机过程中若发生意外情况或异响，必须立即停车检查。

（5）操作过程中若发生装订故障要及时停车，不可抢帖。

（6）调试设备工具必须及时卸下，避免因设备运动飞出造成事故。

（7）机器开动时，应由低速慢慢调至高速，不宜直接以高速启动，尽量减少点动。

（8）更换零部件时，必须关闭电源，并使用专用工具进行操作。

2．骑马订书机保养

（1）每周应对整机保养清理一次。将纸屑、杂物、油垢清除后，在凸轮、链轮等转动部件加适量润滑油。

（2）每周检查链条、传送带松紧程度，必要时予以张紧或更换。

（3）每半年对全机进行一次检修，磨损零件应及时予以置换。

（4）每次开机前应对订头进行清洁，按照订头润滑点（见图5－33）每16h对订头进行润滑。

（5）若设备较长时间搁置不用时，需将所有光亮面擦拭干净并涂以防锈油，用塑料套将整机遮盖。

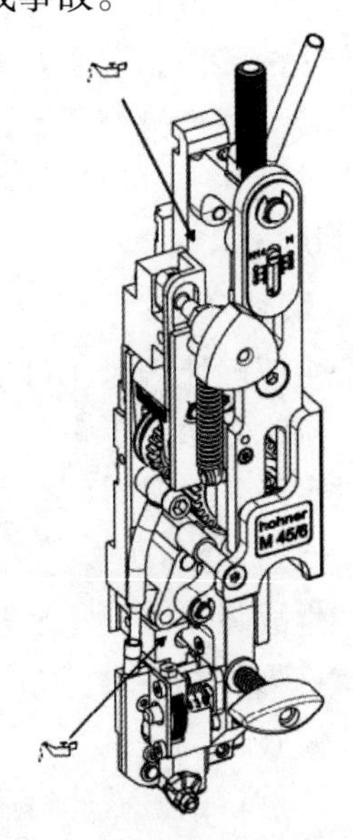

图5－33　订头润滑点

训　练　题

一、判断题

1. 骑马订联材料可用铁丝或线。(　　)
2. 骑马订在使用过程中封面易从铁丝订连处脱落。(　　)
3. 骑马订搭页时，封面应搭在书帖的最里面。(　　)
4. 骑马订搭页时，最外面的书帖离订头最远，最先搭页。(　　)
5. 骑马订贮帖时，书帖在前后两挡规中还应有1mm左右的间隙。(　　)
6. 骑马订所用铁丝的型号越大，铁丝直径越粗。(　　)
7. 骑马订产品其门字钉针脚的宽度有12mm和14mm两种。(　　)
8. 骑马订生产时严禁用手去抢纸。(　　)
9. 骑马订集帖链与订头同步位置应先于集帖链与搭页机同步位置调整。(　　)
10. 骑马订联动线总厚薄检测装置可弥补搭页机缺帖检测的不足。(　　)

二、单选题

1. 骑马订的书刊不利于（　　）。
   (A)阅读　(B)打开　(C)长期保存　(D)携带
2. 骑马订的订联是在（　　）位置。
   (A)书脊　(B)折缝　(C)天头　(D)地脚
3. 骑马订联动线搭页机组是将书帖搭骑在集帖链上两个有尾输送板的（　　）。
   (A)前面　(B)后面　(C)中间靠前　(D)中间靠后
4. 骑马订用铁丝型号大小决定了铁丝的（　　）。
   (A)重量　(B)长度　(C)直径　(D)硬度
5. 骑马订联动线要根据书芯（　　）度来选择不同型号直径的铁丝。
   (A)长　(B)宽　(C)厚　(D)直角
6. 骑马订采用套帖配页，故书刊不能太厚，一般最多装订的页数为（　　）页。
   (A)50　(B)100　(C)150　(D)200
7. 骑马订订位为钉锯外钉眼距书芯上下各1/4处，允许误差为（　　）mm。
   (A) ±1　(B) ±2　(C) ±3　(D) ±4
8. 骑马订联动线三面刀在换刀前一定要先（　　）。
   (A)清洁换刀部位　(B)准备好工具　(C)带好手套　(D)切断电源
9. 骑马订联动线测厚装置通过（　　）原理来检测书册总厚薄是否正确。
   (A)重力　(B)电磁　(C)光电　(D)杠杆放大
10. 骑马订联的书册，书成品裁切歪斜误差≤（　　）mm。
    (A)1　(B)1.5　(C)2　(D)2.5

三、简述题

1. 简述骑马订铁丝的选用与要求。
2. 简述骑马订联动线的工作过程。

项目六 胶　订

教学目标

胶订具有出书快、牢度高、便于联机生产等优点，是目前书刊装订最主要的形式之一。本项目通过设置胶订准备、胶订操作两个任务，使学习者在了解胶订对印刷要求及胶订机工作原理的基础上，重点掌握胶订机的调节使用方法，并能排除胶订过程中的常见故障。

能力目标

1. 掌握胶订机书夹、落书平台调节方法。
2. 掌握胶订机铣背、刷胶工位调节方法。
3. 掌握胶订机上封面、托打成型、收书机构调节方法。
4. 掌握胶订常见故障的排除方法。

知识目标

1. 掌握胶订机工作过程。
2. 掌握胶订机种类及特点。
3. 掌握胶订质量标准与要求。
4. 掌握胶订机安全及保养知识。

任务一 胶订准备

在印后书刊装订工艺中，运用胶黏剂代替棉线或铁丝等将书刊订联成册的装订方式称为无线胶订。胶订机担负着书芯加工和包本成型的重要工序，一般由传动装置、主机架、夹书器、进本装置、铣背装置、上胶装置、贴纱布卡纸装置、给封面装置、包本成型装置、控制装置等组成。胶订机可单机生产，也可以联动线形式生产（见图 6－1），常用胶黏剂为 EVA、PUR 等。

图 6－1 无线胶订联动线

一、胶订机分类

胶订机按其外形可分为直线式（见图 6－2）、圆盘式（见图 6－3）、椭圆式三种（见图 6－4）。胶订联动线根据其速度可分为低速、中速、高速三类。通常低速类生产速度为 2000～4000 本/时，夹书器数量 10～14 个；中速类生产速度为 4000～8000 本/时，夹书器数量 15～25 个；高速类生产速度为 8000 本/时以上，夹书器数量 25～30 个。

图 6－2 直线式无线胶订机

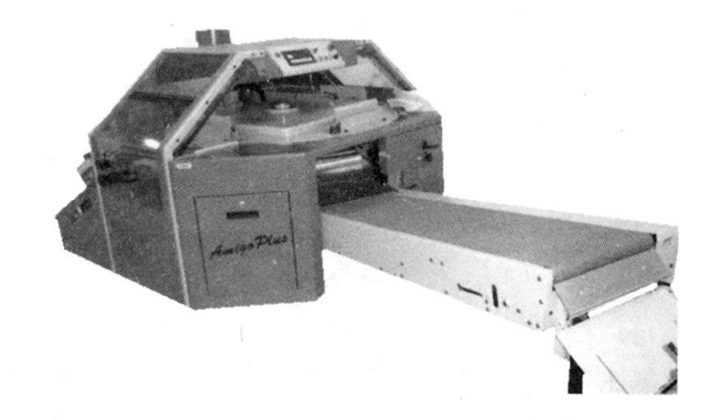

图 6－3 圆盘式无线胶订机

1. 直线式

直线式胶订机由于采用单书夹装置，也称为直线式单头胶订机。设备工作时书本呈往复直线运动，一般最高生产速度为 400 本/时，工艺流程为：进本→撞齐→夹紧→铣背拉槽→涂背胶、侧胶→上封面→夹紧定型→出书，其中进本及出书步骤依靠手工完成。直线式胶订机具有操作简单，整机功率小等特点，适用于小批量书本的加工。该类机型装订厚度一般在2～50mm之间，对采用28g/m² 轻量纸，80mm×60mm小开本活源也可进行装订，特别是对大封面折前口书本，直线式胶订机可实现直接上封面，而其他机型则需对封面进行加工后再装订。随着直线式胶订机的微型化，越来越多的被用于数码快印店及办公场所简单文本的装订当中。

2. 圆盘式

圆盘式胶订机工作时书本呈圆弧运动，一般包含3～5个书夹，最高生产速度为1800本/时。该机型工艺流程与直线式胶订机完全相同，进本及出书同样依靠手工完成。圆盘式胶订机具有价格低、占地少、能耗小等特点，同时该类设备也有其先天缺陷，如工位动作一致性差、夹紧定型不理想，干燥固化时间过短等，因此圆盘式胶订机也不适合高速联机生产，仅适用于小批量、多品种的书本装订。

3. 椭圆式

椭圆式胶订机相对上述两机型来说出现最晚，工艺流程也无不同，但却具有其鲜明的特点，有效克服了直线式、圆盘式胶订机的先天缺陷。首先，不同于圆盘式的是其铣背、开槽、上胶等步骤均在直线上进行，各工位动作一致性高，书本运行距离较长，干燥时间增加，有效提升了胶订质量。其次，不同于直线机式的是其运动过程连续，不存在空行程，胶订效率也大大提高。因此，该类设备虽出现较晚，但凭借其自身优势迅速成为装订领域的主流机型，目前大型、高速、多功能胶订机均为椭圆式。

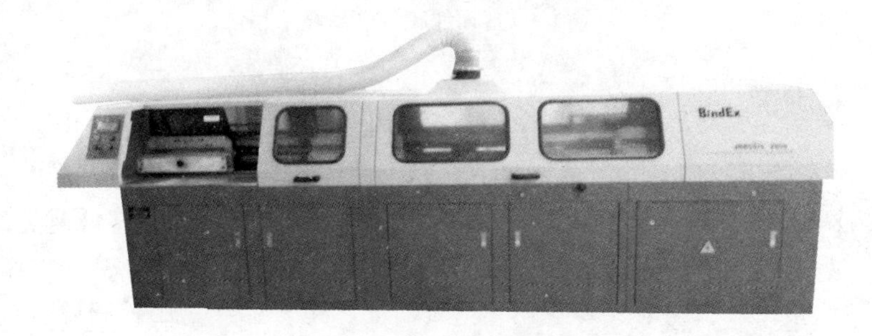

图6-4　椭圆式无线胶订机

二、胶订对印刷的要求

1. 对印刷分版的要求

书册在印刷分版时，经常遇有零版，如2页4版、4页8版及单页，而零版在排列时不宜放在书册第一帖或最后一帖，最好位于第二帖或最后一帖的前面，这样经配页机配页后的书帖就较为整齐，为胶订前撞齐打下良好的基础，也可避免因零版页少、帖薄产生的弓皱及披书现象。此外，还需严格注意无线胶订分版中不能采用套筒的排列方法，如2页4版的零版需排成4版，装订时用沿页的方法处理。

2. 对书版的要求

(1) 对版面的要求

例如印制32开双联时，书帖尺寸不得小于135mm×391mm（见图6-5），书册订口部位的 2mm 是无线胶订铣背预留尺寸，而双联间的 9mm 是剖双联预留尺寸，其中剖双联圆锯片占 3mm，因此剖好后每本还有 3mm 的裁切余量，最后光本尺寸为 129mm×184mm。又如印制 16 开单本时，其书帖尺寸不得小于 270mm×193mm（见图 6－6）。

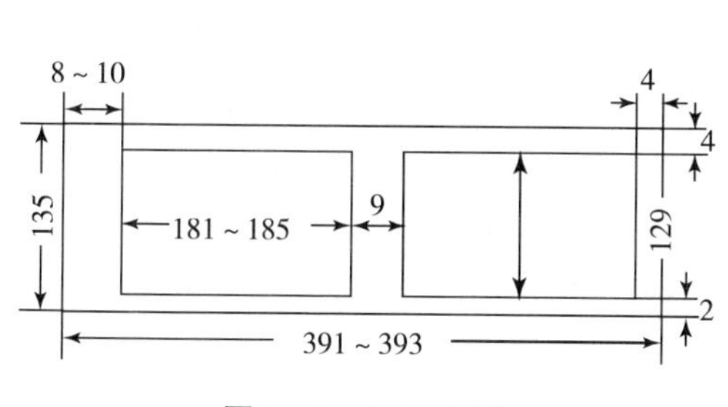

图 6－5 32 开双联

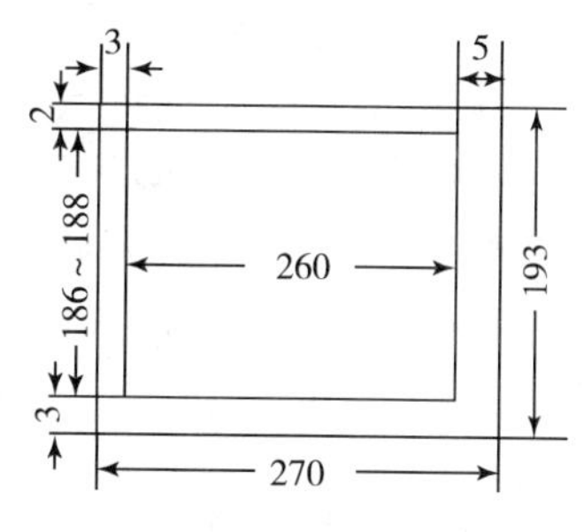

图 6－6 16 开单本

（2）对色标的要求。

为了区分书刊及质量检查，通常每帖书在最后一折折缝处印有书名（或书名代号）、帖码、色标，但胶订生产为一次性加工成册，书本经铣背、刷胶及包封后，原有的色标已全部铣去，且已包好封面，无法进行检查。因此，为了适应无线胶订工艺特点，满足质检要求，除在书帖折缝处印制书名、帖码、色标外，书帖切口或天头边也应印制色标等。

（3）对纸边的要求

同一本书所有书帖纸边要宽窄基本一致，便于无线胶订各工位或各机组挡规的准确调定。

3. 对插图印刷规格的要求

书刊中插图规格尺寸要求与书版要求相同，但存在以下两种情况需特别注意：

（1）跨页插图

正文中的跨页插图尺寸一定要为无线胶订铣背留出 1～3mm 的加工余量，其具体尺寸视排版及铣背要求而定，只有留有该余量后跨页插图才能拼齐。

（2）正文前后插图

正文前后页插图若与封二或封三作为拼图，则需考虑铣背因素，同时还要兼顾侧胶宽度。也就是说，正文前后书页上的拼图，要以无线胶订机铣背的宽度和侧胶的宽度而定。

4. 对封面印刷的要求

无线胶订联动机生产的书刊，对封面的印制尺寸要求如下。

（1）对封面尺寸的要求

32 开双联和 16 开单本封面的尺寸要求与版面相同，参见图 6－5、图 6－6。封面的尺寸误差需小于 0.2mm，在拼版允许情况下可适当加大天头和地脚尺寸，防止上封面时胶黏剂溢出。一般无线胶订封面最大加工宽度为 710mm，其中封面、封底 320mm，书背 70mm。

（2）对封面书背的要求

无线胶订书背尺寸要比其他装订工艺略大一些，因胶订书本在包封面前书芯不经压平、捆扎而较松，具体尺寸要根据书芯尺寸测量而定。

（3）对封一、封四的要求

若封一、封四印刷文字、图案需居中，由于铣背因素胶装后书芯订口会减少1～2mm从而导致原本居中文字偏移，因此封面需做相应调整。

（4）对封二、封三的要求

因胶装书芯和封面需通过胶黏剂粘合，因此封二、封三印刷时不可使用过多的稀释剂及喷粉，以保证书背处有足够的黏结性。

（5）对贴膜和过光油封面的要求

对贴膜封面，薄膜裁切后的尺寸要与封面基本相同，裁切好的薄膜表面定型要平整，避免封面卷曲。此外，贴膜或过光油封面上料时要透松，防止产生静电导致粘连。

三、胶订对书帖的要求

书帖在无线胶订前若出现未撞齐、捆扎不平、不压实等情况就转入胶订，就会造成胶订时铣背不到位，书背拉槽深度不够，胶订后产生脱页、散页、空背、皱背等弊病，因此书帖的加工好坏对无线胶订生产效率及产品质量均会产生较大影响。

1. 书帖捆扎堆放要求

（1）书帖捆扎要求

书帖在无线胶订前必须撞齐并捆扎24h以上，捆扎时每捆书帖两头需用硬质材料扎书板（木板或塑料板）作为衬垫使书帖保持平整。

（2）书帖堆放要求

捆扎好的书帖每个卡板上只能堆放一个帖码，堆放方向要根据配页机加书帖的操作方法而定，若使用手工加帖则订口朝上，采用吊架式加书帖则订口朝下。对于不捆扎的书帖，建议在书帖最后一折开划口刀线。无论采用哪种方法，堆放每摞数量需一致，且每摞之间订口向里10mm相互交叉，以防止书背弓皱。

2. 书帖插图粘页要求

（1）粘页部位要求

粘页部位应根据配页机吸嘴位置而定，一般书帖粘页部位要在配页机吸嘴吸页的相反方向，避免吸页时吸粘页面，以防吸破、撕纸等现象，减少配页故障。

（2）粘页牢度和平服度要求

粘页时需保证书页与书帖黏结牢固，且各书帖之间不粘连。堆放书帖的卡板底部应垫纸，每堆放0.5m左右时需夹放一块木板，堆完后书帖上方应再压一块木板，使得书帖平服。对已粘页的书帖，在配页前要逐帖检查，没有粘牢的全部取出，书帖之间相互粘连的要分开。

3. 书帖尺寸要求

一般无线胶订书芯最大允许加工尺寸为510mm（长）×320mm（宽）×70mm（厚），最小尺寸为105mm（长）×100mm（宽）×2mm（厚）。

四、胶订准备

无线胶订工艺较复杂，若要做到整个加工过程流畅顺利，提高生产效能，必须充分细致地做好准备工作。

1. 半成品准备

每一品种的书刊组成各不相同，如印张数量、有无插图、书帖整零、环衬上下等，而这些因素都将影响无线胶订的最终质量。因此必须在生产前做好各种半成品的配套工作，同时保证上工序与无线胶订产量的协调，避免由于出书不够造成喂料脱节或出书太多来不及装订的现象发生。

2. 产品样本准备

产品样本是由客户提供或经客户签样后的生产样本，是生产施工及成品入库的依据，同时也是各工序规格、材料、技术、质量的标准。

（1）毛本样

毛本样是配页生产的依据。随毛本样应附带“产品样本说明单”，其上应包含书名、代号、开本、光本尺寸、页数、帖数、印数、总纸令数、正文页数、插图页数，有无上下环衬、有无勒口、注意事项、工艺措施及要求等信息。

（2）封面样

随封面样应附带“封面样张说明单”，其上应包含封面规格、光书尺寸、背字版框居中状况、注意事项、工艺措施及要求等信息。

3. 原材料准备

无线胶订生产中所用到的各种原材料，如热熔胶、纱布、卡纸等，需在生产前准备到位。

（1）热熔胶

无线胶订使用EVA或PUR热熔胶，两种胶水稠稀度不同，不可混用，同样侧胶与底胶也不可互用。胶料准备过程中，需注意季节变化，夏天时使用夏季胶黏剂，冬天则要准备冬季胶黏剂。

（2）纱布和卡纸

无线胶订一般不使用纱布和卡纸，但对于较厚或纸质较硬的书册，为增强其牢度，通常也会采用在书背上粘贴纱布、卡纸、皱纹纸的方法来保证书脊不变形。无论使用纱布、卡纸或皱纹纸，都要求是卷筒式而不是单张。

（3）包装材料

包装材料主要包括包书纸、扎书绳、包装箱及包装贴标等，使用何种材料需根据客户要求提前准备，此外包装贴标上还应事先印制书名、本数、定价、社名、厂名、日期等信息。

任务二 胶订操作

直线式、圆盘式、椭圆式胶订机虽在结构上有所差异，但其工艺流程基本一致，从现代装订的发展趋势来看，无论是单机还是联动线均以椭圆式胶订机为主，因此本任务就以平湖英厚JBB50/5椭圆式胶订机（见图6－4）为例介绍胶订机调整与要求，其他品牌及类型胶订机调节方法类似。

一、胶订机工作过程

椭圆式胶订机工作过程为：进本→夹紧→铣背拉槽→涂背胶、侧胶→上封面→夹紧定型→出书。JBB50/5 机身内部共包含 5 个书夹，最大包本尺寸 450mm×270mm，最小包本尺寸 140mm×120mm，最大封面尺寸 450mm×610mm，最小封面尺寸 140mm×243mm，包本厚度为 3～50mm。

JBB50/5 椭圆式胶订机（图6－7）工作时，书夹停留在进本工位，操作者将书芯放入书夹中，待书夹闭合夹紧书芯后由链轮带动进入铣背工位。铣背工位主要是铣去书背上的折缝，使书芯全部变为单张，待铣背结束后，拉槽打毛工位利用刀具将书芯背部开出等距 V 形槽，令原本光滑的书背被打毛，形成粗糙上胶面。拉槽打毛完成后书芯进入上背胶、侧胶工位，背胶、侧胶是依靠胶轮与书背或书芯侧面接触将胶水涂布其上的。在上封面工位，封面自动输送到托实机构平台上，由于托实平台上升及左右夹板夹紧，封面就可被牢固地粘贴在已刷胶的书芯上。最后粘贴好封面的书芯由链轮传输至出书工位，书夹打开，书芯自动下落至输出带上。

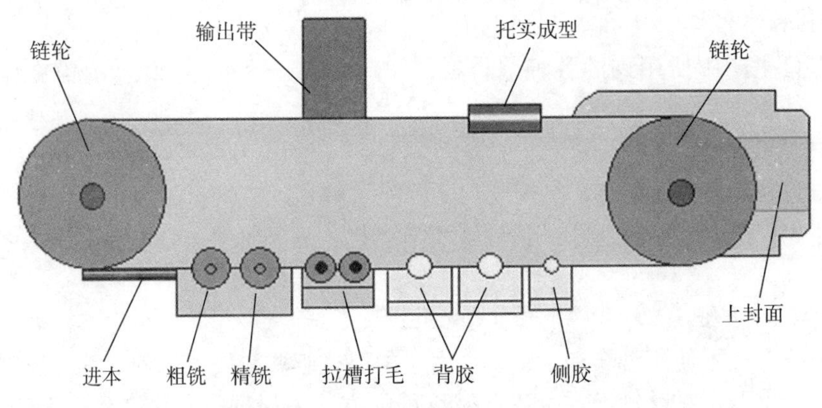

图6－7 JBB50/5 型胶订机机构示意图

二、胶订机调节

JBB50/5 胶订机调节包括书夹间距调节、落书平台调节、铣背机构调节、底胶机构调节、侧胶机构调节、上封机构调节、托实成型机构调节及收书机构调节。

（一）书夹间距调节

书夹内、外夹板（见图6－8）间距应比书芯厚度小 3～5mm，因此书夹对书芯可产生一定的夹紧力。调节时只需转动星形手柄就可使外夹板移动（内夹板固定）来控制距离，两夹板间距可用直尺测量，夹板对书芯的夹紧力以用力拉动书芯不会从夹板中拉出为准，需注意的是，椭圆式胶订机书夹具有自锁功能，间距调整后无须锁紧，同时 5 个书夹必须保持间距一致。

（二）落书平台调节

落书平台调节可控制书背在书夹内的落书深度，通常铣背刀与书夹下端间距为 10mm，因此落书深度为（10＋x）mm（见图6－9），其中 x 代表铣背量，如 x 等于 2mm，则落书深度为12mm。调节时，松开螺钉1、螺母2，旋转螺钉3（见图6－9）使落书平台移动，向上移为铣背量增大，向下移为铣背量减小，具体尺寸可使用直尺度量，待落书平台到达所需位置时锁紧螺钉1、螺母2。此外，落书平台底座上有4个螺钉4，用以校正落书平台水平度，当书芯铣背后出现版芯歪斜，就可松开底座上4个紧固螺钉5，通过调节螺钉4使得落书平台与书夹前后端间距完全一致来调平，校正后锁紧螺钉5即可。

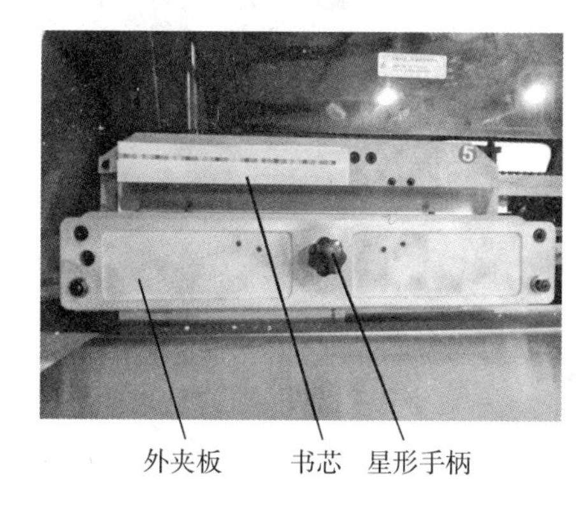

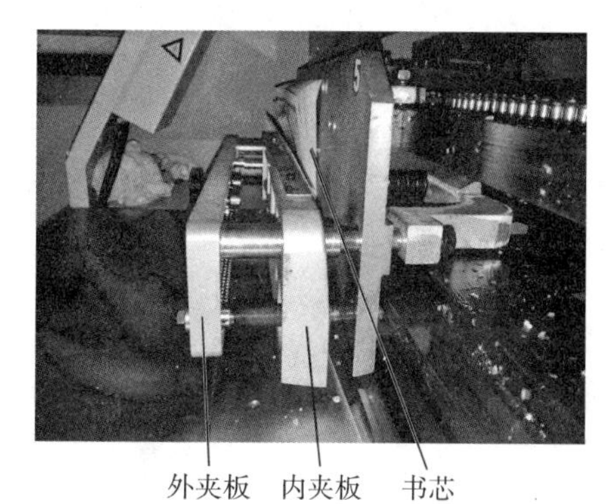

图6－8 书夹间距调节

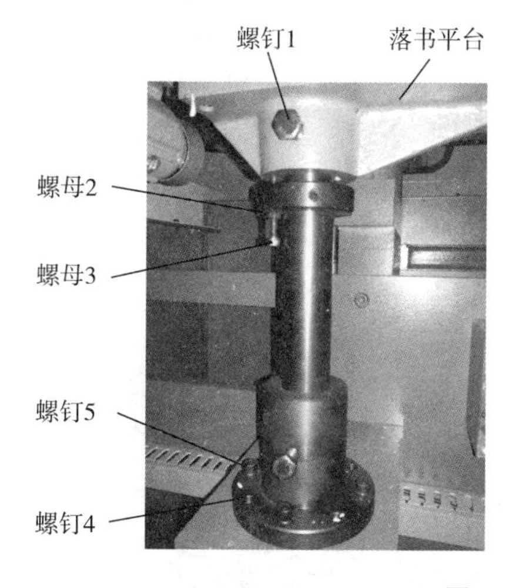

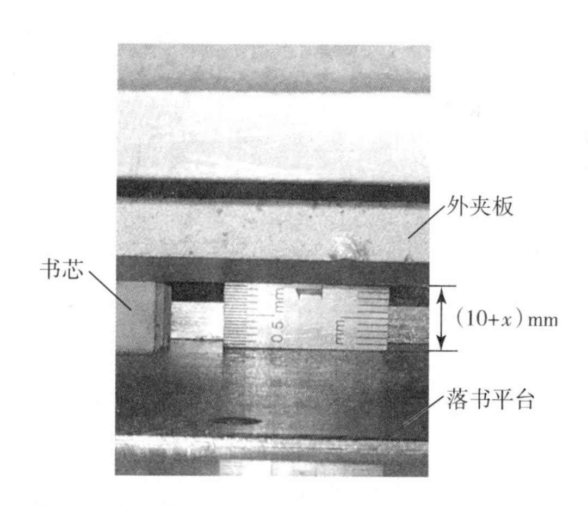

图6－9 落书平台调节

（三）铣背机构调节

铣背的作用是使书芯每张纸均暴露在外，并处于同一平面上。该工位包含粗铣背（见图6－10）、精铣背（见图6－11）、拉槽（见图6－12）三个刀盘，其中粗铣背、精铣背刀盘上各装有8把铣刀，拉槽刀盘上装有4把拉槽刀。粗铣可将书帖折缝全部铣切为单张页，精铣是将书背不平整部分去除，拉槽是在书背上铣切出间隔凹槽以增加黏结面积。

图6－10 粗铣背刀盘

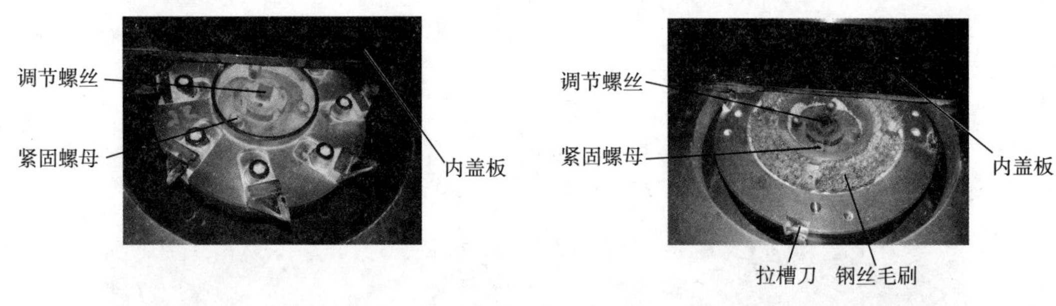

图 6-11　精铣背刀盘　　　　图 6-12　拉槽刀盘

1．铣背刀盘调节

如前所述，铣背刀与书夹间距为 10mm，为控制该尺寸需对铣背刀盘高低进行调节。

首先需调整铣背刀盘与内盖板（见图 6-11、图 6-12）的距离，松开紧固螺母，转动调节螺丝，用厚薄规测量铣背刀盘与内盖板间隙，此间隙应控制在 0.05～0.1mm，调节完毕锁紧紧固螺母即可。

铣背刀盘安装于独立电机转轴上，电机则通过 4 个紧固螺钉 1（见图 6-13）连接于机架上，在调整铣背刀高低时，先微松 4 个紧固螺钉 1，松开螺母 2，通过旋转调节螺钉 3 使电机底板支架上下移动，待尺寸达到要求后锁紧螺母 2、紧固螺钉 1 即可。此外，为保证铣切口平整，铣背时应在进书一侧进行铣切，而出书一侧不做大量铣切，因此只需使铣背刀盘稍作倾斜即可，如进书一侧铣背刀盘与内盖板间隙为 0.05～0.1mm，则出书一侧调整至 0.08～0.13mm（见图 6-13），两侧 0.03mm 的差距即为刀盘倾斜量。该倾斜量调节方法与铣背刀盘高低调节方法一致。

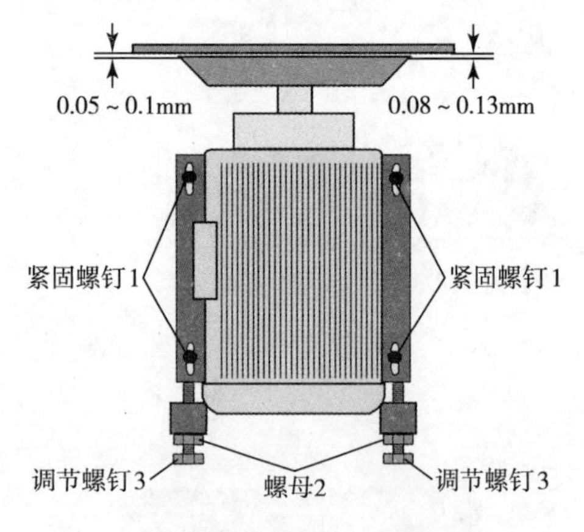

图 6-13　铣背刀盘调节

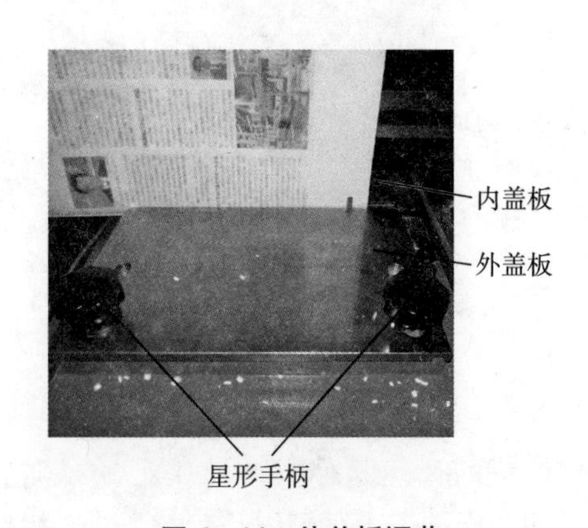

图 6-14　外盖板调节

2．拉槽刀盘调节

拉槽刀盘高低调节方式及要求与铣背刀盘基本相同，需要注意的是待拉槽刀盘与书夹距离 10mm 确定后，4 把拉槽刀还要进行独立调节，拉槽刀刀尖应高于铣背刀刀尖 1～1.5mm，此距离即书背开槽深度。

3．外盖板调节

内、外盖板（见图 6-14）间距即为书芯厚度，调节时松开两个星形手柄，推动外盖板，使其轻靠在书脊上，然后锁紧星形手柄。内、外盖板距离若太近，书芯在通过时易擦伤，若距离太大，则铣切时书芯不能被定位，书芯会随铣背刀盘旋转方向发生移位变形，影响铣背质量。

（四）上底胶机构调节

上底胶除了为粘贴封面外，更重要的是订联成本，使页张之间黏合牢固。其工作过程是，书芯进入上底胶机构，上胶轮与书背接触使胶水均匀涂抹至书背及书背凹槽中。底胶机构包含两个上胶轮，上胶轮 1（见图 6－15）附着较厚胶膜，可将胶水压入书背凹槽，上胶轮 2 附着较薄胶膜，以补充上胶轮 1 上胶量的不足，并控制胶膜厚度，使之均匀。

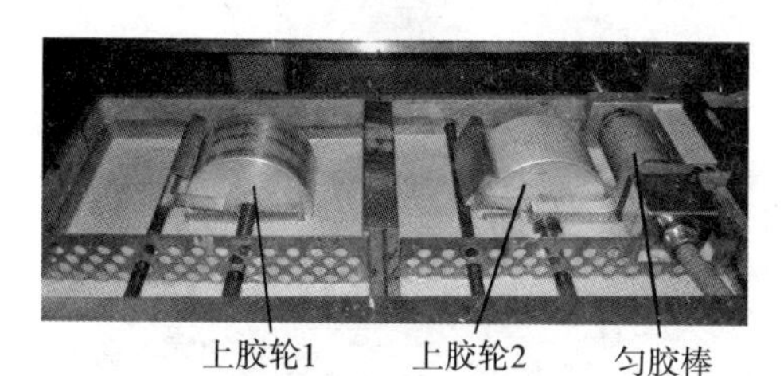

图 6－15 上底胶机构

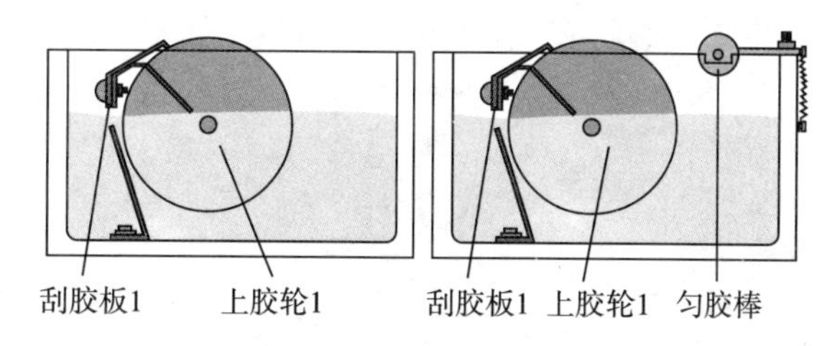

图 6－16 上底胶机构示意图

1. 出胶量调节

调节刮胶板（见图 6－17）与上胶轮的间隙可实现出胶量的大小变化，此间隙大小主要是通过调节连杆带动刮胶板转动来实现的。需注意的是出胶量不可过小，即刮胶板与上胶轮间隙小，这样会使刮胶板与上胶轮摩擦力过大，损坏胶轮。调节时要求上胶轮 2 应比上胶轮 1 低 1.5mm，松开调节连杆两端紧固螺母，顺时针旋转调节连杆则出胶量增加，逆时针旋转则减小，调节后锁紧紧固螺母即可。

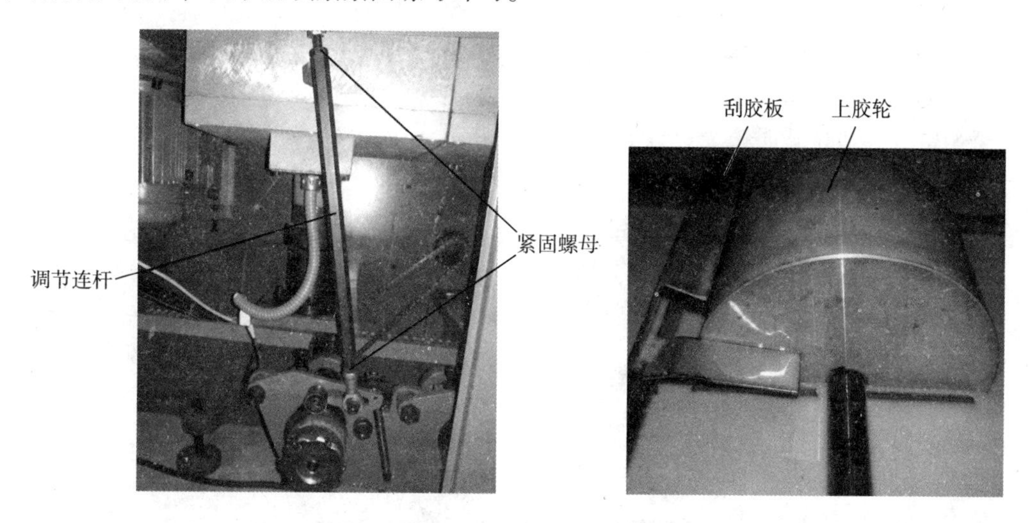

图 6－17 出胶量调节

2. 胶水涂布长度调节

当刮胶板与上胶轮不接触时，即刮胶板开口时开始涂胶，当刮胶板与上胶轮接触时，轮上胶水被刮除，涂胶结束。因此刮胶板的开闭决定了涂胶的长度，而刮胶板的开闭是靠凸轮组来带动的。凸轮组由 4 片铁制凸轮（见图 6－18）组成，当 4 片凸轮上凸面完全重合时，胶水涂布长度最短，4 片凸轮上凸面错位最大时胶水涂布长度最长。调节时，松开星形手柄（见图 6 – 18），参照胶木轮上标尺根据书芯尺寸转动凸轮组，其中凸轮 1 为定凸轮，凸轮 2、3、4 为动凸轮，动凸轮以定凸轮为基准进行调整。凸轮 1 控制天头涂布长度，凸轮 4 控制地脚涂布距离。松开凸轮 1 上的两个螺钉，旋转凸轮 1 至天头涂布所需长度后锁紧螺钉。松开星形手柄，转动凸轮 2、3、4 至所需位置后锁紧星形手柄。为防止两头胶水被挤出，天头处应空出 2 ~ 3mm，地脚空出 3 ~ 5mm。

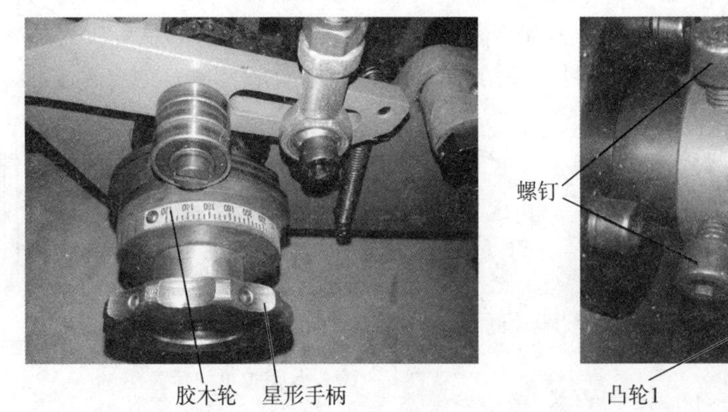

图 6 – 18 胶水长度调节

3. 上胶厚度调节

一般定型后的书背胶膜厚度为 0.5 ~ 1.5mm，匀胶棒位置高于上胶轮，即相对上胶轮而言匀胶棒距离书背更近，随匀胶棒的转动可将书背上过厚的胶水“挤去”，因此调节匀胶棒的高低位置就可控制最终上胶厚度。匀胶棒本身不带胶，内部装有电热丝，可加温至 190 ~ 200℃，高温可起到烫断热熔胶拉丝，滚平背胶面的作用。调节时，一般为保证上胶厚度在 1mm 左右，需匀胶棒位置比上胶轮 2 高 0.5mm，松开匀胶棒支架上的两个螺母 1，旋转螺钉 2 则匀胶棒高低移动，匀胶棒上升，上胶厚度减小，匀胶棒下降，上胶厚度增加，待调整到合适位置时锁紧螺母 1。

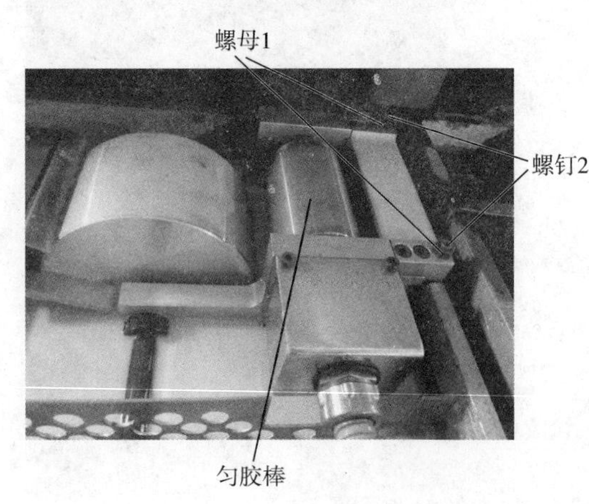

图 6 – 19 上胶厚度调节

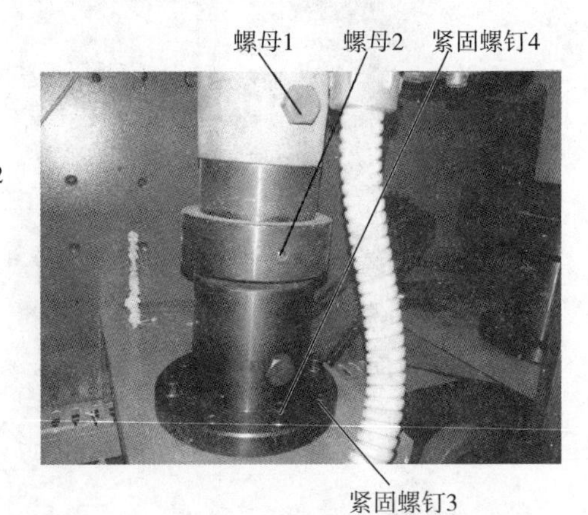

图 6 – 20 上胶轮架调节

4. 上胶轮架高低调节

调节时松开六角螺母 1（见图 6 – 20），旋转升降轴上螺母 2 就能调整胶斗上升或下降，调好后紧固六角螺母 1。

5. 上胶机构水平调节

上胶机构时刻保持水平才能保证上胶厚度的均匀性，在胶锅底座上有 4 个调节螺钉 3（见图 6 – 20）用于对上胶轮的水平校正。调节时，松开 4 个紧固螺钉 4，旋转调节螺钉 3，直到上胶轮中心线与书夹完全垂直时，锁紧 4 个紧固螺钉 4。

（五）侧胶机构调节

底胶可使封面与书背进行黏合，而涂布侧胶则令封面在书脊处与书芯进行黏合。侧胶机构由一对倾斜的内侧轮和外侧轮（见图 6 – 21）组成，当书芯经过侧胶机构时，内、外侧轮上的胶水就会涂布在书芯两侧书脊上。

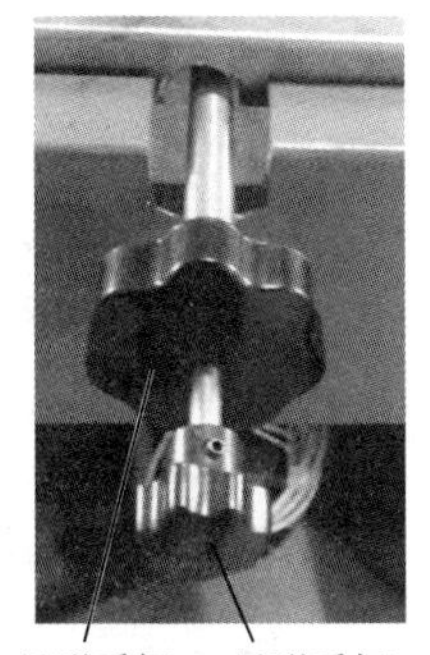
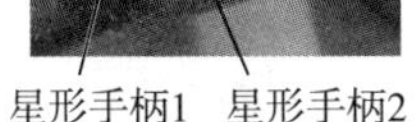

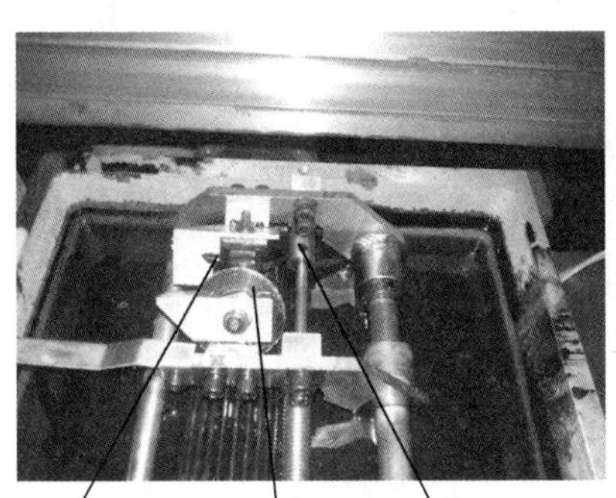

图 6 – 21 侧胶轮调节

1. 内侧轮调节

内侧轮上胶面应与书夹内夹板（见图 6 – 8）平行。调节时，松开螺钉 1（见图 6 – 21），推动星形手柄 2，使上胶轮面与书夹子内面平，锁紧螺钉 1。此时，星形手柄在手推后只能向里移动，松手后里侧轮在弹簧作用下向外移动，直到被挡圈固定在所需位置，一般固定好后无须再调节。

2. 外侧轮调节

内、外侧轮间距需根据书芯厚薄而定，一般两侧轮距离比书芯厚度小 2mm 左右，以保证胶水能够涂布到书脊上。内侧轮位置调整后即固定不变，两侧胶轮间距是通过外侧轮的进出来实现的。调节时，只需旋转星形手柄 1（见图 6 – 21）外侧轮即可前后移动，具体距离使用直尺度量确定。

3. 侧胶厚度调节

松开内、外刮胶板上的螺母 1 或螺母 2（见图 6 – 21），刮胶板上长槽可以在螺钉 1、螺钉 2 上移动，以改变刮胶板与上胶轮之间的间隙，就能控制侧胶的厚薄。调节后，拧紧螺母 1 或螺母 2 即可。

4. 侧胶宽度调节

一般书芯侧胶涂布宽度在 3 ~ 7mm 之间，胶斗的升降即可控制侧胶宽度。其调节步骤与背胶轮升降一样。

（六）上封面机构调节

书芯经铣背、上胶后进入上封面工位。上封机构（见图 6 – 22）一般由贮封台、分页装置、压痕输出装置组成，虽然各类型胶订机上封面机构有所不同，但其基本原理一致，调整方法类似。椭圆式胶订单机上封面装置结构简单，封面可实现连续输送无须停机，封面在放置时，封一、封四朝下，封二、封三朝上，天头朝后，地脚朝前。

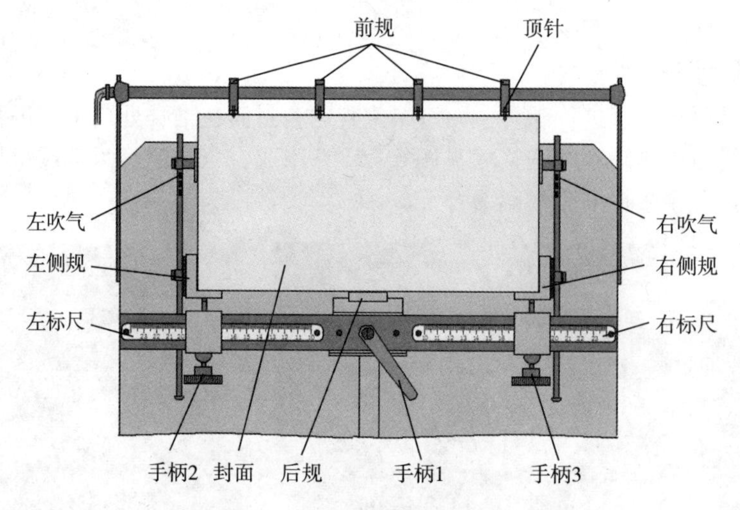

图 6－22　上封面机构示意图

上封面机构的工作过程是：前部、左右吹气将事先装入贮封台的封面下部吹松，吸嘴（见图6－23）吸取最下部一张封面至下压轮处，吸嘴释放封面，上、下压轮将封面压紧在两轮之间，封面随下压轮的转动从贮封台输出。输出后的封面经压痕装置被压出 4 根压痕线，最后到托打成型机构压紧。

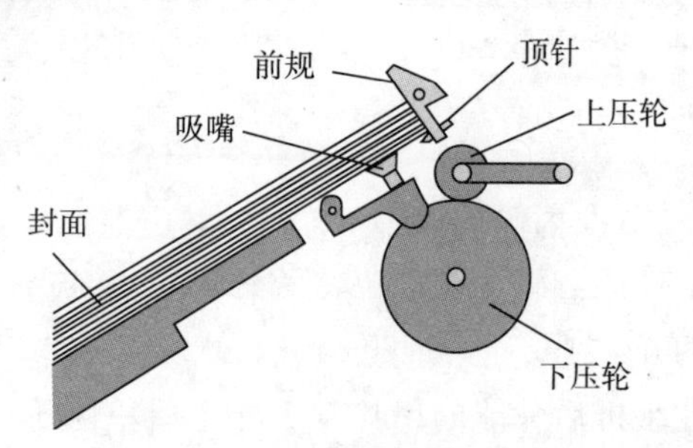

图 6－23　吸嘴调节示意图

1．封面侧规调节

调整上封面机构左、右侧规（见图 6－22）时，需根据书本规格大小，松开手柄 1、手柄 2、手柄 3，以左标尺上数值作为参考移动左侧规，此数值代表书背中心线到封三、封四边缘的距离，当左侧规调整到位后锁紧手柄 2，将右侧规调整至距封一、封二边缘 0. 5 ~ 1mm 处锁紧手柄 3，最后锁紧手柄 1。

2．前后挡规调节

后挡规调整时，松开手柄 1（见图 6－22），在封面紧贴前规的前提下将后规调整至距封面天头 0. 5 ~ 1mm 处，锁紧手柄 1。每个前规上都有顶针，用以托住封面前端，当吸嘴吸取一张封面向下移动时，顶针可阻止上部封面的移动，避免双张、多张情况发生。一般顶针伸出前规约 1 ~ 4mm，对克重小的封面可多伸出一点，对克重大的封面则少伸出一点。

3．吸嘴调节

吸嘴工作时做上下摆动，当其位于最高位时吸嘴应能紧密贴合封面，最低位时应低于下压轮顶点。吸嘴上下摆动幅度由连杆控制，调节时松开连杆两端紧固螺母（见图 6－24），顺时针旋转调节连杆，吸嘴摆动幅度增大，逆时针方向旋转，吸嘴摆动幅度减小，调节完成后锁紧紧固螺母。

封面输出快慢由凸轮控制，调节时松开凸轮紧固螺钉（见图6－24），旋转凸轮，当上压轮（见图6－23）刚开始下落时，吸嘴位置应到达下压轮顶点，拧紧凸轮紧固螺钉。需要注意的是封面输出快慢需配合上压轮，即凸轮调节要依据上压轮动作进行，先调整上压轮控制凸轮再调封面控制凸轮。

吸嘴吸气时间受电子杆（见图6－25）控制，当吸嘴吸住封面向下运动直到吸嘴平面与下压轮顶点平行时，电子杆触发接近开关，电磁吸气阀断气，吸嘴释放封面。调节时松开电子杆上的紧固螺钉，旋转电子杆到所需位置即可。

图6－24 吸嘴调节

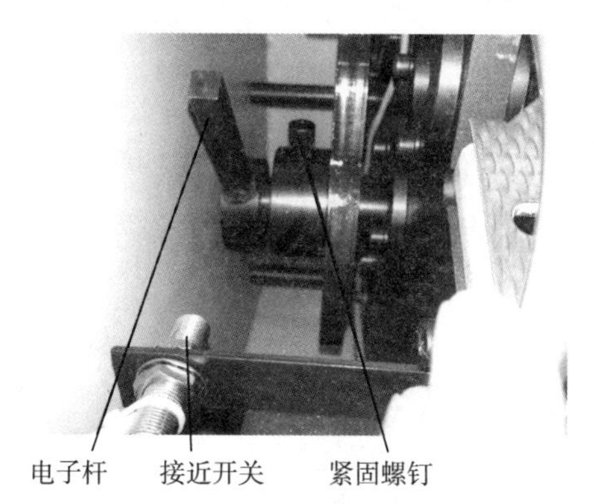

图6－25 吸气时间调节

图6－26 上压轮调节

4. 上压轮调节

上压轮下压时间会影响封面输出快慢，过快或过慢都会导致封面与托打成型工位衔接出现故障。调节时应以封面正确进入托打成型机构封面规矩框为准，松开紧固螺钉（见图6－26），旋转凸轮到所需位置，锁紧紧固螺钉。

5. 压痕轮调节

压痕轮可对封面进行四线压痕，其中中间两根为正压线，用于封面向内包裹，外侧两根为反压线，用于书本封面向外打开。压痕轮套在刀轴底座上，下压痕轮与上压痕轮相互匹配，尺寸完全一致，所不同的是上压痕轮的刀对应下压痕轮凹槽，上压痕轮凹槽则对应下压痕轮上的刀。

压痕轮调节需先确定左侧压痕轮，即定压轮（见图 6－27）初始位置。将压痕刀刃与书夹内侧面处于直线位置，即封面输送到书夹底下时，第二根压痕线正好是书夹内侧的投影线。定压轮位置确定后，以后则无须变化，只要根据不同书本厚度移动右侧压痕轮，即动压轮即可。松开压痕轮紧固螺钉并移动，使左、右两组压痕刀刃的间距和书本厚度一致，锁紧紧固螺钉。压痕深浅可通过调节刀轴两端的压力螺钉（见图 6－28）来实现。调节时松开螺母，顺时针旋转螺钉则压痕线加深，逆时针旋转压痕线变浅，压痕轮两端压力应保持一致，否则会造成压痕线偏移。需要注意的是，由于压痕刀略带刃口，因此刀刃一定要位于压痕轮凹槽的中心，若出现较大偏差，痕线就会出现表面撕裂现象。

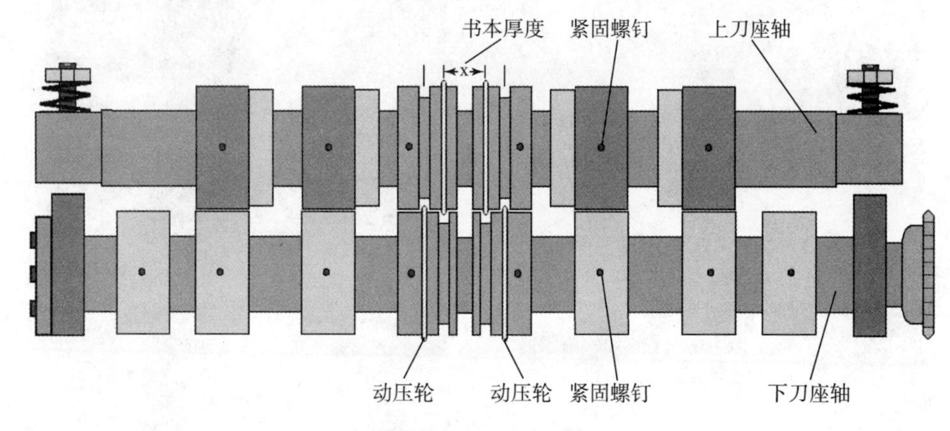

图 6－27　压痕机构

图 6－28　压力调节

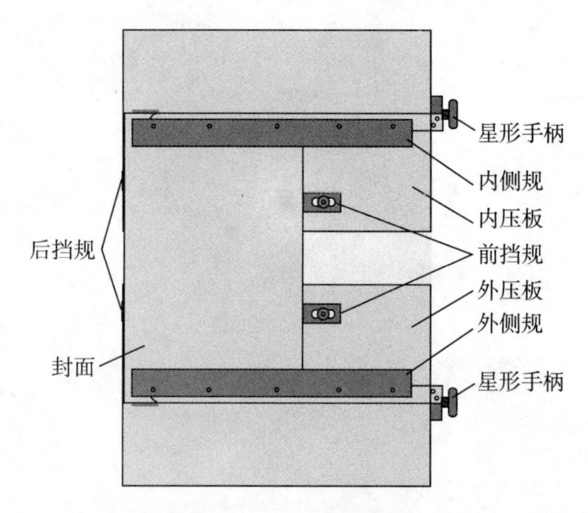

图 6－29　托打成型机构

（七）托打成型机构调节

托打成型是胶订的最后工序，作用是将封面正确地贴于书芯上并包拢，通过加压使书脊成型，黏合牢固。托打成型机构（见图 6－29）在工作时要求侧向、纵向定位正确，保证封面与书芯复合后天头、地脚、书背文字的准确性。

1. 规矩调节

(1) 前后规调节

点动胶订机，将托打成型平台降到最低点，取一张封面放置于平台上，将地脚与平台后边平齐，天头轻靠两个前规（见图 6 - 30），锁紧前规螺钉。需要注意的是两个前规要保持平行，封面与前、后挡规间隙应小于 1mm。

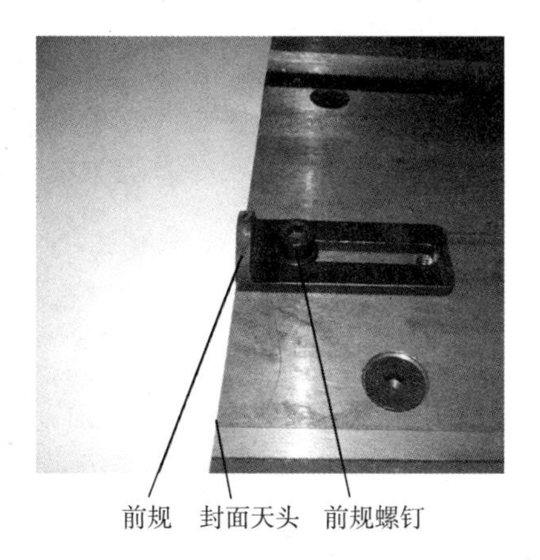

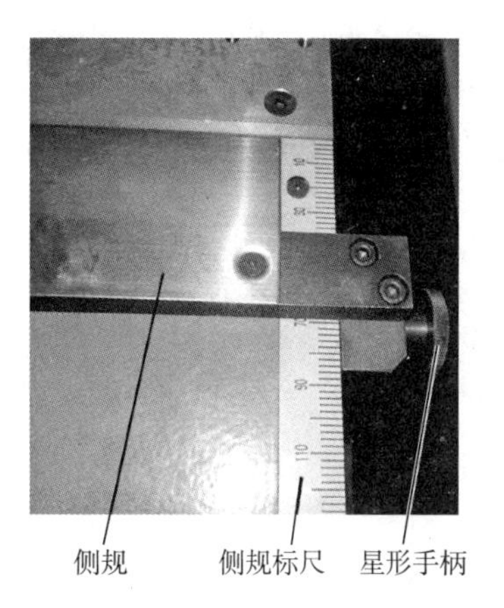

图 6 - 30 封面规矩调节

(2) 侧规调节

点动胶订机，当封面与书芯刚要黏合时，封面左右定位按书背外角棱线对准封面 3 线（见图6 - 31），书夹内板投影线正好和 2 线吻合，保持封面位置，将两个侧规轻靠封面，并留 1mm 空隙，侧规上的标尺作为移动距离的参考值，锁紧星形手柄。

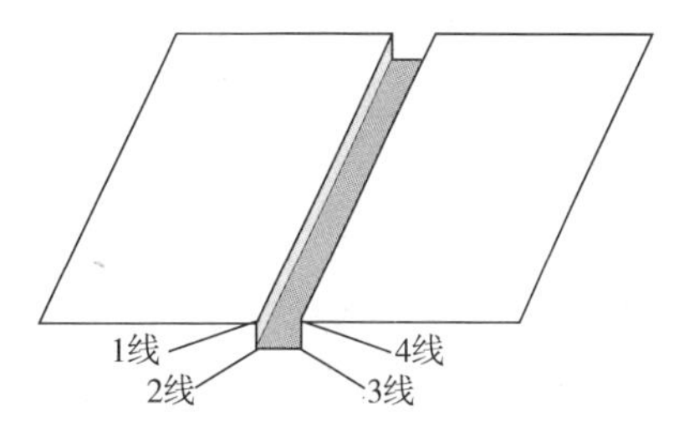

图 6 - 31 侧规调节

2. 压板调节

托打成型装置使用两块水平放置的压板从两侧向书脊施压，同时托实平板从下部向上施压托齐书背。调整时，点动胶订机使两块压力板处于最大夹紧状态，松开紧固螺母 1（见图 6 - 32），转动四角螺杆，使内压板高出书夹平面 0. 5mm，锁紧紧固螺母 1。松开外压板上星形手柄紧固螺母 2，转动星形手柄，根据书本厚薄并参考标尺指示，使外压板夹紧时，其实际尺寸比书芯厚度小 2mm 左右 。两块压板间隙应比书夹间隙小，但间隙太小压力过大会造成书背弓皱，间隙太大夹持力减小则会造成书背过大及棱角不挺。

图 6 - 32 压力板调节

3. 托打成型平台高度调节

若封面粘贴后书脊棱角成圆弧型则说明托打成型平台与书夹间距太大，不能有效对书背起托实作用，若托实后书背发生弓皱，说明托打成型平台与书夹间距太小，书背受挤压变形。调节托打成型平台高度时，松开支座上 4 个紧固螺母（见图 6－33），旋转调节螺钉使托打成型平台上升或下降，调节到位后锁紧紧固螺母。

图 6－33　托打成型平台调节

（八）收书机构调节

收书装置由收书传送带（见图 6－34）和收书斗组成，当书夹打开释放书本后，书本自由落体至圆弧形导向板上，并由传送带输送至收书斗贮存。导向板上装有钢皮，用以对书本加压防止封面翘起。收书斗高低、宽度可根据书本厚薄和开本大小进行调节。

图 6－34　收书机构调节

三、胶订质量标准与要求

1. 书芯顺序正确，无错帖、颠倒、缺帖、多帖等差错。
2. 铣背深度一般为 2mm 左右，歪斜不超过 2mm。
3. 拉槽深度一般为 2～3mm，宽度 1～2mm。
4. 铣背与拉槽以书帖最里面页张粘牢为准，无掉页、露底等现象。
5. 若书芯厚度超过 15mm 则应粘贴书背纸，封皮用纸若超过 $150g/m^2$ 可不粘贴书背纸。
6. 胶黏剂黏度应适当，粘后无胶水溢出。
7. 侧胶宽度为一般为 3～7mm。

8. 书背字及版框图案以封面版面为准，100 页以下误差不超过 15%，100 页以上误差不超过 10%。

9. 包封面后，书背应平整无皱褶，无马蹄状，杠线不超过 1mm。

10. 胶订后书册封面应与正文吻合，无油脏、压痕、破页等。

四、胶订常见故障及排除方法

1. 圆背

（1）托打成型板未托实。应提高托实板位置。

（2）书夹压力不够使书本向上移动。应加大书夹夹紧力。

2. 斜背

（1）胶水温度过高，落书时书背未固化而直接下落。应根据纸质及季节变化调节胶温，一般控制在 160 ~ 180℃。

（2）落书导向板调节不当，书背直接自由落体受到撞击。应调节导向板角度增加缓冲。

3. 订口、切口部分不成矩形

（1）铣背前落书平台与书夹的平行度和垂直度不当。应调节落书平台与书夹的平行度和垂直度。

（2）铣背盖板与铣刀间隙过大。应调整铣背盖板与铣刀间隙。

（3）铣背刀刃口变钝。刃磨或更换铣背刀片。

（4）由于磨损造成的书夹（见图 6 – 35）间隙不当或两头不平行。为了使书夹能够夹紧书本，一般书夹下部比上部突出 0. 2 ~ 0. 3mm。然而经过长期磨损下部凸出部分早已被磨光，可重新对外压板进行铣刨处理，使得下部比上部凸出 0. 2 ~ 0. 3mm 即可。

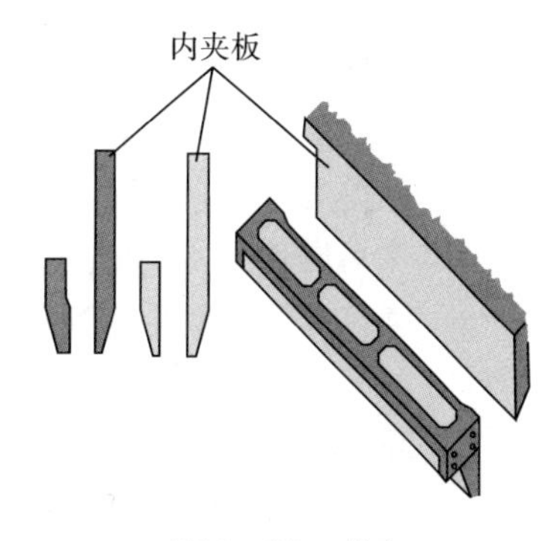

图 6 – 35　书夹

4. 封面粘坏

（1）上胶长度过长。重新调节胶水长度。

（2）上封滚筒粘有野胶，粘住封面，成型机构下底板、两侧夹紧板粘有胶水，粘住封一、封四。保持托打成型机构清洁，经常清除余胶，使用甲基硅油预防野胶现象的产生。

5. 封面歪斜、背字不居中、版框偏差

（1）封面印制或裁切规格存在差异。重新确定规格尺寸。

（2）上封面机构侧挡规调节错误。对侧规等部件进行调整。

6. 书背棱角不清晰、封面轧痕偏上或偏下

（1）封面四根压痕线位置调节不当。对封面压痕规格进行调整。

（2）封面托实定型机构压轮对书背的压力及两侧压力板调定不当。对各部分压力重新进行调整。

7. 杠线

（1）托打成型板过高。降低托实板位置。

（2）托实机构侧面夹紧力太大。向外适量调节侧夹板位置。

8．气泡或蜂窝状胶膜

气泡是由于上胶轮在运转时将空气带入胶液中而产生的，尤其在高速运转时，气泡会越来越多。因此放慢速度就能有效减少气泡。调节时，可通过上胶轮下部的直角刮板阻止大量胶液被带起来清除气泡。松开紧固螺钉（见图6－36），移动直角板使直角板与胶轮的间隙为0.5～1mm，拧紧紧固螺钉。

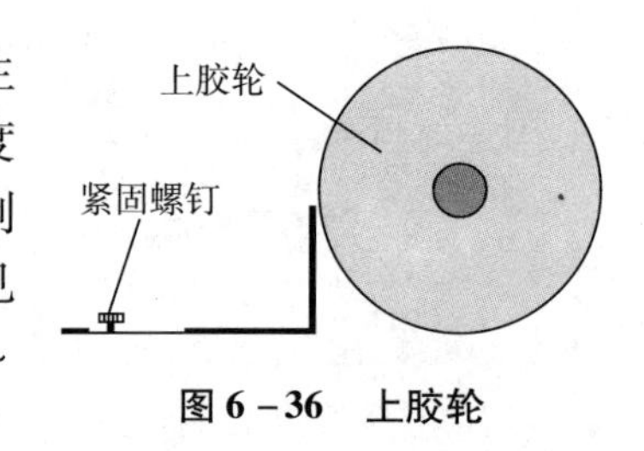

图6－36　上胶轮

9．书背裂口或挤压过度

（1）托打成型板太高。降低托打成型板。

（2）上胶轮上胶过多或上胶轮位置过高。将上胶轮与刮胶板间隙调至0.2～0.5mm或降低上胶轮位置。

10．书本天头劈开或翻边

铣背刀刃口钝化。刃磨铣背刀。

11．散帖

（1）铣背深度不够，环筒的书页没能完全铣成单页。适当加大铣背深度。

（2）起槽凹槽深浅、槽距不当。调节槽深在1.5mm左右，间距为3～8mm。

（3）热熔胶温度过低，缺乏流动和渗透性，黏结不牢。按纸质提高胶温。

（4）热熔胶选型不当。选择与纸张克重规格适合的热熔胶。

（5）工艺错误。对保存价值高的铜版纸书，避免使用热熔胶工艺装订，应采用先锁线后上胶的方式防止散帖。

（6）开槽不当。由于新刀开出的槽尖端过窄，对书页抗撕裂度造成影响，因此将新的开槽刀刀尖用砂轮或砂纸打去尖端，使刀尖成为圆弧形，这样开出的槽底部就会呈“U”形，相对加大胶水附着面积，提升书页的抗拉力。

12．书背中部不平整

（1）书本在下落时落差过大。调节弧形导向板位置。

（2）胶温过高使书背上胶厚薄不匀。适当降低胶温。

（3）起槽不光洁、纸毛未掉、背胶无法平整。更换拉槽刀。

（4）铣背刀钝化、刀刃角度不对或与靠板间隙过大。更换铣背刀。

（5）托打成型板位置太低。升高托打成型板。

13．宽书背

（1）上胶轮过高使胶渗入书页之间。降低上胶轮位置。

（2）书芯松散未捆紧等。书芯预先压平和扎捆定型。

（3）铣背不光洁。刃磨铣背刀。

14．楔形

上胶轮与书夹底平面间距过小。降低上胶轮位置。

15．胶膜不均匀

（1）侧胶和底胶装置高低及内外位置不当。重新调整以上装置位置。

（2）上胶轮与刮胶板、匀胶棒与刮胶板、匀胶棒与书芯间隙调节不当。重新调整以上间隙。

（3）匀胶棒加热不好。更换匀胶棒。

（4）匀胶棒与书背不平行。调整匀胶棒与书背的间距。

16．楔形胶膜

匀胶棒与书夹体底面不平行；托实板与书夹子底平面不平行，应重新调整。

17．书脊起空、不平服或呈喇叭型

（1）背胶装置中胶量太少。保证加胶量。

（2）胶水温度太低。控制正确胶温。

（3）上胶轮高低与托打成型机构调节不当。对以上机构进行调节使书脊平服。

18．封面黏结不牢

（1）托实压力过小。增大托实压力。

（2）胶层过薄，黏结不牢。加厚背胶及侧胶胶层。

19．书本胶层未固化

一般从涂胶到三面刀裁切，时间应大于3min，这样胶水才可充分固化。

20．突发停机

胶订机在生产过程中经常会遇到书帖、封面阻塞等情况，每一次的突发停机总会造成4本左右的书本出现黏结故障，因此为避免报废通常用修书器（见图6－37）来进行修补。操作时需对书本底部两端进行烘烫，待胶水刚熔融即可，避免因烘烫时间过长而引起的散架、变色等。

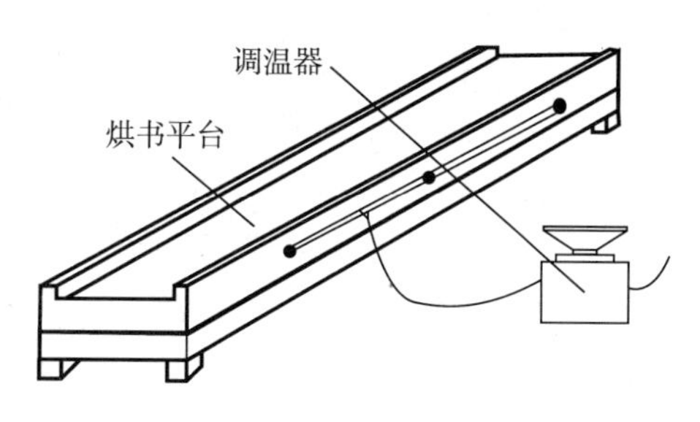

图6－37 修书器

五、胶订操作安全与设备保养

1．胶订操作安全

（1）胶订前需对胶水预热2h左右，胶水没有完全熔化前不可开机。

（2）当铣背盖板需调整或维修时，必须关闭电源，待铣背刀完全停止后，方可进行操作。

（3）若书芯无须铣背，必须将铣背拉槽机构调至最低位置。

（4）已涂胶的书芯不可再次铣背拉槽。

（5）及时向胶锅内添加胶水。

（6）开机前须仔细检查主要部件的牢固性，确保传动部件无障碍。

(7) 若传动部件发出异响应立即停机检查并进行维修。

(8) 更换零部件时，必须关闭电源，使用专用工具进行操作。

2. 胶订机保养

(1) 定期对传动链条、齿轮、凸轮等进行润滑。

(2) 每班工作结束前，应对各摩擦面及光亮表面涂以润滑油并对设备进行清洁。

(3) 若设备较长时间搁置不用时，需将所有光亮面擦拭干净并涂以防锈油，用塑料套将整机遮盖。

(4) 维修、保养机器零部件时，严禁使用违规工具及操作方法。

训 练 题

一、判断题

1. 无线胶订联动线既可完成大批量生产，又适应个性化小批量生产。( )
2. 胶订是用胶黏剂代替线和铁丝等缝合书芯的方法，是不能使用线的。( )
3. 铣背是胶订过程中不可缺少的工序。( )
4. 书帖的折空就会影响到胶订铣背和拉槽的质量。( )
5. EVA 预热胶锅的温度设定值为120℃左右。( )
6. 无线胶订的背胶厚度应达到0.25mm 以上。( )
7. 无线胶订书刊的封面岗线应小于2mm。( )
8. 无线胶订机在清理胶锅时，要把胶锅的温度降低到合理值。( )
9. 无线胶订联动线上配页后的书本通道宽度要比书册的实际厚度略小些。( )
10. 无线胶装订铣背时必须将订口环筒全部铣成单页。( )

二、单选题

1. 用黏合剂将配页后的书芯直接黏合订联的技术称为（ ）订技术。
   (A)铁丝 (B)线 (C)胶 (D)塑线烫
2. 配好书帖的（ ）度的好坏，直接影响胶订生产正常运转。
   (A)外型平整 (B)长 (C)宽 (D)厚
3. 折前口设计是为了防止封面经（ ）后出现翘边现象。
   (A)上光 (B)上油 (C)覆膜 (D)裱糊
4. 无线胶订上预热胶锅的作用是将固体胶体熔化成（ ）体。
   (A)软 (B)液 (C)透明 (D)气
5. 胶黏剂长时间在预热胶锅的高温中反复熔化，就会导致热熔胶（ ）。
   (A)变质老化 (B)黏度增加 (C)流动性降低 (D)气泡减少
6. EVA 热熔胶预热筒的熔化温度一般控制在（ ）℃左右。
   (A)80 (B)120 (C)150 (D)170
7. 无线胶订的书背厚度在10mm 以下的，书背字平移的允许误差为（ ）mm。
   (A)1 (B)2 (C)2.5 (D)3

8. 无线胶订中，夹子夹紧书芯的距离应比书芯的实际厚度小（　　）mm。

(A)1~2　　(B)3~5　　(C)5~6　　(D)7~8

9. EVA树脂是制作EVA热熔胶的主要成分，占其配料数量的（　　）以上。

(A)30%　　(B)40%　　(C)50%　　(D)60%

10. 一种湿气固化反应型聚氨酯热熔胶叫（　　）。

(A)PVAC　　(B)PVA　　(C)EVA　　(D)PUR

三、简述题

1. 简述无线胶订机铣背、开槽工艺的要求。
2. 简述怎样正确掌握好热熔胶的三个时间。

项目七 精 装

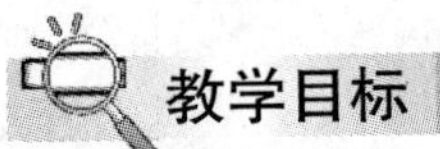

教学目标

精装是书刊装帧的一种类型，具有装潢美观、用料考究、装订结实、便于长期保存等特点。本项目通过设置书芯加工操作、书封加工操作、套合加工操作、精装联动线操作四个任务，使学习者在了解精装工艺原理的基础上，掌握精装加工手工操作方法及精装设备调节使用方法，并能排除精装过程中的常见故障。

能力目标

1. 掌握书芯加工方法。
2. 掌握书封加工方法。
3. 掌握套合加工方法。
4. 掌握精装常见故障的排除方法。

知识目标

1. 掌握精装书籍的制作过程。
2. 掌握精装书籍的不同造型及特点。
3. 掌握精装质量标准与要求。
4. 掌握精装设备安全及保养知识。

精装是书刊装订的一种类型，相对平装精装造型种类更多，工艺流程更长，加工过程更加复杂。精装由书芯加工、书封加工、套合加工三大工序组成，各工序可由单机或联动线来完成。

任务一 书芯加工操作

精装书芯加工是指经折页、配页、锁线以后的加工过程，精装书籍的装帧设计决定了其不同的造型及工艺。一般精装工艺流程为压平→涂黏合剂→烘干→压实定型→裁切半成品→夹丝带→扒圆→起脊→涂黏合剂→粘书背布→涂黏合剂→粘堵头布、书背纸→托平。

一、书芯造型

1. 方背和圆背

经造型后书背成一平面的书芯称为方背书芯，经造型后书背成一圆弧的书芯称为圆背书芯（见图 7－1）。

2. 方角和圆角

将书芯书角裁切成圆形的书芯称为圆角书芯，切成方形的书角称为方角书芯（见图 7－2）。

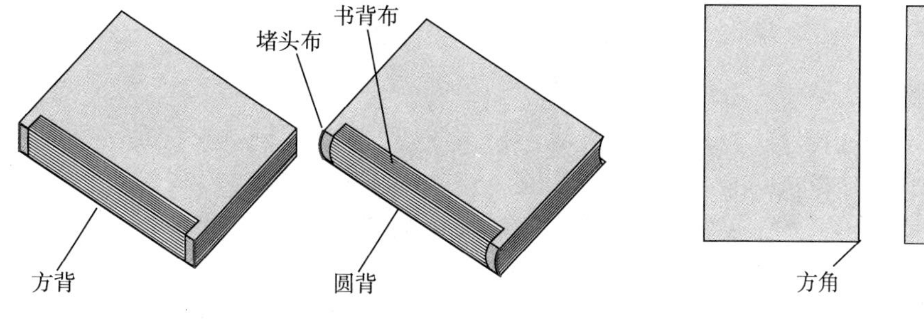

图 7－1 方背和圆背

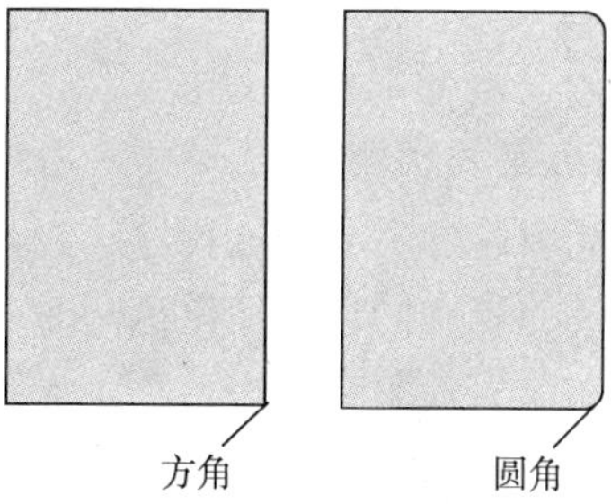

图 7－2 方角和圆角

3. 堵头布

堵头布，又称绳头布或花头布（图 7－1），其粘贴于书背的天头和地脚，可将书帖痕迹盖住起装饰作用，此外堵头布还可使书帖之间连接紧密，增强书芯装订牢度。堵头布以白色居多，宽度 10～15mm，长度按书背宽度或弧度确定。

4. 环衬

精装书芯上面和底面均粘有两张衬页又称环衬，用于书芯与书封配套黏合。一般环衬使用 $100g/m^2$ 胶版纸或书写纸，称为软衬，若为组合活络套则应使用 $300g/m^2$ 白卡纸黏合成硬衬纸，称为硬衬。

5．背脊纸

背脊纸是精装厚度较大的书籍时，在书背上另粘的一层筒形纸，其一面粘贴于书背纸上，另一面粘贴于中径板上，使用背脊纸可增加厚书装订强度，使之不易发生扭曲变形。

二、书芯加工操作

1．压平

压平（见图7－3）是对书芯整个幅面进行压实，将书页间残留空气排出，使书芯平整、结实、厚度均匀，便于后道工序的加工并提高书籍装订质量。压平时压力应适当，以书芯不产生过大变形为准，经压平后的书芯厚度应与制成的书封壳相适应。书芯压平要求：根据纸张情况及书芯定型厚度要求，调整好压力，试压无误后进行压平操作；压平前书芯需撞齐，不能有缩帖、歪帖等现象；压平时书芯要放平、放正，压书前后次数应一致，压力需得当。若压力过大，书背扒圆困难出现圆势不够，压力过小则不能起到压平作用圆势增大，从而影响套合，压力大小应以书芯裁切各角均呈90°为标准；压平后书芯厚度应一致，叠放时每层数量相同，四角不溢出，每堆放一层，压垫一层板，保持书芯不变形。

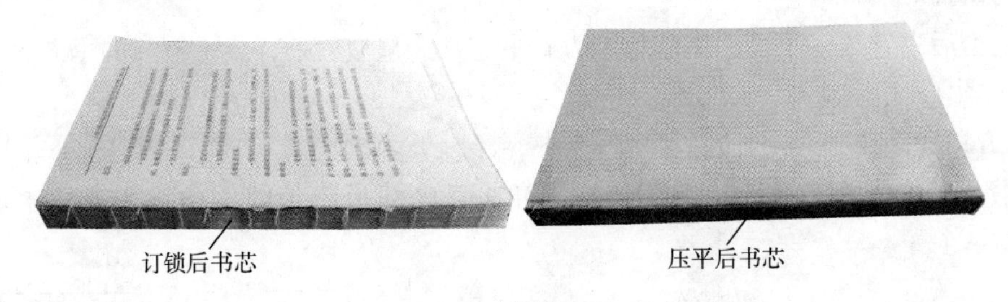

图7－3　书芯压平

2．第一次刷胶

压平后的书芯需进行涂胶，其作用是使书芯初步定型，防止扒圆、起脊时书帖之间相互错动。胶水固化程度以扒圆时书芯干燥至80%为宜，过干易产生皲裂，干燥不够则不易定型。手工精装中使用自然干燥法，精装联动线上则常采用设备进行烘干。

3．裁切

精装书芯经刷胶、烘开后，进入三面裁切，其裁切除不用划口外与其他与一般书刊成品裁切方法相同。裁切后书芯要求规格尺寸准确，套壳后三面飘口保持一致。

4．扒圆

扒圆是将书背制成圆弧状，使书芯内各书帖均匀错开，切口形成内圆弧以便翻阅的工艺，扒圆可通过手工或专用设备进行。手工扒圆时先平整书背，拿起书芯切口，右手大拇指在书芯厚度一半至三分之二处伸入书芯，其余四指压住书芯上部，用大拇指抵住切口，与四指配合将上半本书略向上掀起并向靠身拗动，将书页拉出适当的圆势，左手同时压住书芯表面，使拉出的圆势不予走动，右手使用竹刮将书背来回刮动，进一步使圆势定型，完成后再将书芯翻身，用同样方法对书芯另一半进行扒圆加工。

书芯经扒圆后，在最上面的一本书芯压住或在书芯头脚环包一周狭牛皮纸条，防止圆势走动变形。在堆叠书芯时，需防止书芯变形，若发现圆势不当应立即纠正。圆势大小要适宜，一般书芯厚度的直径，其圆势角度在130°左右，并均匀一致。

5. 起脊

起脊是为防止扒圆后的书芯复原，同时使套合后的书壳整齐美观，将书脊部分砸挤出一条凸起沟槽的工艺，起脊可通过手工或专用设备进行。手工起脊时将扒圆后的书芯书背朝上放置于敲书架（见图7－4）内，转动手柄将书芯夹紧，使得书脊背边线同夹板边线平行。按起脊高度要求，即书脊高于书面部分使书脊露在夹板外部，露出尺寸应略大于封面纸板厚度，起脊高度应相当于封面、胶层、硬纸板三层厚度的总和。

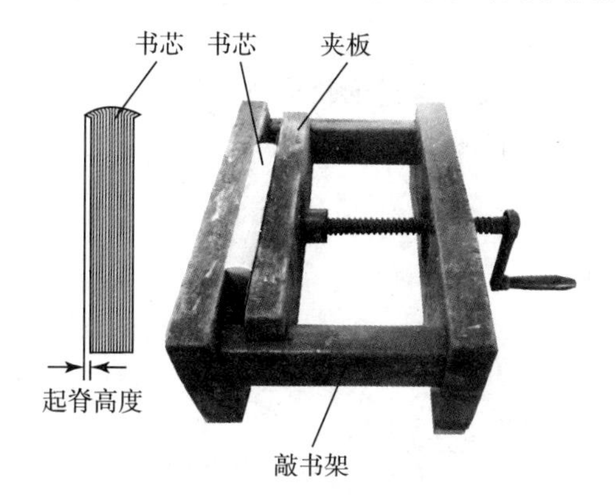

图7－4　夹紧定位

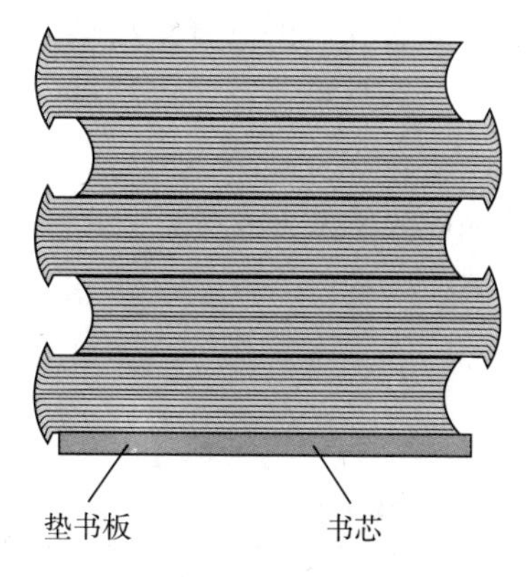

图7－5　书芯堆放

按起脊高度（见图7－5）要求定位并夹紧书芯后进行敲脊，用榔头从书背中间敲起，敲击力量要适当，先轻后重。敲击时不可垂直用力正面敲打，尤其是书背的两侧，需单边着力，迫使书背因受力向两边弯曲，敲击至所需程度即可。起脊后的书芯应放置于垫书板上，叠放时应将凸出的书脊露在垫板外部，书芯交叉错口堆放。书芯敲脊要求：书芯夹紧定位要平整，四角垂直不歪斜，书背露出部分上下需平行一致；敲击时用力要适当，不可敲裂或敲皱，敲后的书背应结实、挺直并保持正确的圆势；起脊高度一致，一般为3～4mm，书脊凸出部分与书面夹角为130°左右；起脊后的书芯要交叉错口堆放整齐，每摞下部放置垫书板，防止书脊变形。

6. 第二次刷胶

精装书芯加工的第二次刷胶，是将起脊后的书芯后背两端涂上一层胶黏剂，为粘贴堵头布或书签丝带所用，涂胶宽度应比堵头布略宽。涂刷胶水时，从书芯中间向外推刷，不可来回刷动，避免由于胶水刮刷在上下切口造成书页粘连或撕页等弊病。第二次刷胶要求：胶刷不宜过多，防止胶水溢至切口；涂胶应均匀，胶层薄而不花，厚而不堆积。胶花会降低黏着力，胶水堆积则使堵头布容易移动或胶水溢出后造成脏页及撕页。

7. 粘书签带和堵头布

当第二次胶水涂抹完成后应立即粘贴书签带（见图7－6）和堵头布。书签带一般为丝质，长度以书册对角线长为标准，粘进书背天头上端约10mm，夹在书页中间，下部露出书芯10～20mm。堵头布宽度一般为10～15mm，长度按书芯脊背圆势大小进行剪裁。粘贴堵头布时，一手压住书芯，一手拿起堵头布并用大拇指捏住堵头布的线棱粘于书背的上下两端，粘后的堵头布，线棱需露在书芯外，以起到挡盖书帖折痕使外观美观、牢固的作用。粘贴书签带和堵头布要求：堵头布粘贴位置要正确，线棱露在书芯上下切口外，棱边应与上下切口面平行，粘贴不弯曲、不皱褶；堵头布长度须与书背弧长一致。

8. 第三次刷胶

堵头布粘贴完毕书芯需进行第三次刷胶，用于粘贴书背布（见图 7－6）和书背纸。第三次涂胶方法与第二次基本相同，需要注意的是着胶面不得超过堵头布，即齐堵头布进行涂胶，避免影响堵头布的作用及书籍外观质量。

9. 粘书背布和书背纸

书背布（见图 7－6）长度应比书芯短 15～20mm，宽度比书背弧长大 40mm 左右。粘贴时，将预先裁切好的书背布粘帖于涂完胶水的书背上，布的位置需居中，不得歪斜或皱褶。粘完书背布后可通过布中透过的胶水立即粘上书背纸。书背纸长度以稍压住堵头布边沿为准，一般比书芯短 4mm 左右，宽度与书背弧长或书背布相同。粘贴方法及要求与书背布相同，此处不再赘述。

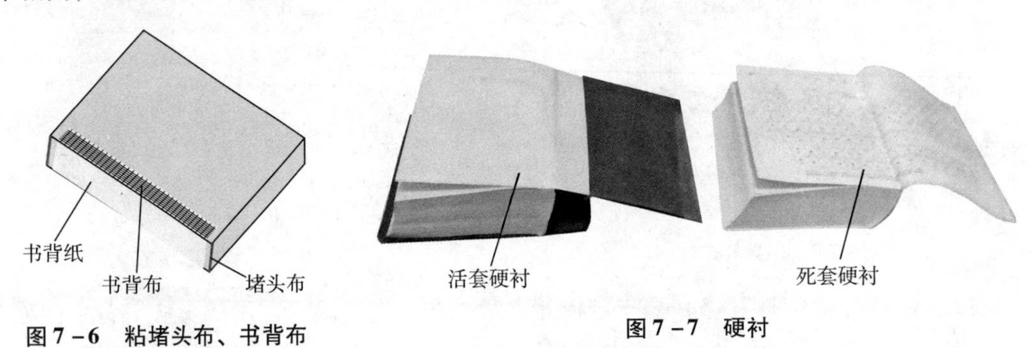

图 7－6　粘堵头布、书背布

图 7－7　硬衬

10. 粘硬衬

精装书芯粘贴硬衬有两种方法（见图 7－7），一种是活套硬衬，一种为死套硬衬。活套硬衬的书芯加工与常见死套书芯加工过程基本相同，只是书芯在压平后，在切书前要加一道裱卡，避免翻阅时出现书背环衬破裂，书背布与书背纸宽度比书背弧长大 40mm，长度比书芯长度短 5～10mm。死套硬衬粘贴时，将硬卡纸按毛本书芯尺寸裁切好，在卡纸粗糙一面均匀地刷上胶水，平整地粘贴于距书背纸 2mm 处。黏结时需整齐并压实，经裱后的环衬页应无皱褶、不起泡。粘贴硬衬要求：粘口一般与书背布、书背纸外露宽度相同，即 15～20mm；粘贴胶水稠稀度应适当，过稠易出现皱褶，过稀则黏结不牢。

任务二　书封加工操作

精装书籍封面分为硬质和软质两种，硬质封面又称书壳。精装制硬壳生产工艺流程为：计算书壳用料尺寸→裁切书壳料→涂黏合剂→组壳→糊壳包边角→压平→自然干燥。精装制软壳生产工艺流程为：计算软面料尺寸→裁切软面料→热压黏合→烫箔→削边。

一、书封造型

精装书封分为封面、封底和中径三部分（见图7－8），由于封面装帧用料和造型不同，因此书封壳名称和加工方法也各有区别。

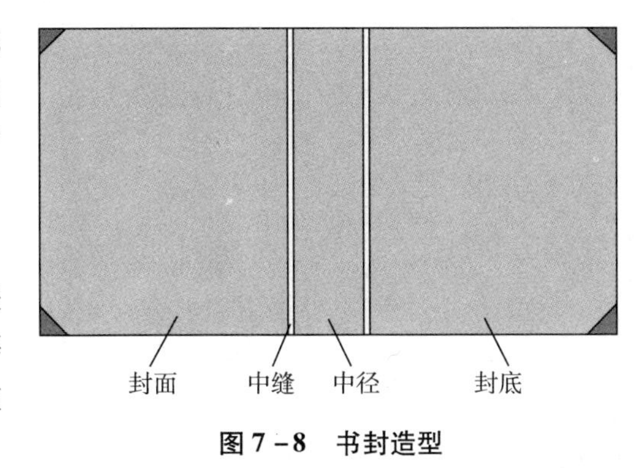

图7－8　书封造型

1．整面

整面是指在书封壳制作中，采用一张织品、皮革、人造革、纸基涂塑、丝绸等材料，将两块书壳纸板及中径纸板联结在一起，即用整块料做表面料制成封面。

2．接面

接面也称半面，是用一张较小的面料把两块书壳纸板连接起来，采用织品或纸张糊成两面的形式。采用此种装帧设计制作的封面，可降低书籍成本及美化封面造型。

3．包角

包角又称镶角，是在书壳四角镶上与封面不同的其他材料，可增强书籍美观程度及牢度。

4．活络套和黏合套

活络套和黏合套是书芯与书壳配套的工艺形式。活络套是用塑料封套与书芯套合的工艺，两者可随时分拆。黏合套是将封面里层与内芯上下环衬用胶液黏合，又称死套。

5．烫料与压印

烫料是指精装封面用电化铝、粉箔烫印图文的材料；压印不用烫印材料，由压印版加热直接在封面上压印图文形象，即由凹凸体组成图文形象。

二、书封加工操作

在精装书封制作中，除塑料压制活套书封外，常见书封壳由硬纸板、面料、中径纸板等材料加工而成。书封壳通过表层封面、里层纸板、中径纸板的牢固粘接，组成前、后封和有脊背的精装书封壳。书封壳制成后，中间硬纸板（或厚纸张）的宽度称中径（见图7－8），中径宽度加两中缝宽度的距离称为中腰。

（一）手工制书壳操作

手工制书壳前，为了使硬质纸板加工后平服，套合后不易翘起，当纸板含水量过大或翘曲不平时可先将硬纸板用压平机进行压平，压平热辊温度一般为65～70℃。

1．整面手工制书壳

手工制壳可分刷胶、组壳、包壳、压平等工序。

（1）刷胶

刷胶是指给封面里层上胶，着胶面在封面的反面，为粘纸板所用。操作前先熔化和调制适合封面料的胶黏剂，选用与封面幅面相应规格的毛刷，将胶盒和封面放在方便顺手的位置。刷胶时，右手握毛刷蘸胶水涂布在封面料反面的中间部分（见图7－9），然后分别向四周均匀涂刷，左手按压封面料避免移动。刷胶要求：胶层均匀，厚薄适当，书封四边无胶水堆积；刷胶包壳后，书封壳清洁无胶脏，不起泡，包边角无溢胶。

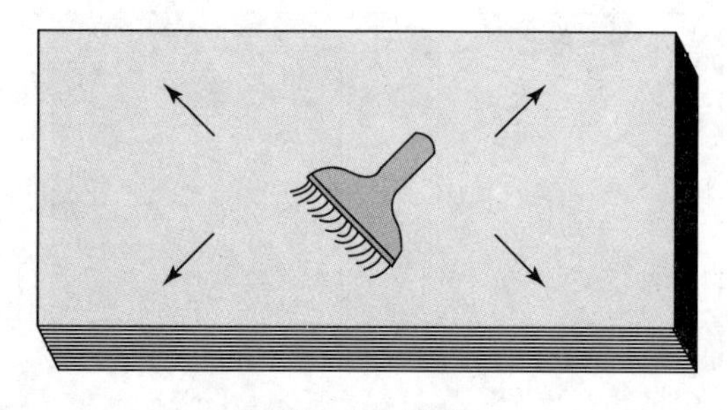

图 7－9　刷胶

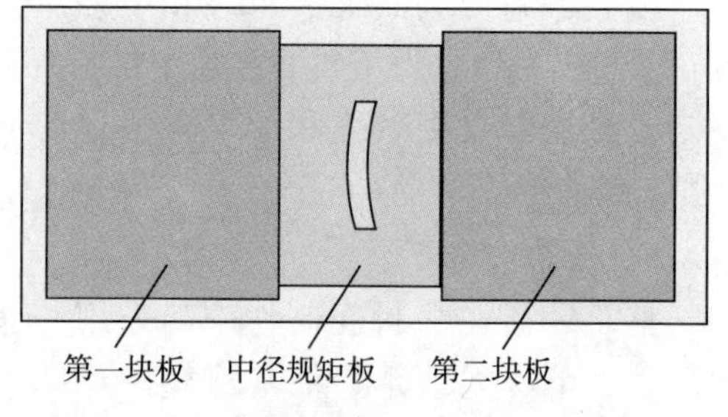

图 7－10　组壳

（2）组壳

组壳是指将硬纸板和中径纸板摆放在着胶后封面规矩位置上的操作。组壳是书壳加工的关键，它不仅关系到书壳的造型，还决定了书壳的规格及书刊的外观质量。因此，组壳前要预先做好中径规矩板（见图 7－10），其宽度可根据书芯厚度或书背孤长计算或测量。

组壳时，先将涂好胶水的封面横放于工作台板上，根据四周包边尺寸，固定好第一块硬纸板位置，目测纸板三面包边基本一致时将纸板放平、压实定位。然后将中径规矩板平整地紧靠书壳纸板书背位置放好，随后放置第二块纸板，放置时需与第一块板保持平齐，纸板书脊背边应紧靠中径规矩板，并将其压实固定。当第一、第二块纸板均固定好后，取出中径规矩板，需注意取下时要按住两边纸板，以防纸板移动。放入中径纸，其位置在第一、第二块纸板中间，上下与两块纸板平齐。最后，将书壳摆平、压实、固定，检查第一、第二块纸板边缘是否平齐，四边包边宽度是否一致，无误后方可包壳。此外，组壳还可使用规矩架进行各板的组合，此种方法可保证组合规格正确且提高效率。

（3）包壳

包壳是指将组壳后的封面包住纸板的操作，包壳分为包四边和塞角两个步骤。操作顺序为先包天头、地脚，再塞角后包前口两边。包壳时可用较厚纸张垫在书壳下进行。包壳要求：组合后的书壳四边应黏合牢固，不可出现松、泡、皱、褶等现象；书壳表面与四角要平服压实，塞角时须整齐均匀，圆角不出尖棱，且每圆角褶数不少于 5 个，方角有棱角并四角垂直；包角书封壳，角料无双层或露粘角等；包好的书壳应面对面整齐堆放，避免胶黏剂粘脏书壳。

（4）压平

压平可使包壳后的封面与纸板黏合更加紧实，确保书壳牢固及外观平整。压平时，可依据书壳胶料干燥快慢、温度高低、天气情况等因素进行。若书壳过于干燥，易出现翘角、隆起等现象，应使用压平机逐个进行压平，压平后书籍需堆放整齐。

2. 半面手工制书壳

手工制壳糊半面加工可分刷胶、摆壳、摆中径、包布腰、二次刷胶、糊面、包壳、压平等工序。半面制壳相对整面制壳工序更多，因半面书壳是由一块中腰布、两块纸面拼凑组合而成的，操作时与整面制壳基本相同，方法分先接封面和先糊中腰两种。

（1）先接封面

先接封面（见图 7－11）的方法也称蒙面法，即将中腰布与两块纸板黏结起成一整幅封面，再将粘好的整幅封面刷胶后按一定规格蒙糊在纸板上，包边后加工成半面书壳。接封面时，根据书壳尺寸调整接面架规格，将两块纸板放入接面架规矩内，把拼凑接好有中腰的封面粘在纸板上，使封面与纸板粘平、贴牢，最后取出粘好的书壳翻身后包边、塞角、压平成为书壳。

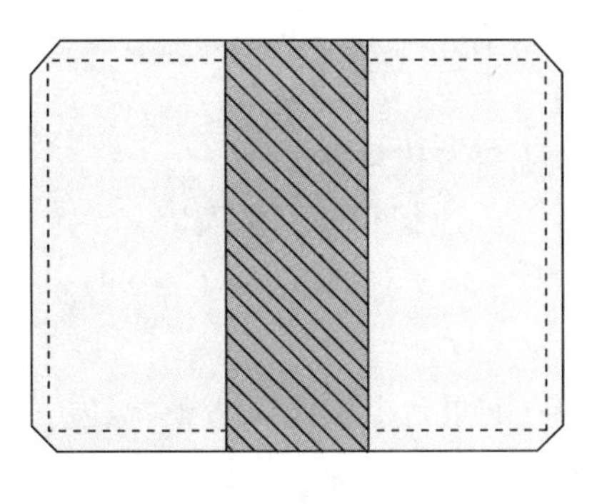

图 7－11 先接封面

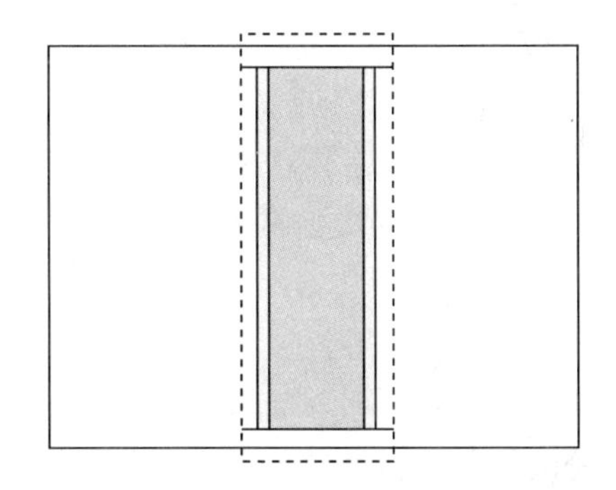

图 7－12 先糊中腰

（2）先糊中腰

先糊中腰（见图 7－12）的方法也称糊面法。操作时，先将中腰布刷胶，把两块纸板和中径板按一定规格糊制好，并包上中腰的上、下边，使中腰布与两块纸板固定成型。然后再将切好前口两角的封面纸刷胶后粘糊在前封纸板和后封纸板上，包边后成为书壳。糊中腰要求：中径规矩需居中摆放，不歪斜，纸板压边要均匀一致；接粘口边无溢胶现象；糊面时用目测定位，封面纸边压中腰布边沿 3～5mm，两面纸边上下留出尺寸一致，不得一面宽一面窄；所粘贴的封面纸与纸板要平服，无起泡、皱褶等现象，四边角需兜紧包实。

手工制书壳由于操作手法不稳定及各人操作习惯不同，标准性较差，因此经手工糊制的书壳不适用于机器套合加工。

（二）机器制书壳操作

机器制书壳使用全自动制书壳机（见图 7－13）完成，可代替手工将封面、纸板、中径纸，根据书芯尺寸相互粘连成书壳。制书壳机一般为单机工作，可制备包全面、半面，方角、圆角等造型的书壳。制书壳机工作过程由封面输送、刷胶、送纸板、送中径板、包边塞角、压实输出、整理检查等步骤完成。与手工制书壳相同，当纸板含水量过大或翘曲不平时需先进行压平处理。

图 7－13 全自动制书壳机

1. 制书壳准备

操作制书壳机前，应做好以下准备工作：

（1）在设备上设置工作方式、计数器、输出堆叠高度、书壳高度、折入宽度、折入高度、天头及地脚包入量等参数。

（2）按书壳幅面尺寸调整纸板递送架规格，包括书壳高度、书壳宽度、纸板厚度。

（3）根据书册规格调整传送轨高度及纸板推杆。

（4）根据中径规格调整中径纸卷宽度，包括预退绕及供给器。

（5）根据书壳高度、宽度、厚度尺寸，调整天头、地脚和口子包入量。

（6）检查胶液熔化情况，掌握好胶液的稠稀程度。

2. 输送封面与刷胶

点动机器观察一张封面输送及刷胶情况。封面在贮页台上被吸嘴吸下，经传送装置输送至上胶滚筒位置，滚筒上夹具咬住封面后旋转，使封面的反面通过胶辊后涂上胶层，刷胶后夹具松开，拉纸器将封面拉至与纸板接触的规定位置，完成输送封面与刷胶工作过程。

输送封面及刷胶时要求：封面整齐，输送稳定；传送装置与上胶滚筒接触位置适宜，一般以输送滚筒与上胶滚筒间隙大于封面厚度 0.3mm 为准；刷胶需均匀，不可刷花或过厚。

3. 输送纸板与中径板

在机器输送封面的同时，纸板推送器将两块纸板从纸板架内递送到达预定位置，再由吸盘把两块纸板和中径纸板吸起并旋转 180°后压在封面的表面，完成输送纸板与中径纸板过程。

输送纸板与中径纸板要求：纸板高度应适当，纸板过高则压力太大，纸板走不动，机器输送不平稳；中径纸板与两块纸板距离要合适，保持中缝宽度均匀；中径纸板宽度一般最小 6mm，最大为 90mm。

4. 摆壳吻合与包边黏结

当封面与纸板、中径纸板接触后，吸盘和工作台紧压并下降至包边位置，由包边器先将上下两边包好，然后工作台与吸盘继续下降至左右包边装置，由包边器把书壳左右两边包好。

摆壳吻合与包边黏结要求：摆壳位置和中径距离要标准，中缝距离要准确，无歪斜等现象；封面包边要平整，四角平服，棱角齐整，无空边、皱褶现象。压平压力要合适，以能将书壳压平实，压平后封面平整不起泡、无皱褶，四角平整为准。

5. 整理检查

压平粘牢后的书封壳要进行检查、整理，将歪斜、皱褶、溢胶等不合格品剔除，并将合格品撞齐堆好，使其自然干燥后进行烫印或套合。

在糊制书壳时若需包角，可根据书刊幅面大小和出版者要求来确定包书角规格，一般书籍幅面越大包角尺寸越大，反之则应小些。16 开书籍包角在 30mm × 30mm 左右，32 开包角在 20mm × 20mm 左右。包角时要平整，均匀一致，塞方角的棱角需分明，塞圆角的皱褶要均匀平服，角要圆滑无棱。

（三）书封烫印操作

精装书封面的烫印加工，是精装书封装饰的重要部分，直接影响书籍的外观质量。烫印是指用为书籍面部或背部烫上各种颜色、材料的文字、图案，或不用烫料直接烫压出凹凸不平字迹图案的加工方法。书封烫印工艺流程为检修烫版→调节烫版→调节规矩→调节温度、时间、压力→烫印。

1. 烫印准备

（1）烫料准备

根据装帧设计要求，选用电化铝或粉箔型号、颜色。特殊烫印物还可能要选用赤金箔、银箔等。电化铝（见图7－14）在使用前，要根据所烫印面积、字迹图案的尺寸规格，将大卷的电化铝分切成所需的规格或幅面。

图7－14 电化铝

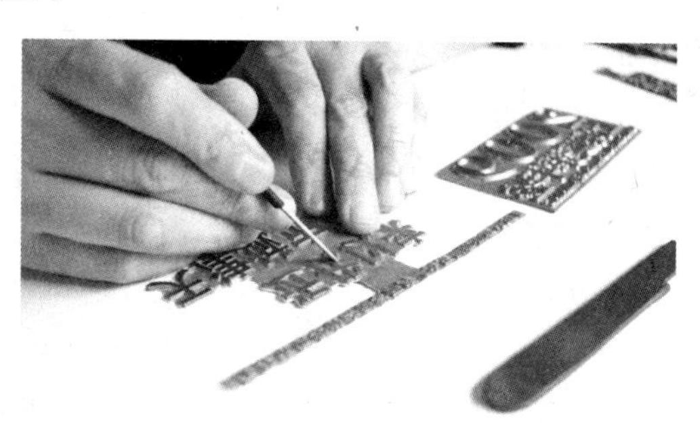

图7－15 烫印版

（2）粘料准备

有些封面用料如聚乙烯醇、纸基涂料、人造革、丝绒、丝绸等，若直接烫印黏附效果不佳，一般应在被烫印的封面烫压范围内先涂上粘料粉、粘料液或虫胶片等，作为中间黏结料，以弥补烫印材料底胶黏附性能的不足，使烫料与封面黏合牢固。

（3）制版

烫印版（见图7－15）一般有铜版和锌版两种，其中使用铜版较多，因铜版耐热性强、性质适中，烫印效果较好。烫印版面分凹版和凸版两种。凹版经烫印后的图文凸出书壳表面，富有立体感，常用于花纹、人物等无烫料形式。凸版烫印后图案凹进书壳表面，常用于有烫料的烫印形式，因图文被粘压在封面凹进部分，因此可保持图文牢固不易磨损。

2. 上版操作

上版，即将制好的烫印版安装在烫印机上。上版时需先进行烫印版预定位及调节，将烫印版粘贴或用版锁固定于机器平板上。并根据烫印面积，烫印位置在规矩板上粘贴一张 $100g/m^2$ 以上的垫版纸，其面积应与烫印版相同，并用复写纸覆压得到烫印样。调节烫印压力、温度参见表7－1，用废书壳进行试烫，直至烫印图案符合要求为止。若烫印过程中出现由于压力不均匀造成的印区露底、发花等现象，可用砂布将垫版纸根据试样打磨平，并调整烫印位置尺寸。调整完毕，烫印出数个符合标准的产品后将烫印版紧固定位，进行正常烫印加工。

表 7－1　烫印温度与时间

烫料	PVC 涂料面		织物或真皮		纸张		塑料		漆布	
	时间(min)	温度(℃)	时间(min)	温度(℃)	时间(min)	温度(℃)	时间(min)	温度(℃)	时间(min)	温度(℃)
电化箔	0.5～1	100～145	1～2	100～150	1～1.5	110～150	2	90～110	1～2	100～140
色 箔	0.5～1	100～140	1	110～150	1～1.5	110～150	2	90～110	1	100～140
金属箔	0.5～1	100～140	1	110～150	1～1.5	110～150	2	90～110	1～2	100～140

3. 上料操作

上料即将烫印材料安装在烫印机上，可分为手工和机器上料两种。机器上料一般为电化铝、色箔在半自动或全自动式烫印机上使用，操作时根据烫印面积，先将裁切成适当规格的小型卷筒料放置在烫印机贮料架上，烫料经输料轨道引送至待烫处，调节所用烫料长短距离，使烫印机每烫一个书壳，烫料都能准确地传输至预定位置。手工上料则是将烫料根据烫印面积裁切成小尺寸规格，手工放在书壳表面上供烫印使用。

4. 烫印操作

烫印机经试烫合格后就可进行烫印加工。半自动烫印机（见图 7－16）在工作过程中需将下平板抽出放上书封壳进行烫印，待烫印完毕再将书壳拿出；全自动烫印机（见图 7－17）可自动完成书壳进料及输出。烫印时，需确保烫印温度、压力及时间正确，即根据烫料及书壳面料性能，控制烫印各参数。烫印要求：书壳定位要准确，不歪斜；多色烫印的规矩应一致；不可出现漏烫、重影、露底、发花、糊版、断画等现象；压痕要凹凸清晰。烫印书背字误差要求见表 7－2 所示。

5. 清理操作

清理即对烫面进行清理，烫印完毕需将书壳表面多余烫料清理干净，使字迹清晰、花纹细致、封面整洁美观。操作时，可用棉布或竹板顺着图文边沿，擦抹多余烫料，擦抹时不可将图文损坏。此外，还需检查烫印后产品，对不合格品及时剔除或返修。

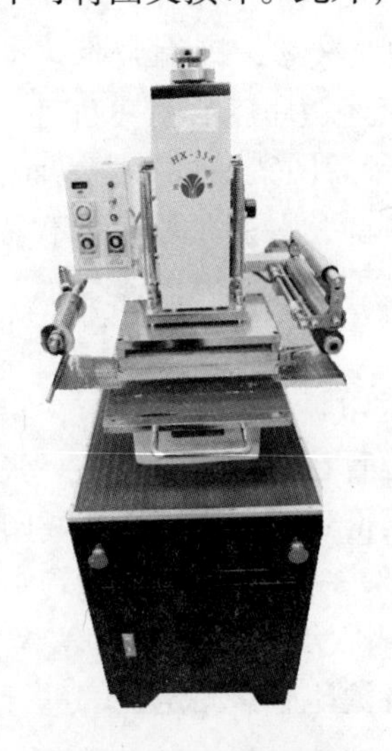

图 7－16　半自动烫印机

图 7－17　全自动烫印机

表 7－2　烫印书背字误差要求

书背厚度（mm）	误差范围（mm）
≤10	≤1.0
>10，≤20	≤2.0
>20，≤30	≤2.5
>30	≤3.0

任务三　套合加工操作

精装书芯加工完毕包粘上一层硬壳书封面的过程称为套合，套合工艺流程为涂中缝胶→套壳→压槽→扫衬→压平→干燥→成品检查→包护封→套书盒→包装→贴标识。

一、套合造型

套合造型是精装的最后一道工序，其造型精致与否直接关系到书籍的外观质量。除进行活套和黏合套以外，套合还具有方背、圆背等造型。

1. 方背套合

（1）方背平脊

方背平脊套合其封面与书芯吻合粘衬后无须压书槽、扒圆，书封面纸板、中径纸板为1mm 的薄形纸板，粘衬后进行压实，使书封面、封底与书背各成 90°角。

（2）方背方脊

方背方脊造型与方背平脊相同，但中径纸板与封面、封底纸板相对稍厚，封面与书芯吻合后再经压槽成型，中径纸板上下面边线形成书脊。

2. 圆背套合

圆背套合造型分为圆背真脊和圆背假脊两种。圆背真脊即经过起脊造型后套合的书籍形式，圆背假脊指不起脊而利用书背圆势与纸板厚度间隔缝压挤出书脊的形式。根据黏合造型又可分为软背（见图 7－18）、硬背、活腔背三种。

图 7－18　套合造型

（1）软背

软背即书背为软性的精装书籍，此类书籍在套合时与书芯的背脊纸直接粘连，不受圆背和方背限制。中径纸一般采用厚0.5mm以下的薄卡纸，在翻阅时可以任意打开铺平，但由于书背与书壳中径纸直接粘连，因此翻阅次数较多易出现书背字迹脱落现象。

（2）硬背

硬背即书壳中径粘上硬质纸板后再与书芯后背纸粘连，硬质书背可有效维护书背字迹的持久性，但由于书背被中径硬纸板所固定，翻阅时打开性较差。

（3）活腔背

活腔背即在书芯做背后，贴上环形背脊纸，使背脊纸内侧与书芯背粘连，书封面套合后，在翻阅时环形背脊纸外侧随书封中径向外拱出，环形背脊纸形成空腔。活腔背可增强书芯牢度，使书背外形平服美观。

二、套合加工操作

套合操作分手工和机械两种，本任务介绍手工套合操作过程，机械套合请参见精装联动线操作任务。手工套合工艺流程包括涂中缝胶→套壳→压槽定型→扫衬→压平→压槽成型等工序。

1. 涂中缝胶

将书壳展开反放，用刷子蘸取胶黏剂均匀涂抹在两条中缝处（见图7－19），中缝涂胶主要是将书槽与书芯背脊处的纱布及书页表层黏结，起到书芯与封面套合定位的作用。涂中缝胶要求：胶黏剂应涂抹均匀，涂抹长度以压住包边为准；涂抹位置需准确，不可涂在书封纸板上，避免干燥后将环衬扎破造成次品。

图7－19　涂中缝胶

2. 套壳

书芯与封面按要求相互套合并定位的工艺称套壳。操作时，将书脊对齐书槽、天头、地脚、口子等进行定位，一手按住书芯，另一手将书壳从书背随圆势向上复合至书芯上面，并将复合后的书籍捏紧取起。检查头脚、飘口规格无误后进行压槽定型，然后进行第二本书籍套壳，待第二本套合完毕取出前一本经压槽定型的书籍，如此交替进行。套合要求：套合前检查书芯与书封顺序是否正确；套合规矩以飘口为准，做到套合后三边飘口一致，不歪斜；飘口宽度以32开及以下（3±0.5）mm，16开（3.5±0.5）mm，8开及以上（4±0.5）mm为准；套合后书籍应立即定型，避免错动变形。

3. 压槽定型

套合后的书籍应立即进行压槽定型，压槽定型方法有三种，即使用铜线板压槽、使用压槽机压槽、使用金属条压槽。目前多使用压槽机压槽，其具有速度快、热压定型效果好等优点。压槽定型要求：压槽时间正确，即胶黏剂没完全干燥时就进行压槽定型；书槽与压槽板线凸出位置要对准不歪斜，书本要平防止压偏；压槽后的书册槽线平直无皱褶、破裂，压痕清晰、牢固、平整一致。

4. 扫衬

图 7－20 扫衬

扫衬是将压槽后的书册封二、封三与书芯上下环衬进行黏合。操作时，用较宽的软性毛刷蘸取胶水从衬页中间向三边均匀涂刷（见图 7－20）。扫衬要求：扫衬胶黏剂应根据封面材料质地进行选择，胶黏剂黏度以将环衬与纸板黏结即可；刷胶时应均匀，不花、不溢；涂抹胶黏剂后要在封二和封三中加一张覆膜垫纸用来吸潮，加垫纸时膜朝书芯，纸朝封面，书壳不易掀得过大，避免环衬出皱褶。

5. 压平

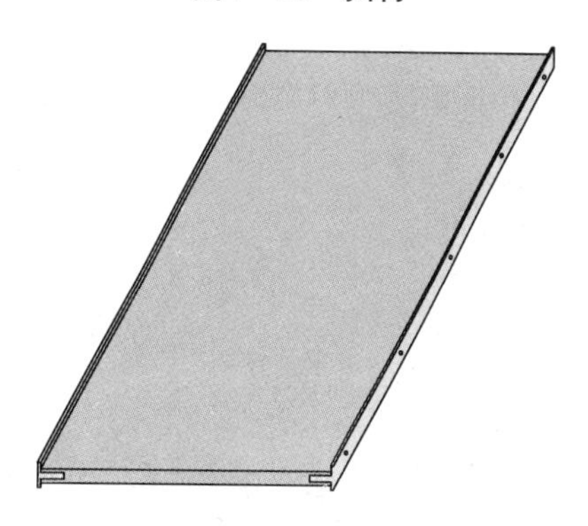

图 7－21 铜线板

压平是对扫衬后的书册进行压实定型加工，即将书册整齐错口堆放后送入压平机压平定型。压平要求：压平应在扫衬完毕马上进行，间隔时间不可过长，避免环衬不平出现皱褶；压平时书册不宜堆积过高，一般为 250～300mm 即可。

6. 压槽成型

压平后的书籍用铜线板（见图 7－21），即硬质木板边沿钉有 1.5～2.5mm 宽的铜条，将书槽压实定型的过程称为压槽成型。压槽成型要求：压槽时书脊朝外，上下书槽与两块铜线板需对准；每叠铜线到一定高度后在最上面一块铜线板上放上重物，书册不可移动，防止书本变形；压槽成型 12h 后，方可取出书本。

任务四 精装联动线操作

精装联动线是通过多台设备连接将待精装半成品书芯自动加工为一本精装书籍的设备组，即精装联动线可将书芯压平、背部刷胶、三面切书、扒圆起脊、粘堵头布、粘纱布、贴书脊纸、封面套合、压槽成型等多道工序连接起来进行加工的联动生产线。

精装联动线一般由 6～11 个单机组成，每个单机和全线生产均设有自动控制装置，同时部分单机还可单独生产，以适应各种活源的需要。精装联动线根据其生产速度的不同，功能多少的差异一般可分为紧凑型（见图 7－22）和标准型（见图 7－23）两类。

图 7－22 紧凑型精装联动线

图 7－23　标准型精装联动线

一、精装联动线操作

精装联动线型号较多，但其工艺原理、操作过程基本相同（见图 7－24），以下就以柯尔布斯紧凑型精装联动线为例介绍此类设备的操作方法。

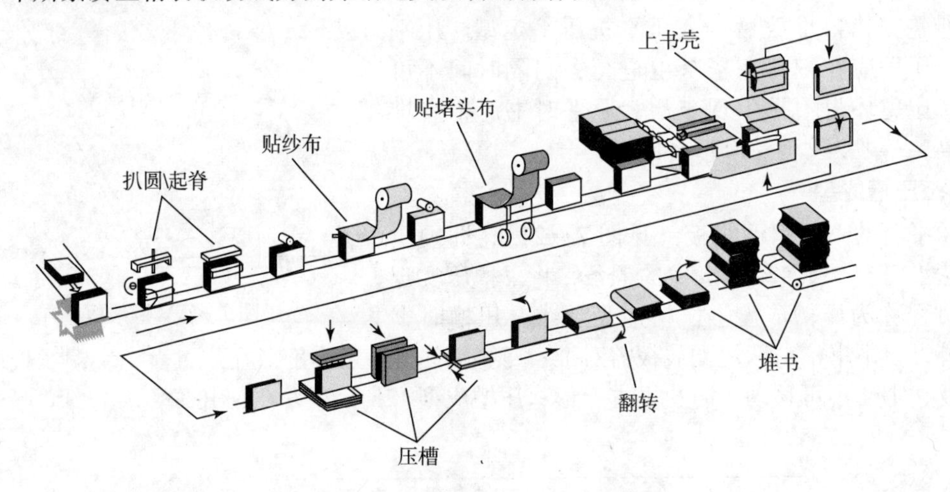

图 7－24　紧凑型精装联动线工艺流程

1．半成品供给操作

半成品书芯供给是精装生产联动线第一道工序，由半成品供给机来完成。操作时，根据书籍幅面大小调整好输送轨道两边的输送挡板，将半成品书芯后背朝下整齐地立放在贮台板上，并用压板将贮好的书芯进行挡压，避免书册倒塌或歪斜影响正常传送。半成品供给要求：上书芯前需检查有无锁线差错，如断线、散帖、漏锁、不齐等；贮放书册位置要正确，即齐头规矩在后，毛口在前；书芯输送轨道内两边的挡板距离应以书芯厚度为准进行调节，即两挡板距离比书芯厚度大 5～10mm。

2．第一次压平操作

书芯经供给机被传送至第一次压平工位。精装联动线均采用卧式压平机，将传送来的书芯进行压平，保证书芯平实且厚度基本一致。第一次压平要求：压平前应依书芯实际厚度调好压平机压力，避免过紧或过松；书芯经压平后应整齐，无歪斜、卷帖、缩帖等现象；压平后的书芯厚度应基本保持一致。

3．第一次刷胶操作

书芯经第一次压平后被传送至刷胶烘干装置（见图 7－25）。压平后刷胶是半成品书芯加工的第一次书背着胶，其作用是将订锁的书帖订缝线及散帖黏结在一起，使书芯初步定型。书芯第一次刷胶干燥程度达到70% ~80%即可。第一次刷胶要求：所选用胶黏剂以能将各帖之间联结为准；刷胶夹条及夹板的松紧以能将书芯夹住不易掉落为宜；刷胶辊与刮胶板高度以能将胶液均匀刷在书芯后背为宜；刷胶后的干燥程度，可依书芯厚度、纸质、胶液的的稠稀，对远红外线及加热器进行适当调节，温度过高书背胶黏剂易发脆影响扒圆起脊效果。

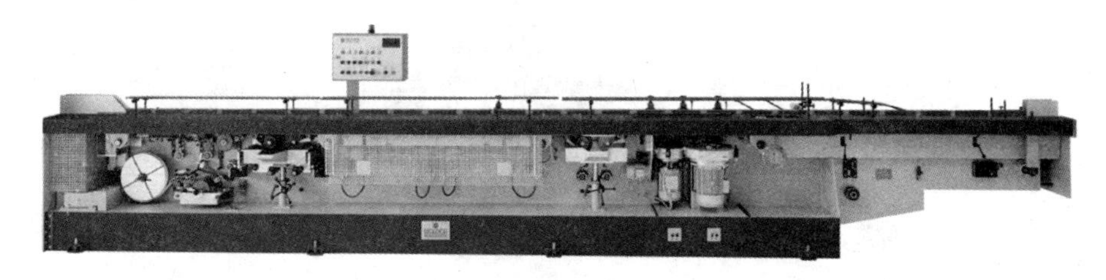

图7－25 刷胶烘干装置

4. 第二次压平操作

为保证精装加工顺利及质量稳定，精装联动线在加工中有两次压平，两次压平所使用设备相同。第二次压平的作用是使着胶后的书背宽度一致，平整定型，以供裁切和其他的造型加工。第二次压平要求：压力可比第一次压平稍大，不可过紧或过松，应特别注意将刷胶的订口边压紧、压平，使书芯裁切后每角均呈90°；经压平后的书芯厚度应相同，书背宽度符合所需尺寸要求。

5. 书芯堆积操作

书芯经第二次压平后被输送至堆积机，使一本本书芯堆积成所需高度。书芯堆积机的作用是为三面切书机自动送书做准备，若加工书册厚度大或幅面大也可不进行堆积，单本直接裁切。书芯堆积要求：书芯堆积各挡规应调节到位，不可过松或过紧；书芯堆积位置及高度要适当，保证书芯平稳进入三面切书机。

6. 三面切书操作

精装联动线所使用的三面切书机，与一般三面切书机基本相同，为了能自动切书并与其他单机匹配，在输入书芯部分采用了自动贮本形式，即由自动进本器将书芯送入夹书器，裁切完毕，再由推本器将书芯逐本推出，传送至下道工序。三面切书要求：进本器规格需根据书芯幅面大小进行调节，以能将书芯平稳送入夹书器为准；进本后的书册应不歪斜，四角垂直顶齐在夹书器靠板、侧规内；裁切后尺寸应一致。

7. 夹书签丝带操作

夹书签带装置可将裁切后的书芯用分本器从中间分开，输放丝带器将丝带夹入书芯中靠订缝一侧，丝带夹好后由切刀将其剪断，剪断后的丝带天头部分被下部胶辊着胶并压实。书签丝带长度与手工加工长度相同，可依书册幅面尺寸在设备上调节。

8. 扒圆起脊操作

书芯经夹粘丝带后做90°翻转，使书芯后背朝上或朝下进入扒圆起脊机。扒圆起脊操作一般连接在一起，先进行扒圆再起脊。

扒圆（见图7－26）是由一组圆辊将书芯压紧后做相对旋转运动，使书背扒成适当规格圆势，加工成圆背书芯。操作时，根据书芯厚度和幅面大小调节夹书器及扒圆辊规矩，使书芯进入夹书器内并送至扒圆辊之间，将书背扒成一定圆势。扒圆要求：夹书器对书芯的夹紧程度以能夹住书芯为准；当扒圆辊接触书芯时，夹书器应正处于松开位置；扒圆辊旋转角度以 90°为宜，并保持两辊的相对平衡，不可一上一下或歪斜偏心等；扒圆辊对书芯的夹紧力应依书芯厚度而定，一般两辊间距比书芯厚度小 5 ~ 8mm 为宜；扒圆圆势应根据我国精装扒圆加工要求，其角度 α 在 90° ~ 130°（见图 7 – 27）之间。

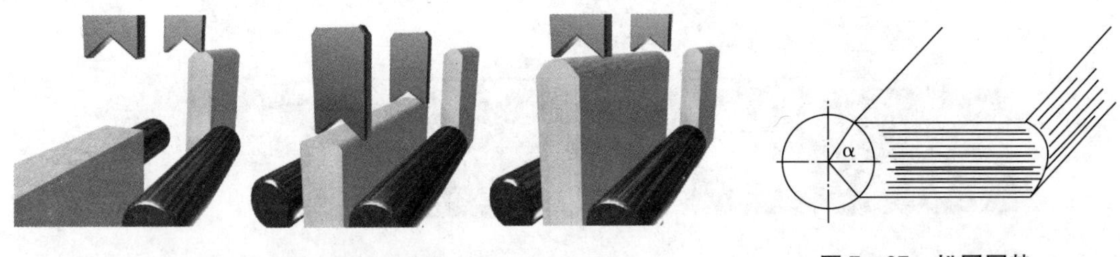

图 7 – 26　扒圆

图 7 – 27　扒圆圆势

起脊（见图 7 – 28）是将扒完圆的书芯由起脊楔形板（见图 7 – 29）在距离书背边一定位置时将书芯夹紧，起脊槽板沿书背压住后做往复摆动，使书背沿书脊两边发生变形，并受楔块板外形压挤，书芯背槽出现明显棱线的工艺。起脊槽板有多种规格，可根据书芯厚度和要求弧度大小进行选择。起脊要求：起脊楔形板夹紧程度应以书芯厚度为标准，一般两板间距比书芯实际厚度小 58mm 为宜；起脊楔形板与书脊距离 h 可依书脊所需高度决定，一般为 3 ~ 4mm（见图 7 – 28）；起脊槽板规格需与书芯厚度相符合，应选择比书芯实际厚度大 10 ~ 15mm 的槽板；调换起脊槽板时，起脊槽板中心线需与书芯厚度中心线垂直，不可歪斜；经扒圆起脊后的书芯圆势、脊高应一致，书芯四角上下垂直不歪斜，书脊无开裂、皱褶等。

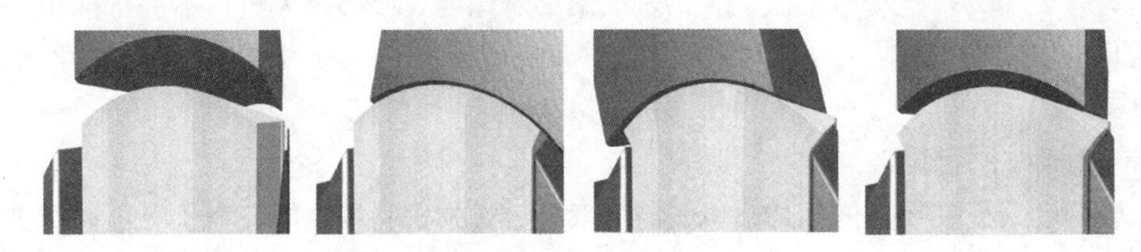

图 7 – 28　起脊

9．第二次刷胶操作

书芯经扒圆起脊后进入第二次刷胶工位。第二次刷胶是为粘纱布所用，通过上胶辊旋转在书背上着胶。上胶辊规格一般分为特薄本与特厚本两种，应根据具体情况进行选用。第二次刷胶要求：所选用胶黏剂以能将纱布粘牢为准；刷胶面积以纱布长为依据，一般书背两端应各留 10mm；刷胶要均匀，胶辊与书背接触距离正确，不可过高或过低；胶轮两侧刮板要经常清理，避免失去刮胶作用；时刻注意由于温度、胶液稠稀度、胶辊与书脊接触不当等问题出现的拉胶现象，若出现拉胶应及时处理。

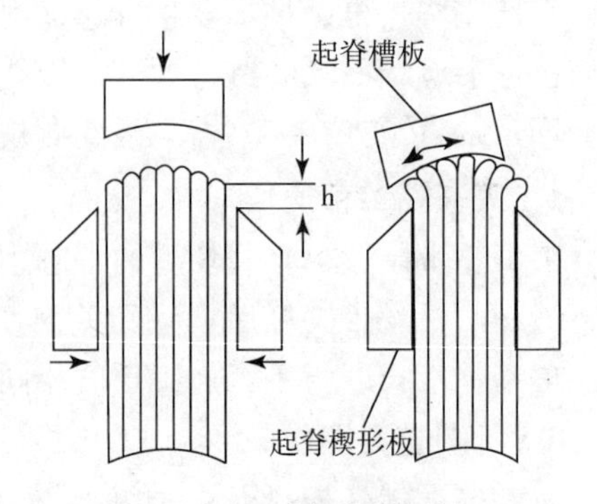

图 7 – 29　起脊楔形板

10．粘贴纱布操作

书芯经二次刷胶后，进入粘贴书脊纱布工位，即在书背上粘贴一块比书芯短 20mm，比书背宽 40mm 的书脊纱布。其作用是使精装书背与书壳的粘连更加牢固。粘贴纱布要求：书脊纱布长、宽要与书册长、宽相适应；书脊纱布需居中粘于书背上，不可歪斜；书脊纱布应粘牢，不掉落或被拖下。

11．第三次刷胶操作

书芯粘完纱布后立即被传送至第三次刷胶工位，此次刷胶是为粘贴堵头布与书脊纸。第三次刷胶要求与第二次相同，此处不再赘述。

12．粘贴堵头布与书脊纸操作

粘贴堵头布与书脊纸时，先依书背长度裁卷好书背纸，根据书背宽或弧长调节输送长短及位置，使堵头布与书脊纸粘贴在书背上。粘贴堵头布与书脊纸要求：粘贴好的堵头布，线棱部分应整齐地露在切口上，不歪斜且不与切口齐平；书脊纸应居中粘在书背上，两端留有 2～4mm 余量；粘贴好的堵头布与书脊纸要平整，无皱褶、起泡及掉落现象。

13．套合操作

书芯进入套合工位（见图 7－30）后，由分本器将书芯中间分开送入套壳传送板内，由于传送板上升使书芯经过两个相对旋转的刷胶辊进行前后环衬刷胶，此时到位的书封壳被准确地套在书芯上，经套合后的书册被送入压槽装置。套合操作时，先根据书芯厚度调节扫衬刷胶辊间距，再依书壳幅面及中径宽度调节贮书壳台及套合定位规矩，使书芯与书壳套合位置准确无误。套合要求：扫衬的胶黏剂一般用冷胶，其黏度以能将环衬粘在书壳上即可；刷胶辊间距应比书芯厚度小 3mm 左右为宜；书芯上、下环衬接触书壳后要粘平，无卷边角或皱褶；输送书壳与上升书芯需保持在同一水平面上；夹辊与夹板间距要得当，以不影响传送并能将环衬滚平为准；套合后的书册，环衬应平整，无皱褶、折角，三边飘口均匀一致。

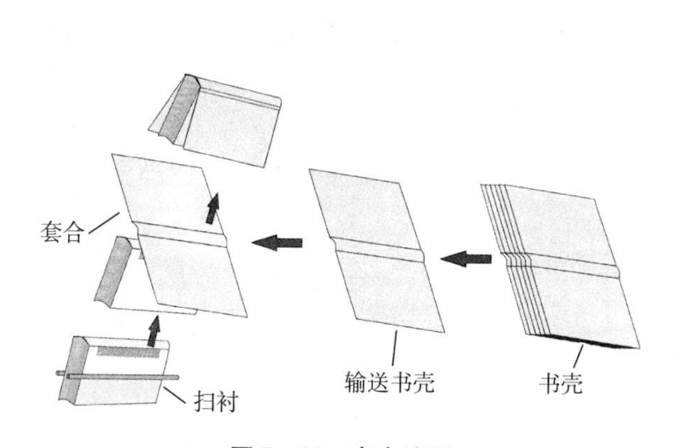

图 7－30　套合流程

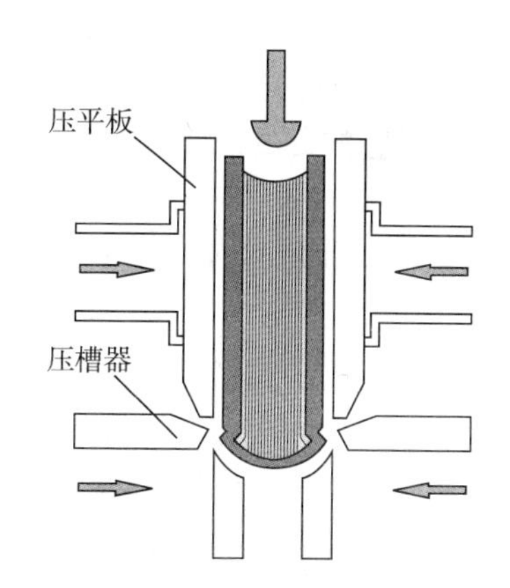

图 7－31　压槽成型

14．压槽成型操作

套合后的精装书进入压槽成型机，压槽的作用是使书封与书芯连接牢固，增加书籍美观程度并方便翻阅。压槽成型要求：压平板（见图 7－31）间距应比书芯厚度小 6mm 左右，其压力以能将环衬与书壳压平，无起泡、皱褶为标准；压槽器间距应比书芯厚度小

4mm 左右；压槽成型各装置在调节时应保持间距的一致性；压槽后的书册，其书槽应整齐一致，深度适当，一般为3mm 左右，并保证书册放平后四角垂直不扭斜。

15. 翻转机构操作

压槽成型后的书册，经翻转传送至自动堆积部分，由自动堆积装置将传送来的书册逐本错开堆积成一定本数后推出。

16. 上护封操作

部分精装书籍设有护封，护封是指套在书籍封面外部的包封纸，起到保护书籍，提高书籍美观程度的作用。为了使护封紧密地包裹在封面外部，书籍采用前后勒口的设计，使宽出书面部分折向封皮内。护封的包裹可通过护封机（见图 7-32）来实现。

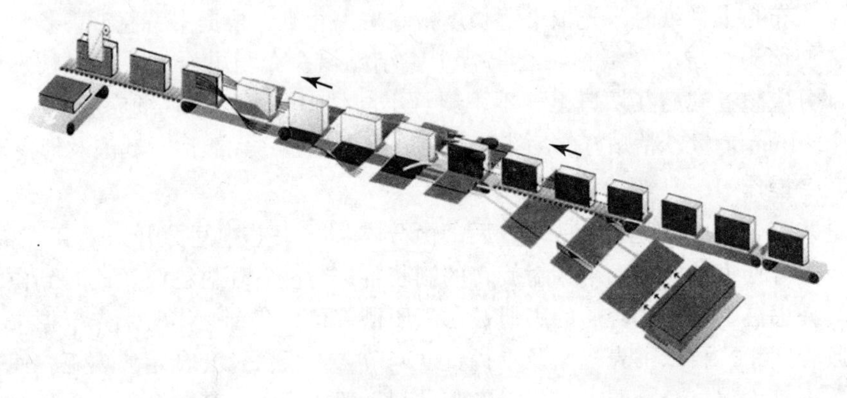

图 7-32 护封机

二、精装质量标准与要求

1. 书芯加工

（1）书芯裁切尺寸及误差符合 GB/T 788 规定，非标准尺寸按合同要求，纸板尺寸误差 ±1.0mm，护封尺寸误差≤1.5mm，书芯、纸板歪斜度以对角线测量为准。

（2）书芯圆背的圆势应在 90°~130°，起脊高度为 3~4mm，书脊高与书芯表面倾斜度为 120°±10°。

（3）方背堵头布长以书背宽为准，误差 ±1.5mm，圆背堵头布长以书背弧长为准，误差范围 1.5~2mm。

（4）丝带长应比书芯对角线长 10~20mm；丝带宽 32 开本及以下为 2~3mm，16 开本及以上为 3~7mm。

（5）书背布长度应短于书芯 15~25mm，书背布宽度应大于书背宽 40~50mm。

（6）书背纸长度应短于书芯 4~6mm，书背纸宽度应与书背宽相同，8 开以上书籍书背纸宽度可与书背布宽度相同。

（7）书脊纸长度应短于书芯 2~4mm，书脊纸宽度应是书背宽的两倍加 5mm。

（8）书芯加工严禁使用植物类黏合剂。

2. 书壳加工

（1）纸板含水量不应高于 12%，储存温度应为 5℃~30℃，相对湿度应为 50% 左右，严禁露天放置。

（2）方背书壳中缝尺寸应为两张书壳纸板厚度加6mm，圆背书壳中缝尺寸应是一张书壳纸板厚度加6mm。

（3）圆背书壳中径宽应是书背弧长加两个中缝宽，方背书壳中径宽应是书背宽加两个中缝宽和两张书壳纸板厚。

（4）32开本及以下飘口宽为30mm ±0.5mm，16开本飘口宽为35mm ±0.5mm，8开本及以上飘口宽为40mm ±0.5mm。

（5）书壳包边宽为15mm。

（6）书壳接面连接边宽12～14mm，粘口宽4～6mm。

（7）书壳纸板长应是书芯长加两个飘口宽，书壳纸板宽应是书芯宽减2～3mm。

（8）书壳中径纸板长应与书壳纸板长相同，若为方背则宽应是书背宽加两张书壳纸板厚，若为圆背宽应是书背弧长或加1.5mm。

（9）整面面料长应是书壳纸板长加两个包边宽，整面面料宽应是两张书壳纸板宽加中径宽和两个包边宽。

（10）接面书腰长与整面长相同，接面书腰宽应是中径宽加两个连接边宽。

（11）接面面料长与整面长相同或加5mm，接面面料宽应是纸板宽加8～10mm。

（12）书壳制作使用动物胶时，胶温应保持在（75 ±10）℃之间，胶与水的比例一般为1∶3左右。

（13）聚乙烯醇（PVA）使用温度应是（45 ±10）℃，胶与水的比例一般为1∶2左右。

（14）书壳纸板和中径纸板组合正确，尺寸允许误差为长≤1.5mm，宽≤2.5mm。

3. 套合加工

（1）套合后，三面飘口一致，书的四角垂直，歪斜误差≤1.5mm。

（2）压槽线板高应为3mm，宽应为3～4mm。

（3）书槽应整齐牢固，深、宽为（3 ±1）mm。

三、精装常见故障及排除方法

（一）书芯加工

1. 扒圆圆势不符合要求

（1）手工扒圆时，捻书操作不符合要求。手工扒圆时，应捻书入手2/3后再扒圆。

（2）扒圆前书背胶未润湿。扒圆前要将书背胶润湿，使书背柔软，易定型。

（3）手工扒圆后未进行自检校正。手工扒圆后要用手揉书芯，以校正圆势与垂直度。

（4）机器扒圆时扒圆辊调整不当。根据书芯厚度正确调整扒圆辊的夹紧度。

（5）机器扒圆后书芯在联动线上颠簸。少停机可减少书芯在联动线上的颠簸时间。

2. 起脊后棱脊不突出

（1）手工起脊时，下锤位置不正确或脊高留分过小。手工起脊时，下锤位置应在书脊中间，受力应在两边，用力时应先拉后锤，将书帖砸倒向两边时再砸脊部。

（2）砸脊用力不当，棱脊无法突出。机器起脊时，楔块应与书背接触，以将书背压住且能使其变形出脊为宜。

（3）机器起脊时，楔块与书背间距不当或楔块弧长与书背弧长不相符。楔块弧长应根据书册厚度而定。

3．扒圆后书芯前口呈梯田状

（1）书帖折数过多，纸张过厚。需扒圆的书册，其书帖折数不宜过多，一般定量为$50g/m^2$以上的纸张最好不要超过4折。

（2）选用了铜版纸。2折以上的铜版纸书帖最好不要扒圆。

（3）圆势过大。扒圆弧度应在90°～130°，若圆势过大，前口易呈现梯田状。

4．方背书芯前口裁切后凹凸不平

（1）书帖内空气未被完全排除，书页形成波浪形。机器折页时，要正确调整滑口刀，以保证书帖内的空气全部排除。

（2）手工折页时未压住书芯就开始刮，导致折缝跑空，书页翘曲不平，造成书帖内的空气无法排出。手工折页时，要按压住书芯后再将其刮平实，以保证书帖折后平服、压实。

（3）锁线针眼过大而线过细，造成裁切后书页游动。锁线机底针最好选用细针，避免因线径与针的直径悬殊过大而造成书页游动吐出。

（4）书册过厚时不要扒圆，否则前口易呈现梯田状。厚度在20mm以上的书册，最好做成圆背，不要做成方背，因方背一经翻阅就会造成前口吐页不齐。

5．扒圆起脊后书背开裂

（1）书背第一次刷胶时，胶液的种类不当或强度不够。严禁使用面粉糨糊等植物类胶黏剂作为精装书背用胶，可选用动物类胶黏剂中的骨胶或合成树脂类胶黏剂。

（2）涂胶不均匀，有漏涂部位。在胶黏剂的强度、黏度均合格的情况下，涂抹时应薄而均匀，胶量不宜过多、过厚。

（3）胶黏剂老化，涂后断裂。不可使用过期或老化的胶黏剂。

（4）砸脊或扒圆时用力不当。砸脊时用力要得当，要先轻后重。

（5）扒圆时书背胶黏剂未润湿而出现干裂。扒圆时应将书背胶润湿，不可干扒。

6．粘堵头布后两端出毛或弯曲、皱褶、不挺括

（1）堵头布过软、不挺括。堵头布要先用稀释的胶黏剂过浆，干燥后再使用。

（2）手工粘堵头布时未拉紧、压实、粘牢。粘堵头布时，要先将书芯压实，再将堵头布拉紧且压实后粘牢、粘齐。

（二）书封加工

1．圆角书壳糊制后棱角不光滑

（1）塞角方法不当。可用斜形、长把、不锋利的金属刀或用大拇指指甲进行手工塞角，也可用塞角机进行塞角。

（2）塞角折痕过少。塞角后的折痕越多越好，不可少于5折。

（3）塞角后未压实。手工塞角后要用木榔头将折角砸实、砸平。

2．书壳糊制干燥后表面起泡

（1）糊壳的胶黏剂选用不当。要选择水分少、黏度高、黏结力强的胶黏剂，严禁使用面粉糨糊等植物类胶黏剂。

（2）胶黏剂老化，已无黏结能力。严禁使用老化的胶黏剂糊制书壳。

（3）涂抹时不均匀或有漏涂部位。涂抹胶黏剂时要适当，涂满、不溢、不花且无漏涂现象。对于空泡可用医务针管灌胶，然后用针将空泡扎破后注入胶黏剂，并用手将推进的胶液推平、推匀，再用刮板轻轻刮平，并将多余的胶黏剂刮出擦净。

3. 书壳烫印后糊版

（1）烫印温度过高。根据烫印材料和被烫物质地，正确调整烫印温度。

（2）烫印压力过大。根据被烫物质地及实际情况，选取最佳烫印压力。

（3）烫印版过薄，被烫物料又硬又厚。根据被烫物质地确定烫印版厚度，最薄为1.5mm。

4. 书壳烫印后花版

（1）烫印温度过低。根据烫印材料和被烫物质地，正确调整烫印温度。

（2）烫印压力过小。烫印压力应根据被烫物质地而决定。

（3）烫印材料与被烫物黏结不符合要求。当烫印温度过低或烫印压力过小时需进行微调。

5. 烫印材料烫不上或烫后脱落

（1）烫印版材料与被烫物不符。根据被烫物质地正确选择烫印材料。

（2）烫印温度过低。根据烫印材料和被烫物质地，正确调整烫印温度。

（3）烫印版过薄，烫印压力过小。根据被烫物的质地与厚度，确定适当的烫印版厚度与烫印压力。

（4）烫印材料本身无黏结能力。遇到烫印材料无黏结能力的情况时，应在被烫物的相应位置涂布助黏材料，以保证黏结的牢固。

6. 烫印面四边烫印不上或模糊

（1）上烫印版时四边未黏结牢固。上烫印版时，要先将烫印版背面进行腐蚀并用粗砂纸打磨，再将间隔的黏结纸边打毛后再黏结，黏结好的烫印版压实、粘牢后再使用，特别要注意四边的黏结。

（2）烫印面积大，烫印压力小。烫印面积越大，烫印压力也应增大，当烫印整版大幅面印迹时要加大烫印压力和提高烫印温度。

（3）烫印版材质过软，烫印数量过多。烫印大幅面书壳时，烫印版应选用铜版，而不是锌版，因为铜版传热、散热及弹性都比锌版好，且比锌版耐用，因此铜版最适合大幅面图文的批量烫印。

7. 凹凸压印不牢

（1）烫印温度过低。凹凸压印的烫印温度不能过低，一般只比有烫料的温度低5%～10%。

（2）烫印压力过小。烫印压力不可过小，应根据被烫物质地而定，使印迹清晰，牢固又不糊版即可。

（3）烫印时间过短。凹凸压印的时间要比有烫料的烫印时间略长，一般要增加一倍。

（三）套合加工

1. 套壳后三边飘口不一致

（1）书壳材料规格与书芯开本尺寸不符合。裁切各种材料的书壳时，必须依照书芯开本尺寸、书芯实际厚度及造型进行，不具备以上三个条件不允许开料裁切。

（2）裁切尺寸误差超标。各精装材料的裁切尺寸要求比较严格，一旦误差超标就不能再使用，依据国家 CY/T 27—1999 质量标准，书芯允差为 ±1.5mm，纸板与中径板允差为 ±1mm，封面料允差为 ±2mm。

（3）组壳时不符合标准要求。套壳时组壳若不符合要求，将导致三边飘口不一致，因此组壳时应有规矩板框，套合标准为上下允差 1mm，左右允差 2mm 。

2. 书槽不牢固

（1）套壳时中缝未涂抹胶黏剂。套壳时中缝必须涂抹胶黏剂。

（2）未上压线板压沟槽。套壳后必须压沟槽。

（3）压槽机的压槽时间过短或温度过低。压槽机的温度应视封面材料而定。

（4）压槽板线条规格不当。压槽板线条高度和宽度应符合要求，一般高度为 3mm，宽度为 4 ~ 5mm。压槽机压后的书册仍要上压槽板进行压槽定型，压槽定型时间一般为 3h 左右。

3. 成品书书壳向上翘曲不平

（1）纸板选用不当。书壳纸板应选用灰白色且具有轻、松、挺、平等特点的纸板。

（2）胶黏剂选用不当。胶黏剂应选择动物类胶黏剂中的骨胶，因为骨胶具有水分少、干燥快、定型效果好、黏结力强等特点。

（3）加工时外拉力大于内拉力。加工时由于纸板与封面横、竖纹的影响，会造成书壳翘曲变形，因此在扫衬时要使书壳的内拉力与外拉力平衡或内拉力略大于外拉力，才能保证书壳套合后保持平整。书壳糊制后不可烘干或暴晒，应自然干燥后立即堆积压平，以保持书壳合理的水分含量。

4. 扫衬压平干燥后环衬三边不粘或出现荷叶边

（1）胶黏剂使用不当。扫衬时应根据书壳封面质地正确选择胶黏剂。

（2）扫衬后未压平。扫衬后必须要压平。

5. 成品书翻不开、摊不平

（1）中缝尺寸留得过小。方背假脊中缝宽度应是两张纸板厚度加 6 ~ 7mm 槽宽，圆背中缝宽度应是一张纸板厚度加 6 ~ 7mm 槽宽。

（2）套壳后没有压沟槽就扫衬，因此环衬已定型拉紧，无法掀开、摊平。套壳后一定要先压沟槽再扫衬，以免环衬黏结牢固定型后无法将书壳摊平。

（3）中径尺寸过小。圆背中径应是弧长加两个中缝宽，方背假脊应是书背宽加两个纸板厚和两个中缝宽。

6. 扫衬后书芯上下表面出现皱褶

（1）扫衬时胶黏剂水分出现渗透。遇吸湿能力较强的环衬纸，在扫衬后应在环衬中间加垫一隔层覆膜纸以吸收胶黏剂水分，待成品检查后可将覆膜纸抽出留待下次用。

（2）扫衬后的压平时间短或压力不够。扫衬后必须压平，以防止环衬出现皱褶或黏结不牢。一般每一沓书的压平时间约为 5min 左右，压力以能将书压紧，环衬压平为准。

7. 扫衬后前口溢出环衬纸边

（1）环衬纸吸湿能力过大，胶黏剂涂抹后纸张胀出。涂抹吸湿能力较强的环衬纸时，胶黏剂用量不可过大，且涂抹次数不可过多。

（2）未压沟槽就扫衬。套壳后一定要先压沟槽后扫衬，特别是吸湿能力较强的环衬纸。

四、精装操作安全与设备保养

1. 精装操作安全

（1）操作前，脱开与上、下单机的离合器，检查各主要部件及易松动的螺丝并予以紧固。

（2）接通单机电源，单独点动本单机，检查是否正常。

（3）单机点动正常后，先开短车慢速运转几周，无误后由慢速变正常速度，挂长车空转几周，仍要观察有无问题。

（4）开气泵，将所装订的书芯用手工操作单独地放入本单机进行进本加工试车。

（5）进本顺利后，单机进行连续操作，并用手工将所生产出的书芯拿来放在工作台上，待正常生产后作为补空本用。

（6）各单机均依次做完以上的试调操作后，再进行一个单机以上的连接操作，并同时发出信号。

（7）联动前要逐个检查，并首先与本单机前或后的单机闭合离合器，当两个以上单机试本同样无误时，再进行三个以上或多机的联动运转并发出信号。

（8）多机种联动后，合上所有离合器进行全生产线试车，并发出全线试车生产信号。

（9）全线试车时，必须前后密切配合，左右相互照顾，有问题及时停车并发出信号。

（10）全线试车正确无误后，发出全线正常生产信号，由慢速逐步转为正常运转速度。

（11）当在全线正常运转中，某个单机由于某种原因需停机时，发出信号，必要时脱开离合器，进行单机单独排除故障，无误后再发出信号与其他单机联动继续进行正常生产。

（12）在单机单独排除故障时，其他单机生产的半成品书芯，可由手工将书芯拿出以补空本所用。

（13）结束生产线工作时，各单机要先关闭所用的控制系统，最后关闭全线电源。

（14）全线或单机停止生产后要清理各单机的输送轨道，并将未生产的书芯拿出，以免油脏，有刷胶装置的，要清洗干净，为下一班生产作好准备。

2. 精装设备保养

（1）工作开始前应对各单机主要部分进行检查并加注润滑油。

（2）每班工作结束前，应对各摩擦面及光亮表面涂以润滑油并对设备进行清洁。

（3）若设备较长时间搁置不用时，需将所有光亮面擦拭干净并涂以防锈油，用塑料套将整机遮盖。

（4）维修、保养机器零部件时，严禁使用违规工具及操作方法。

（5）每周应对各单机保养清理一次。将纸屑、杂物、油垢清除后，在凸轮、链轮等转动部件加适量润滑油。

（6）每周检查链条、传送带松紧程度，必要时予以张紧或更换。

（7）每半年对全线进行一次检修，磨损零件应及时予以置换。

训 练 题

一、判断题

1. 书芯压平机的三要素是压力大小、受压次数、受压时间。(　　)
2. 书芯压平机的压力越大越好。(　　)
3. 装订用黏合剂在使用过程中，不应产生气泡。(　　)
4. 电化铝、色箔、金属箔、色片等都是精装书籍的烫印材料。(　　)
5. 扉页是单张页。(　　)
6. 精装书籍套合后，天头和地脚的飘口是不一样的。(　　)
7. 精装书壳糊制后，需采用烘干方法进行干燥。(　　)
8. 精装书壳包角时，要防止露角、翘角、双角等弊病的产生。(　　)
9. 精装开本越大所用纸板的厚度也就越大。(　　)
10. 精装书壳包壳的顺序是先塞角再包边。(　　)

二、单选题

1. 书芯压平的作用是使书芯（　　）。
   (A)松弛　　(B)结实平服　　(C)变型　　(D)牢固
2. 压平后的书芯各角要保持（　　）。
   (A)90°　　(B)100°　　(C)110°　　(D)120°
3. 黏结材料的种类很多，材料来源极为广泛，目前应用最多的是（　　）。
   (A)动物胶类　　(B)淀粉基类　　(C)纤维素类　　(D)合成树脂类
4. 在书刊加工中封面材料占很重要的地位，它关系到一本书的整体（　　）。
   (A)订联　　(B)黏合　　(C)售价　　(D)装帧效果
5. 电化铝箔由（　　）层材料组合而成。
   (A)二　　(B)三　　(C)四　　(D)五
6. 精装书壳制作中，圆角塞角至少（　　）折。
   (A)三　　(B)四　　(C)五　　(D)六
7. 精装书壳包边时，(　　）应最后包覆。
   (A)天头边　　(B)地脚边　　(C)塞角　　(D)口子两边
8. 精装书籍套合时，应以（　　）规矩为准。
   (A)天头　　(B)地脚　　(C)飘口　　(D)口子
9. 扫衬黏合剂的（　　）度应适当，涂抹时应少而匀，不溢不花。
   (A)速　　(B)温　　(C)黏　　(D)湿
10. 飘口的作用是（　　）和使书籍外型美观。
   (A)装饰　　(B)保护书芯　　(C)保护书壳　　(D)防止书壳卷曲

三、简述题

1. 简述精装书芯压平操作要求。
2. 机器制书壳机操作前需做哪些准备工作？
3. 精装套壳操作有哪些要求？

项目八　切　书

教学目标

切书是按照成品尺寸要求对毛本书册天头、地脚、切口进行一次性裁切的过程，是书刊装订的最后一道工序。本项目通过设置切书准备、换刀操作、切书操作三个任务，使学习者在了解切书工作过程及三面切书机工作原理的基础上，重点掌握三面切书机的调节使用方法，并能排除切书过程中的常见故障。

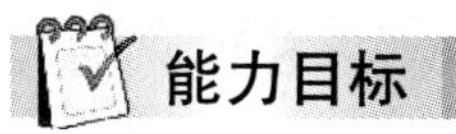

能力目标

1. 掌握三面切书机压书机构、裁切刀台调节方法。
2. 掌握三面切书机口子刀、头脚刀、划口刀更换方法。
3. 掌握半自动三面切书机操作方法。
4. 掌握切书常见故障的排除方法。

知识目标

1. 掌握三面切书机工作过程。
2. 掌握三面切书机种类及特点。
3. 掌握切书质量标准与要求。
4. 掌握三面切书机安全及保养知识。

任务一　切书准备

三面切书机主要用于裁切各种书籍、杂志等。该设备具有裁切精度高、速度快、劳动强度低等优点。三面切书机主要由进本机构、定位机构、压书机构、裁切机构、输出机构组成。其中裁切机构上装有三把裁切钢刀，分别为一把口子刀和二把头脚刀，口子刀位置固定，头脚刀可根据书刊开本大小进行调整。

根据自动化程度不同，三面切书机一般可分为半自动三面切书机（见图 8－1）和全自动三面切书机（见图 8－2）。半自动三面切书机由操作者采用手工贮本的传递方式，将书本堆叠成一定高度后送到定位部分，然后由机器自动完成夹紧、送书、压紧、裁切、推书、输出等动作。而全自动三面切书机与半自动三面切书机相比主要是在进本、输出等部分采用自动控制装置，因此一般用于装订联动线上。三面切书机的技术参数见表 8－1 所示。

图 8－1　半自动三面切书机

图 8－2　全自动三面切书机

表 8－1　三面切书机的技术参数

名称	半自动三面切书机	全自动三面切书机
未裁切最大尺寸	410mm×310mm	460mm×350mm
成品最大尺寸	380mm×260mm	434mm×310mm
成品最小尺寸	126mm×92mm	100mm×70mm
最大裁切高度	70mm	80mm
最小裁切高度	2mm	1.5mm
裁切速度	23 刀/分	110 刀/分
调机准备时间	30min	5min

一、三面切书机工作过程

1. 半自动三面切书机工作过程

半自动三面切书机工作过程为：夹书器夹书→夹书器送书→压书器压紧→头脚刀裁

切→口子刀裁切→输出书叠。操作时先接通电源，释放各紧急停止按钮，关闭前后防护罩，按下启动按钮使机器处于待命状态。将毛本书叠以书背朝向操作者的方向放入夹书器压舌板下，书背需与压书器挡扳接触，书叠左侧需与左挡规接触。待压舌板自动夹紧后推送书叠至裁切部位，书叠定位，压书器下降压紧书叠，压舌板松开自动退回。左右头脚刀同时下落，按设定尺寸裁切书籍天头、地脚，当头脚刀裁切完毕开始回升时，口子刀随之下落裁切前口。裁切结束后，口子刀与压书器上升复位，推书爪将成品书推至传送链上，纸屑由废纸斗排出，这样就完成了一次裁切工作过程。见图 8－3 所示。

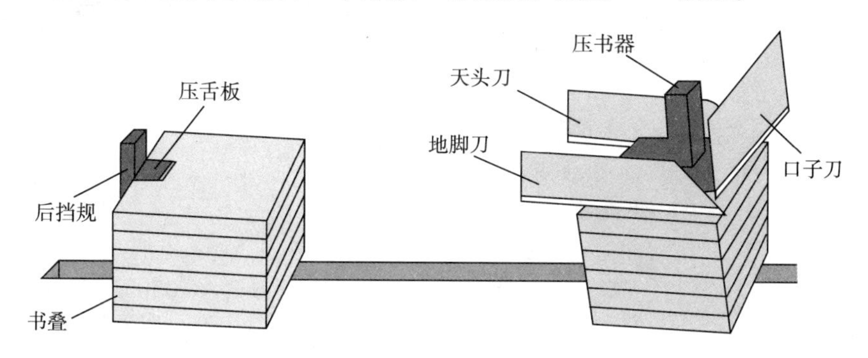

图 8－3　半自动三面切书机工作示意图

2. 全自动三面切书机工作过程

全自动三面切书机工作过程（见图 8－4）与半自动机型无本质区别，只是该类机型在工作时无须手工进书，只需向贮书斗内放入书本，当书本达到一定量时，推书块自动将毛本书叠推出，其后续工作与半自动型相同，此处不再赘述。

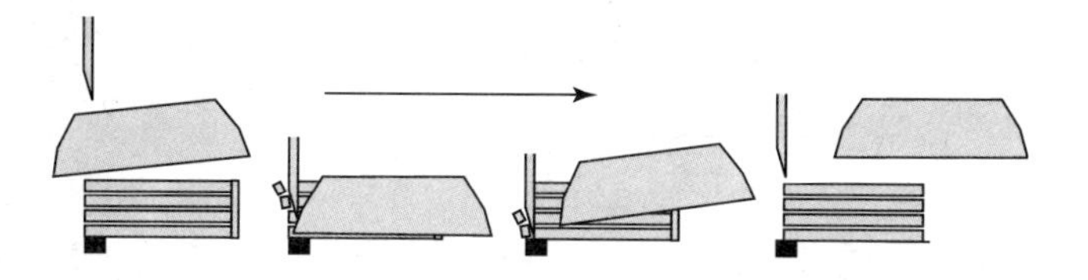

图 8－4　全自动三面切书机工作示意图

二、压书机构准备

压书机构的作用是在裁切前将被切书叠压紧，使裁切过程中书叠可固定在原位，保证书叠不产生位移及刀刃切入书刊时不变形，提高裁切质量。压书机构的核心部件为压书板（见图 8－5），也称压垫或千斤，由钢座压脚、木夹板、衬垫板组成。在生产操作前，一般需根据书本规格尺寸预先制好木夹板和衬垫板，将木夹板与钢座压脚连接，并在木夹板上粘贴衬垫板。

1. 钢座压脚选择

裁切不同规格书本时应根据要求选择钢座压脚（见图 8－5）。一般半自动三面切书机会配置 3 种以上规格钢座压脚以供选择，选择时要确保压脚比木夹底板小。钢座压脚顶部有一块倒梯形块，其后端开有长槽用来定位，倒梯型块上两个螺钉可与钢座压脚连接，压书板则通过倒梯形块与压书架的梯形槽进行装配。

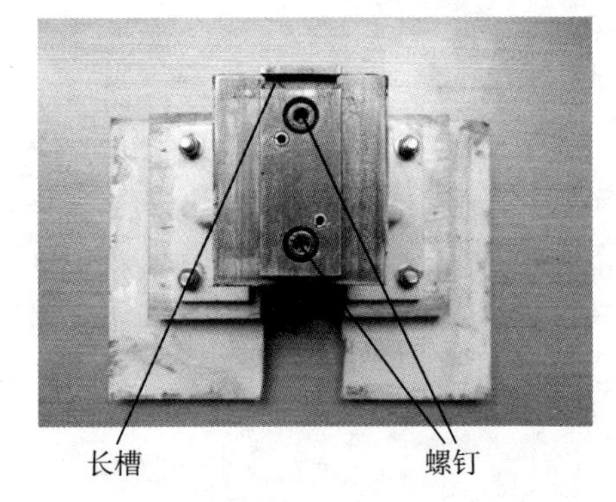

图8-5 压书板

2. 木夹板选择

木夹板（见图8-6）亦称压头板，是一块厚20mm的多层夹板，具有高硬度、不变形等特点。一般半自动三面切书机会配置5种以上木夹板以供选择，分别为64开（110mm×75mm木夹板）、32开（198mm×125mm、160mm×105mm木夹板）、16开（280mm×185mm、255mm×162mm木夹板）。挑选时木夹板四边应比书本裁切尺寸略小，若随机附带木夹板尺寸不符合要求，也可自行制作。需特别注意的是木夹板与口子刀间距应大于7mm，与头脚刀间距应大于5mm，否则在裁切时刀架会与木夹板发生碰撞。

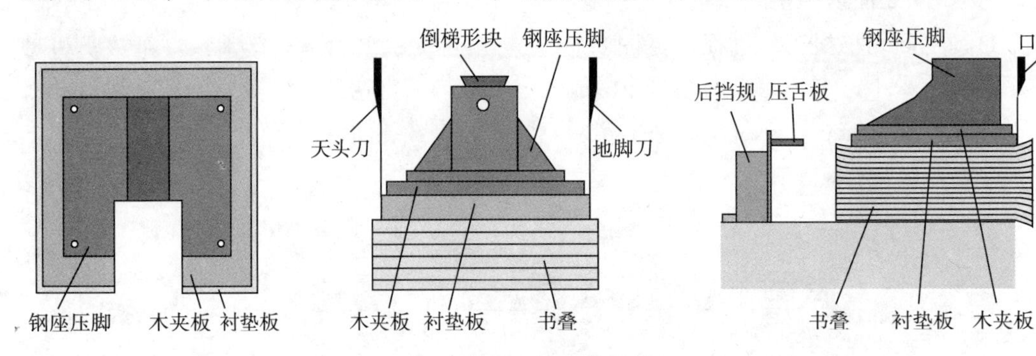

图8-6 压书板示意图

3. 衬垫板制作

衬垫板（见图8-6）一般用厚度为2.5~3mm的灰白纸板裱糊而成，其尺寸比木夹板各边略大3~5mm，面积应大于裁切书本，多余部分可在第一次书本裁切时裁去，通常木夹板与衬垫板总厚度应控制在40mm左右。需要注意的是半自动三面切书机衬垫板不能太大，否则前侧会与送书小车发生碰撞，全自动三面切书机衬垫板四边均不可过大，否则会与规矩相撞，损坏衬垫板或机件。

4. 压书板安装

压书板装卸时，一定要将口子刀调整至最高位置，压书架处于最低位置。操作时，首先按下紧急停车按钮使机器处于自锁状态，然后将机器工作状态旋钮拨至手动位置（见图8-7），此时电磁制动器通电，插入盘车手柄（见图8-8）至机身侧面，顺时针盘动机器，当口子刀达到最高点，压书架下降到最低点时停止盘车操作，拔出盘车手柄，将机器工作状态调回至自动状态。

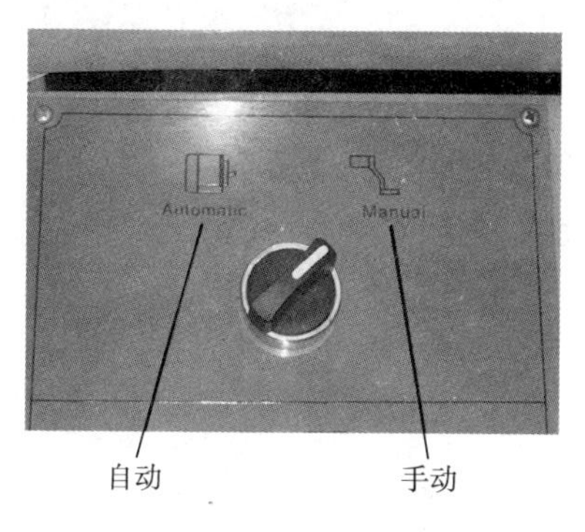

图 8－7 工作状态旋钮

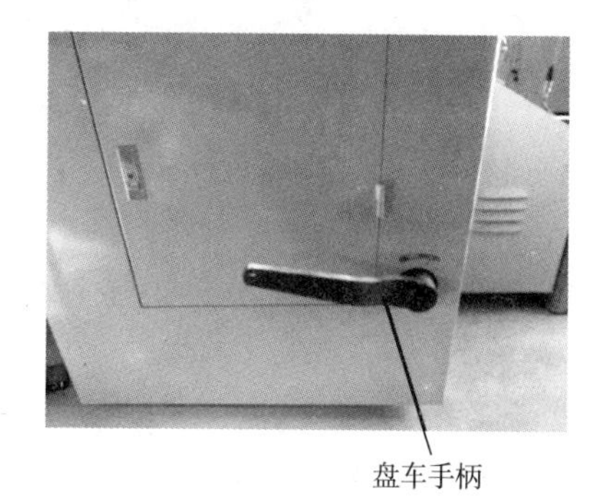

图 8－8 盘车手柄

压书板应从机器后部装入，将压书板上倒梯形块（见图 8－9）对准压书架梯形槽，向前推入压书板使倒梯形块完全嵌入压书架梯形槽中，旋转销轴 180°，使其缺口向上，使用内六角扳手顺时针拧紧压书架侧面的锁紧螺钉即完成了压书板的安装。拆卸压书板时，按上述操作相反顺序执行即可。

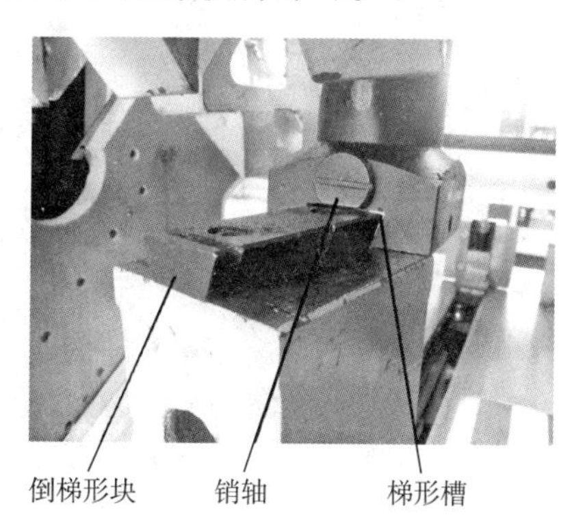

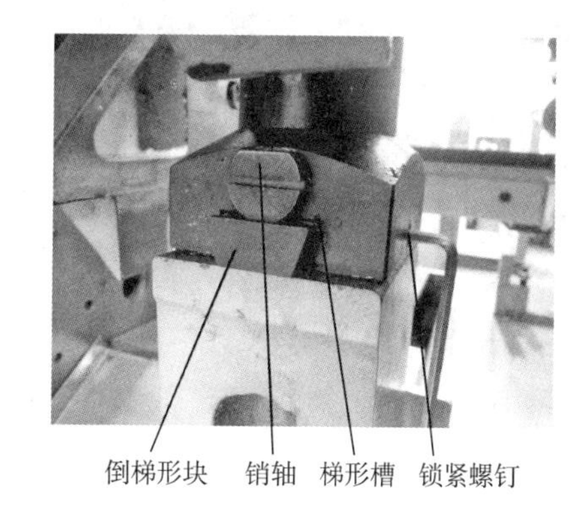

图 8－9 压书板安装

5．压书板压力源调节

压书板上升或下降由凸轮（见图 8－10）控制，其压力源是通过弹簧组拉动摆杆而获得的，拉簧对摆杆拉力越大，则压书器压力越大，反之越小，调节时应以压书板压力不造成书叠变形为准。旋转螺母使螺杆缩进或伸出改变簧距，顺时针转动螺母，拉簧拉伸，压书板压力增大，逆时针转动螺母压力减小。一般裁切小规格开本时使用较小压力，裁切大规格开本需适当加大压力，对于硬质材料使用小压力，而软性材料则使用大压力。

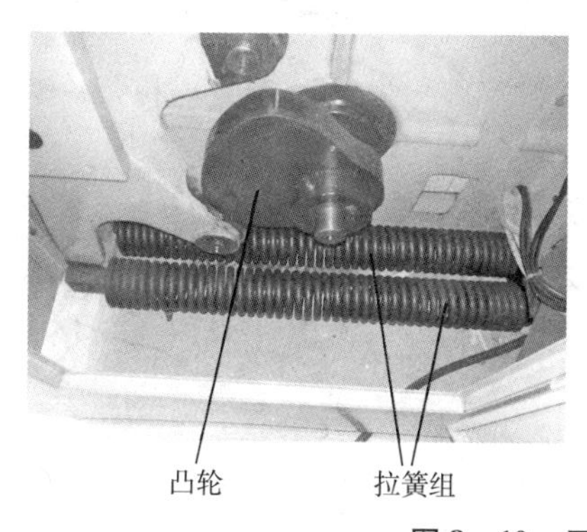

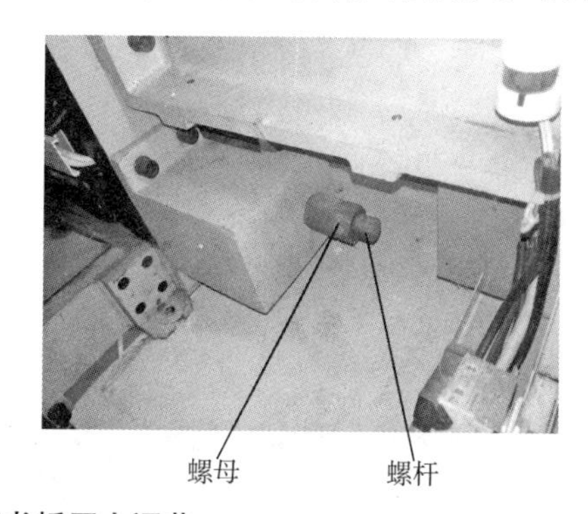

图 8－10 压书板压力调节

三、裁切刀台准备

裁切刀台是三面切书机的工作平台，要求平整度、平直度、刚性好，能保证书叠平稳运行，受冲击不位移。裁切刀台长度，即书叠最大裁切宽度固定不变；刀台宽度，即书叠头脚裁切长度可随着书册幅面的变化而调整。裁切刀台一般可分为组合式和整体式。

1. 组合式刀台

组合式刀台（见图8－11）是由垫钢板和衬钢板拼装而成，其刀台宽度可根据衬钢板（见图8－12）宽度调整。一般组合式刀台宽度应比书本裁切尺寸大6mm，这样既有利于切刀垫板多次翻转使用，又可使纸屑排除通畅。组合式刀台左、右、前端台面边缘均开有凹槽，用于切刀垫板的镶嵌。更换刀台规格时，只需将衬钢板按裁切开本尺寸调换即可，衬钢板一般有多种规格，若裁切书册幅面较大可使用较宽的衬钢板或使用多块衬钢板，小幅面书册则使用窄的衬钢板。

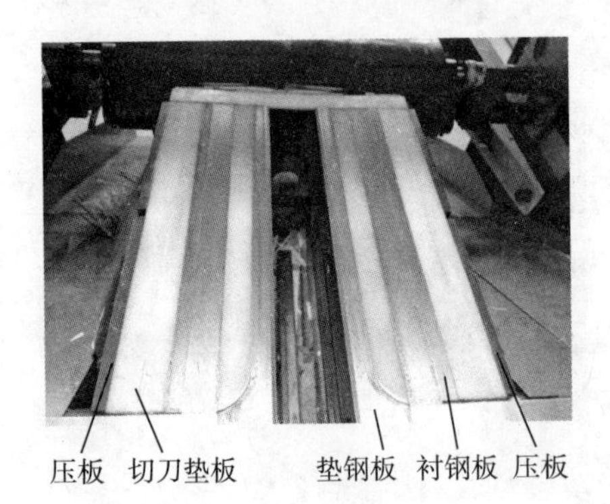

图8－11　组合式刀台

图8－12　衬钢板

2. 整体式刀台

与组合式刀台不同，整体式刀台（见图8－13）并无衬钢板，而是一整块较宽的垫钢板。刀台宽度应比书本裁切尺寸大5mm，刀台左、右、前端台面边缘同样开有凹槽用于切刀垫板镶嵌。裁切不同的尺寸规格可以选择不同的垫钢板，采用整体式刀台的三面切书机一般配有多套不同规格的刀台及对应压书板（见图8－14），可满足8开、16开、32开、64开等多种书册幅面的裁切需求。

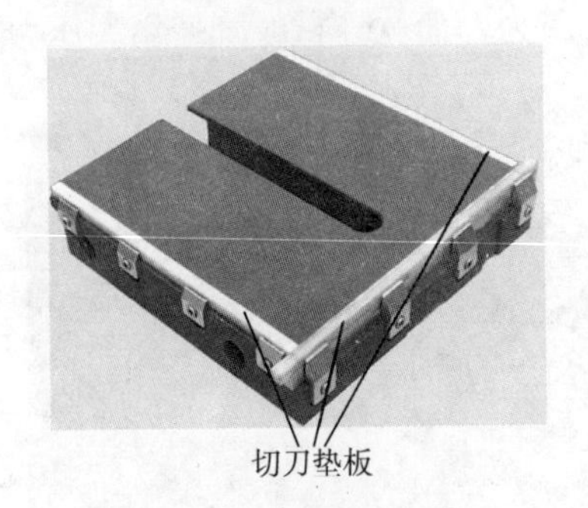

图8－13　整体式刀台

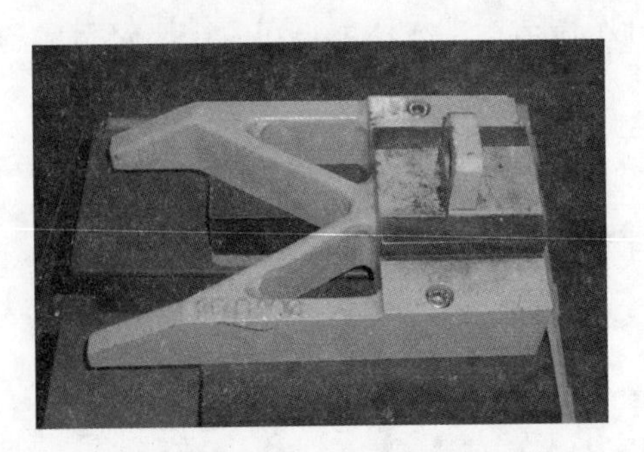

图8－14　配套压书板

3. **切刀垫板安装**

切刀垫板即刀条，一般由塑料或尼龙制成，其材料对裁切质量有直接影响。若材料过软，垫板上刀痕逐渐变宽加深，易造成最下部书页切不断，若材料太硬，则刀片容易钝化，缩短寿命，甚至出现刀花等弊病严重影响切书质量。三面切书机上装有三根切刀垫板，分别为一根口子刀垫板（见图8－15）和两根头脚刀垫板（见图8－16），若机器使用组合式刀台则垫板厚度一般为3mm，宽度25mm，若为整体式刀台，则厚度为10mm，宽度10mm。

切刀垫板安装时，需注意口子刀垫板和头脚刀垫板接缝处必须紧密，不允许有间隙，避免切书时书页嵌入缝隙内造成损页、连刀或阻塞等现象。此外安装好切刀垫板的刀台要平整、光洁，如遇切刀垫板厚度不同时，可采用调换或塞垫纸方法使之平整。

（1）口子刀垫板安装

口子刀垫板的长度与刀台宽度相同，需预先制备，安装时将裁切好的切刀垫板放入刀台凹槽中，锁紧切刀垫板上压板的夹紧螺钉即可。

（2）头脚刀垫板安装

头脚刀垫板的长度与刀台长度相同，需预先制备，其安装方法与口子刀垫板完全相同，此处不再赘述。

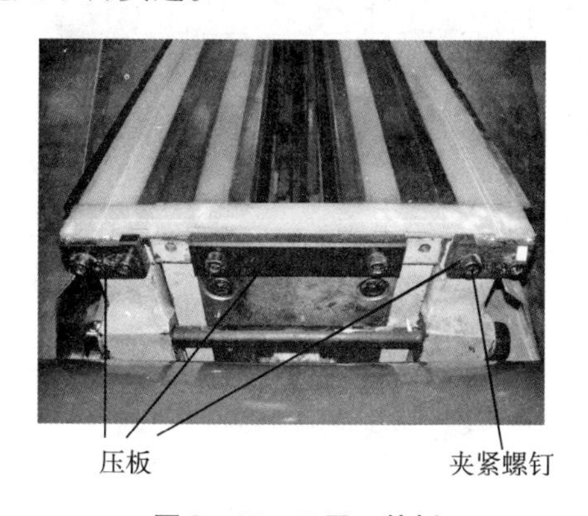

图8－15 口子刀垫板

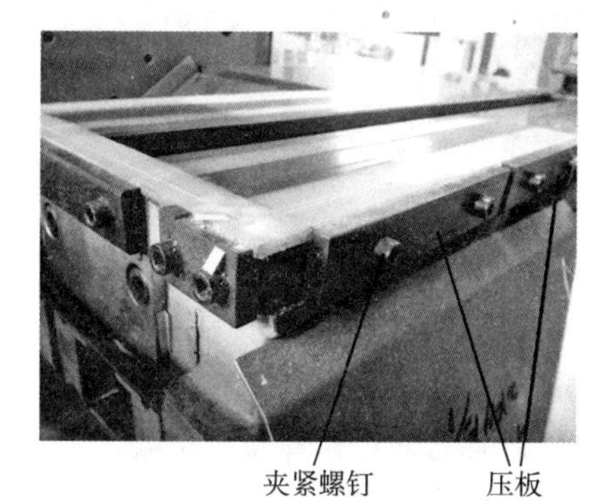

图8－16 头脚刀垫板

四、裁切刀准备

三面切书机1套裁切刀由2把头脚刀、1把口子刀组成，通常随机配有3套以上刀片、2套刀座以及2套刀片护套。标准切书刀片的厚度为12.7mm，高度127mm，长度可根据机器裁切幅面挑选，较为常用的口子刀长度为500mm，头、脚刀长度420mm。

1. **裁切刀准备**

三面切书机裁切刀必须在对刀装置（见图8－17）上进行安装。对刀装置为一块平面钢板，前部装有尼龙条，后部装有两块定位挡块。

刀片安装时，先将刀片放入对刀装置中间，刀片斜口部分向上，刃口紧贴前部尼龙条，然后将刀胎放置在刀片上，刀胎后部需紧靠定位挡块，左右以刀胎上长槽孔（见图8－18）与刀片上螺孔对齐为准，将4个紧固螺钉放入螺孔并拧紧，使裁切刀与刀胎组合。微调刀胎后部的调节螺钉，使刀片刃口刚好与对刀装置上尼龙条贴紧，刀胎后部与挡块贴紧，再次紧固4个螺钉。最后将星形手柄拧松，后部挡块转平，取下刀片与刀胎组合件，装上护刀套即完成了裁切刀的准备。

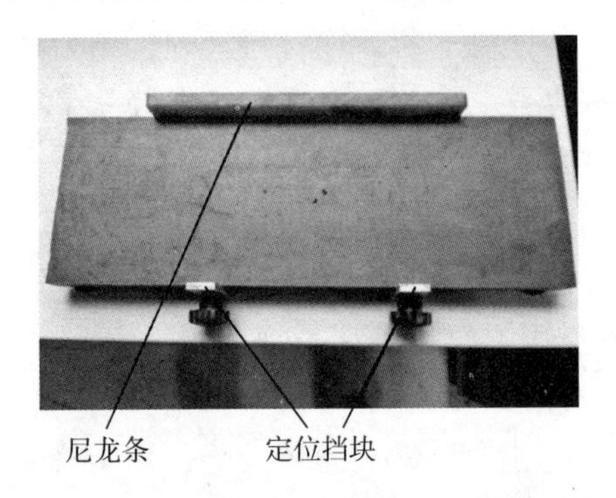

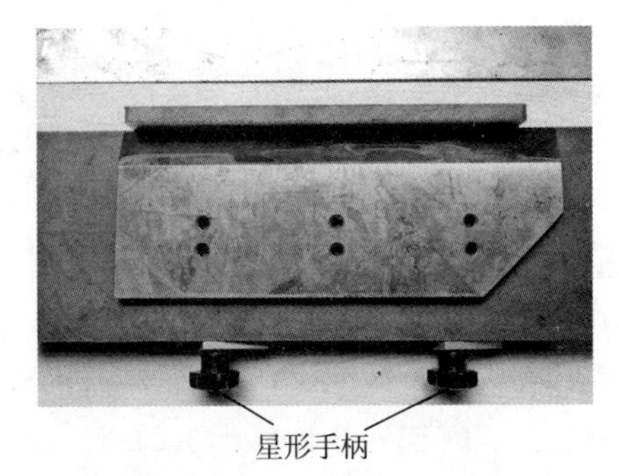

图8－17　对刀装置

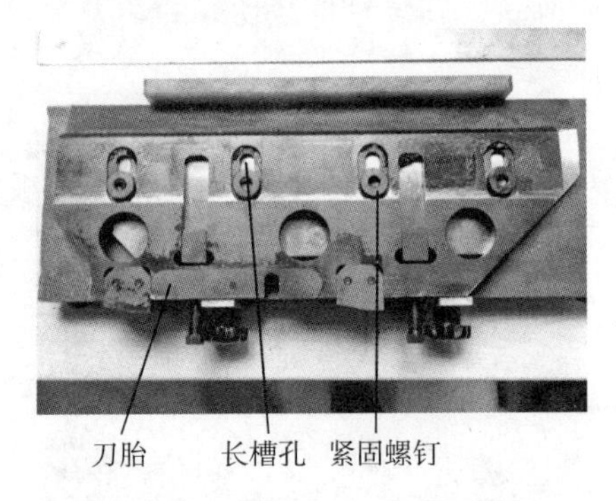

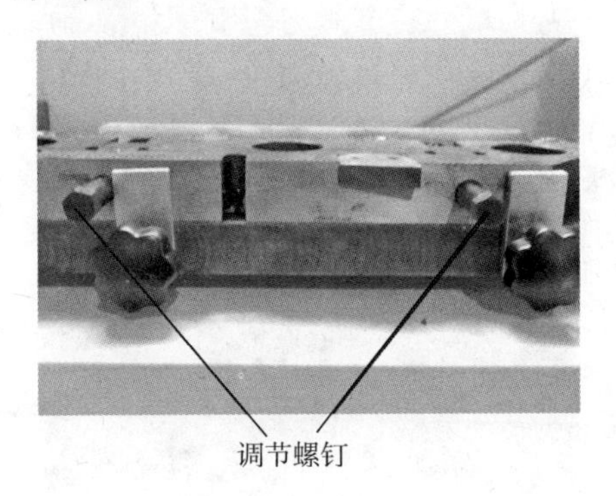

图8－18　刀片安装

2. 划口刀准备

划口刀也称书脊靠刀或滑路刀，其作用是在头脚刀裁切前沿书背头脚裁切线预先划一刀，使得裁切时书背头、脚保持光洁，不发生破头现象，保证裁切质量。划口刀分为砍刀式和移动式两种。砍刀式（见图8－19）安装于刀架上，头脚刀在下落时划口刀会先于头脚刀接触书背进行划口。移动式（见图8－20）安装于划口推臂上，待书叠进入夹紧部分后划口刀向上运动进行划口。砍刀式划口刀结构简单，在半自动三面切书机中使用较多，而移动式划口刀结构较复杂，多见于全自动三面切书机中。

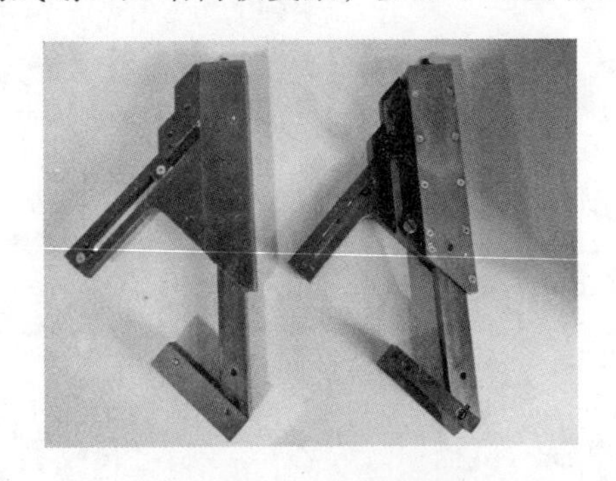

图8－19　砍刀式划口刀

图8－20　移动式划口刀

两种划口刀安装位置虽不同，但使用规格相同，均要根据所裁切书册尺寸分别进行调整。安装时，先将划口刀安装在划口刀架上，再通过螺钉将刀架与活动套杆相连，刀架上的长槽孔作用为校正书背上的划线。

任务二　换刀操作

一、口子刀更换

三面切书机口子刀（见图 8－21）裁切轨迹为平动加转动，由于刀刃不断刃磨，使得刀片逐渐变窄，当刀片棱角线与刀架下边缘距离小于 20mm 时，就会严重影响裁切质量，因此三面切书机刀片与单面切纸机相同，上部均钻有两排螺孔，若第一排螺孔紧固后不能满足 20mm 要求时，则应采用第二排螺孔与刀座架紧固，当第二排螺孔紧固后也不满足要求时，刀片做报废处理。

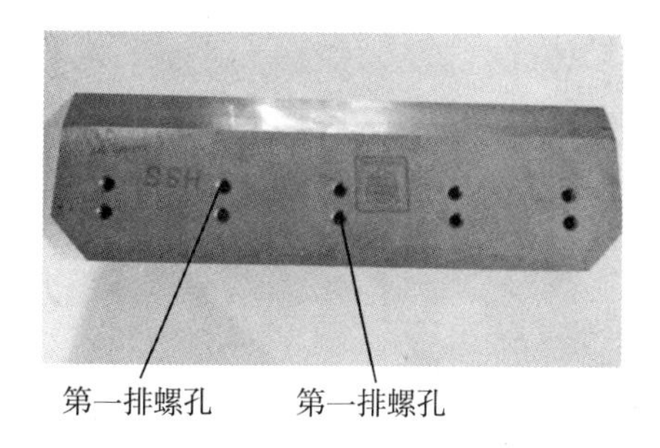

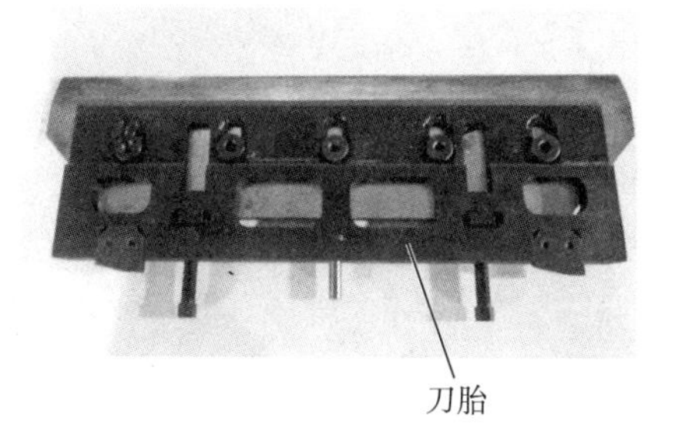

图 8－21　口子刀

1. 装卸口子刀

按下紧急停车按钮使机器处于自锁状态，将工作状态旋钮转至手动，盘动机器，当口子刀下降至不足一半的位置时（见图 8－22）停止盘车，并将工作状态转至自动。装刀时将刀胎对准刀架定位槽嵌入，在槽内移动刀胎使燕尾槽与斜铁接触后旋紧定位螺钉，取下护刀套，定位螺钉起固定刀胎作用，防止刀胎从刀架上脱落。拆卸口子刀只需按上述相反顺序操作即可。

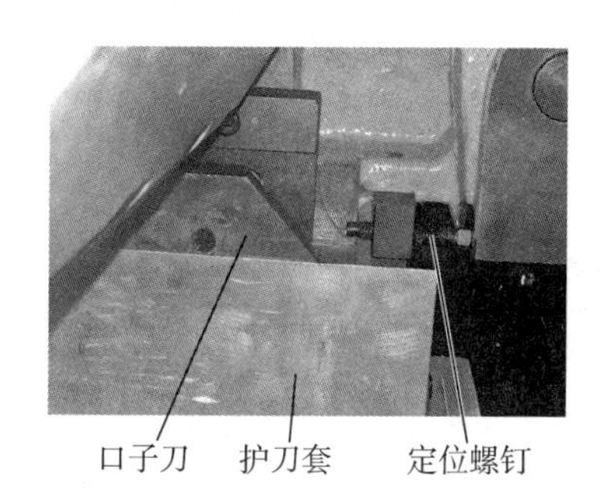

图 8－22　口子刀装卸

2. 口子刀高低及平行度调节

口子刀刀刃需与裁切台面保持平行，并在裁切时与台面紧密配合，这就要通过螺杆（见图8－23）来调节口子刀的高低。调整时拧松螺杆两头的螺母，按顺时针方向转动螺杆，口子刀升高，逆时针转动则降低。此外，口子刀平行度可通过刀胎上的调节螺钉做微量调整，每次变换刀刃与刀架距离后，都必须对该螺钉进行调节，以保证最下部一张纸能够切断。需要注意的是，口子刀高低调整时应以口子刀切入刀垫板深度0.5mm为准，过大会引起很大的负载，造成设备损坏。

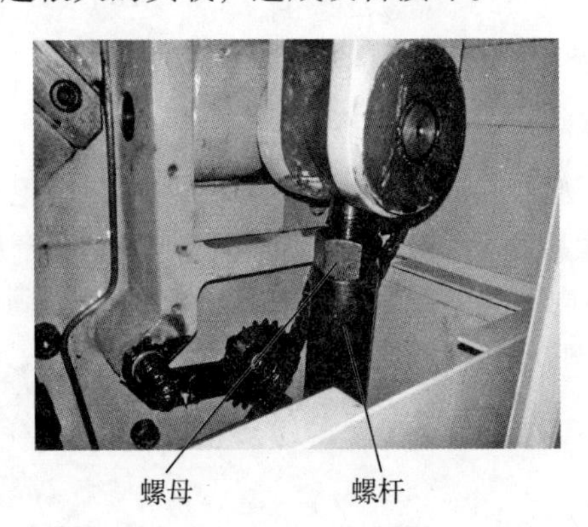

图8－23　口子刀高低及平行度调节

二、头脚刀更换

三面切书机头脚刀（见图8－24）传动机构（见图8－25）为间歇运动机构。头脚刀安装于刀臂上，由偏心轮带动拉杆控制刀臂沿导轨完成上升、下降运动。头脚刀结构与口子刀完全相同，此处不再赘述。

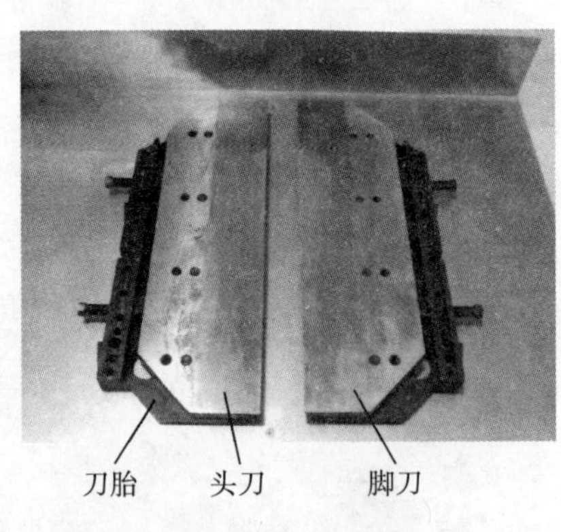

图8－24　头脚刀

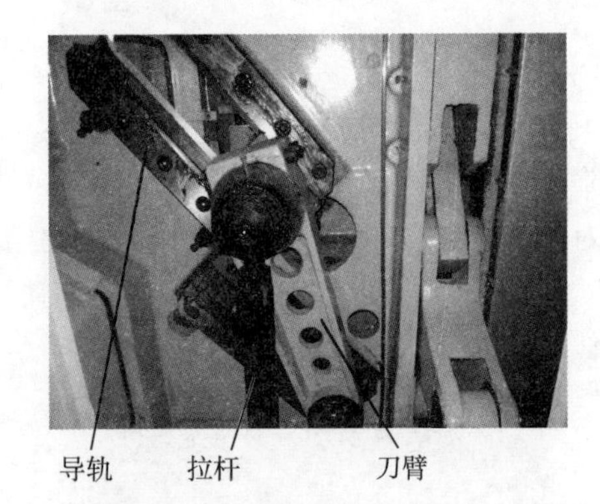

图8－25　头脚刀机构

1. 装卸头脚刀

装卸头脚刀顺序与口子刀一致，不同的是盘车时头脚刀位于最高点或相对高点都可进行装卸。安装头刀时，松开调节手轮（见图8－26）并向内推足，将刀胎上的U形口与刀架上轴销对准后推入，拧紧调节手轮使刀胎上楔形块与刀架上楔形块完全紧贴，该楔形块起固定刀胎作用，防止刀胎从刀架上脱落。脚刀安装方法与头刀完全相同，头脚刀拆卸只需将上述动作反向操作即可。

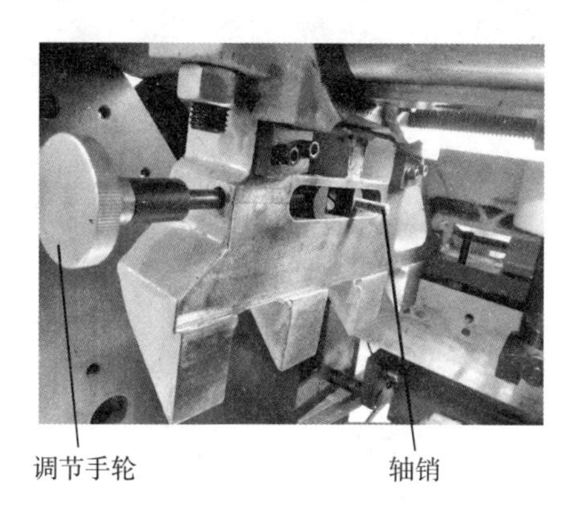

图 8-26 头脚刀装卸

2. 头脚刀架高低及平行度调节

头脚刀高低调节方法与口子刀完全相同不再赘述。头脚刀平行度调节可通过偏心轴承实现，调整时松开机身右侧导轨轴上的紧固螺钉（见图 8-27），转动偏心轴承使得头脚刀轴转动幅度发生变化，进而调整头脚刀平行度。一般机器在出厂前已进行了标准调节，日常生产中只需通过刀胎上的调节螺钉微调直线度即可，每次变换刀刃与刀架距离后，都必须对该螺钉进行调节，以保证最下部一张纸能够切断。需要注意的是，头脚刀高低调整时应以头脚刀切入刀垫板深度 0.5mm 为准，过大会引起很大的负载，造成设备损坏。

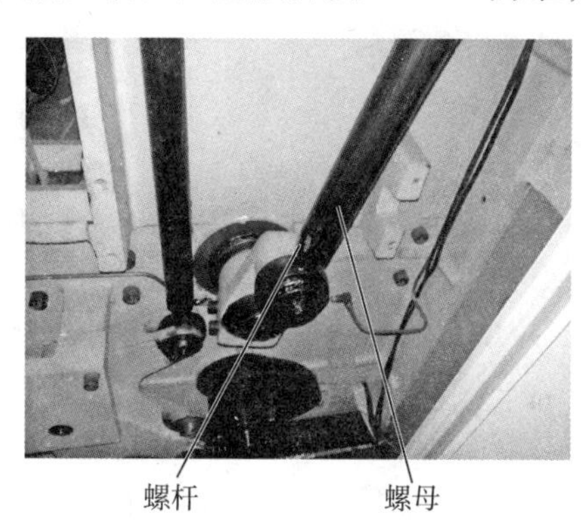

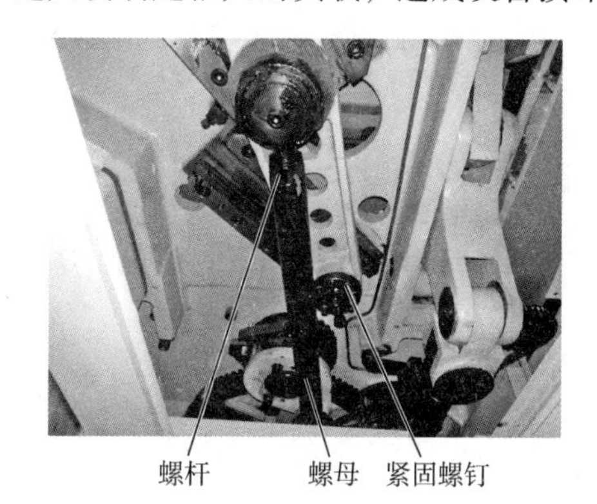

图 8-27 头脚刀高低及平行度调节

三、划口刀更换

1. 划口刀安装

头脚刀胎上方开有一长槽（见图 8-28）用于安装划口刀。安装时，将划口刀胎上的长方型槽块与头脚刀胎上长槽对齐后推入划口刀，此时划口刀胎可以在长槽中自由移动，根据书本宽度调节划口刀前后距离。划口刀位置应以划口刀紧靠在书叠背脊为准，当裁切幅面较小书本时，划口刀向前移动；裁切较大幅面书本时则向后移动。头脚刀胎长槽中通常有多个螺孔用于头脚刀不同位置的划口刀定位，安装完毕锁紧划口刀胎上的螺钉。

2. 划口刀调整

划口刀调整应在头脚刀调节好后进行，安装好的划口刀面与侧刀面应紧贴在一起。若书册裁切后书背出现两个刀痕的质量弊病，可通过划口刀横向调节来解决。调节时修正划口刀胎与活动套杆（见图8－29）的连接位置，使得划口刀痕与头脚刀痕在一条直线上。活动套杆内装有压簧，其作用是为划口刀划口提供一定的砍力，当活动套杆伸出压缩套座长度最大时，划口刀砍力也达到最大值，当头脚刀裁切完毕回升时，活动套杆也随压簧力的减小而逐渐缩回压缩套座内。划口刀纵向调节是指划口刀前后位置调整，划口刀工作时应与书背紧靠并划出一条口子，若刀距离书背太远，则起不到划口作用，若距离过近，则书背受冲击力过大，头脚裁切易出现凹凸不平、切边拉毛，甚至破碎等现象，因此划口刀接触书背的深度要适当。

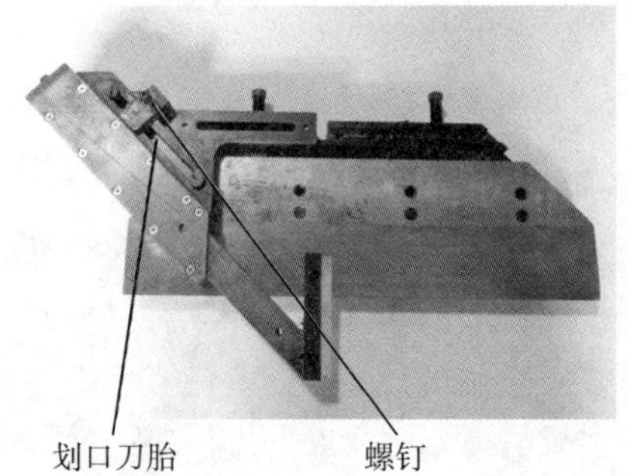

图8－28　划口刀安装

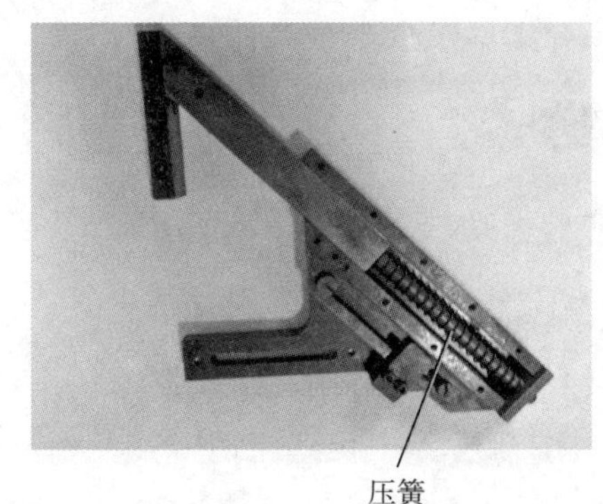

图8－29　划口刀调整

四、刀片刃磨

三面切书机裁切刀片与单面切纸机裁切刀片刃磨方式（参见项目一任务二）及角度基本相同，通常刃磨时初磨使用小角度，倒角用稍大角度，如高速工具钢刀初磨角度为19°，精磨倒角为21°；硬质合金钢刀初磨角度为21°，精磨倒角为25°。见图8－30所示。

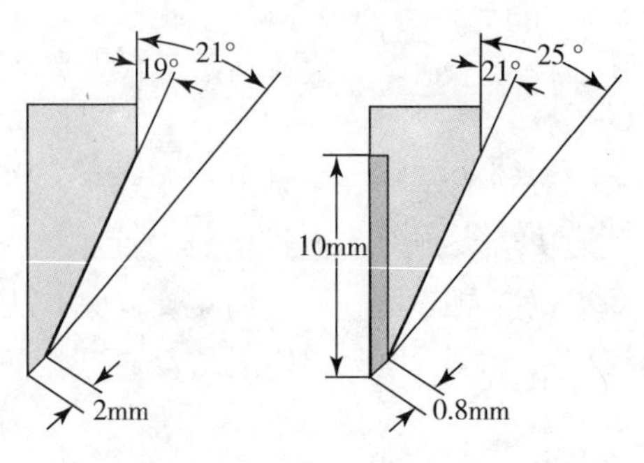

图8－30　裁切刀刃磨角度

任务三　切书操作

一、三面切书机操作步骤

1. 半自动三面切书机操作步骤及要求

半自动三面切书机操作步骤为：递本→贮本→进本→定位→切书→输出，其中递本与贮本均采用手工完成。

（1）递本

递本是指将一叠书册传递给裁切操作者。传递时，毛本书册需按高度要求数好本数，并撞齐书背和天头作为基准，堆放在裁切操作者右方适当位置待切。

递本要求：传递者需眼疾手快，与裁切操作者密切配合；每叠书册要数量准确，高度合适，堆放位置一致。

（2）贮本

贮本是指将传递来的一叠书册贮放入裁切台规矩内。贮本时，推入书叠的天头、书背需分别和左侧规、后挡规撞齐，踏下脚闸，待压舌板压住书叠表面后，后挡规可将书叠输送进入裁切位置。

贮本要求：贮本需整齐，不歪斜，书叠中的每本书都要紧靠两边挡规形成的直角规矩；贮本过程中若如出现歪斜、缩本等现象时，需立即抬起脚闸停机，待排除不合格品时方可开机，切忌抢本操作。

（3）进本

进本是指书叠被输送至裁切位置的过程。当压舌板压紧书叠后，后挡规沿输送导轨将书叠送至压书板下的裁切位置，等待切刀裁切。

进本要求：后挡规在导轨中需平稳前进，以保证书册定位准确，若运动不稳定要立即调整，避免造成裁切尺寸不准等现象。

（4）定位

定位是指书叠到达裁切位置后定位。当书册被送至压书板下固定裁切位置时，压书板下降将书叠压紧定位，防止书叠在裁切过程中偏移。

定位要求：压书板高低需根据书叠厚度确定，不得过高或过低；压书板规格需根据所切书刊的尺寸确定，不得过大或过小。

（5）切书

切书是指去除书叠天头、地脚、前口毛边的过程。切书时，头脚刀同时下落，按规定尺寸将书册天头、地脚毛边切去，口子刀则在头脚刀复位过程中切去书册的前口毛边。

切书要求：切书所用刀片角度要与书册厚度及纸质符合，遇刀片钝化或出现刀花时需及时更换；切书时应以一叠书册全部切透为准，且不可切得过深造成塞纸和撕页。

（6）输出

输出是指裁切完毕的书叠推送至传送带的过程。

输出要求：推书过程需平稳，若不稳定要立即调整。

2．全自动三面切书机的操作步骤及要求

全自动三面切书机操作步骤与要求和半自动机型基本相同，此处不再赘述。略有区别的地方是全自动三面切书机无须手工递本，贮本是由输送带传递书本至书斗中贮本，贮本数量可通过光电检测装置控制，进本则由推书块将书本从书斗中推出，再通过输送带传送至裁切位置进行定位。

二、三面切书机调节

（一）半自动三面切书机调节

1．夹书机构调节

夹书机构其主要作用是将被裁切书册夹紧并输送至裁切位置定位，其调节包括压舌板、后挡规及侧规的定位调整。

（1）压舌板调节

压舌板起定位夹书作用，其高度应根据书叠厚度调整，为操作便捷且使书叠夹紧，压舌板一般位于书叠上方 10～15mm 处。当裁切书叠较薄时（裁切厚度≤30mm），压舌板按“┗”形安装（见图 8－31）；裁切较厚书叠时（30mm≤裁切厚度≤100mm），压舌板按“┏”调头装配。

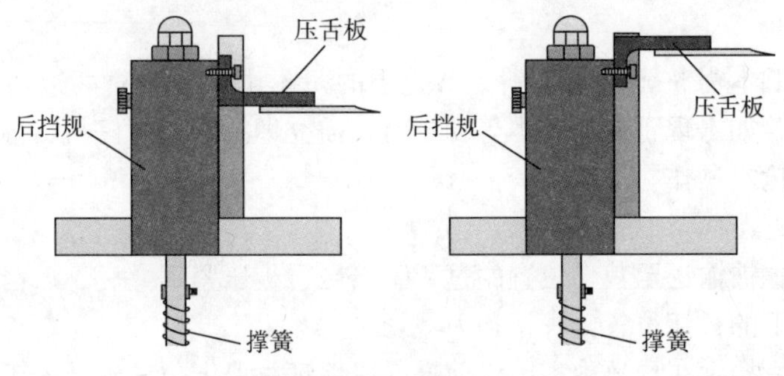

图 8－31　夹书机构

压舌是在撑簧（见图 8－31）作用下，向下移动将书叠压紧。调节时，先松开螺母（见图 8－32），转动调节套，使压舌上升或下降到所需位置，拧紧螺母即可。

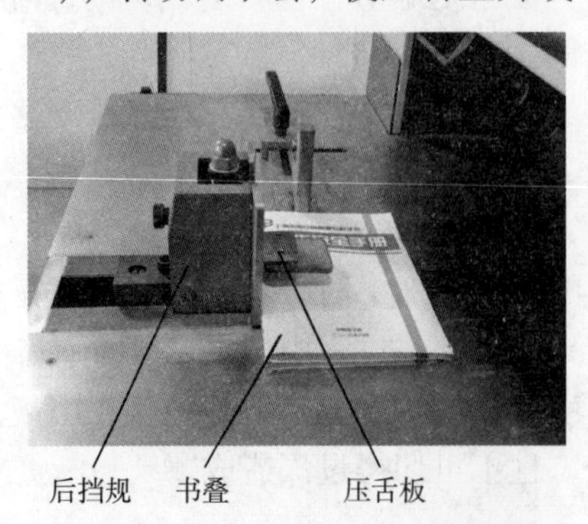

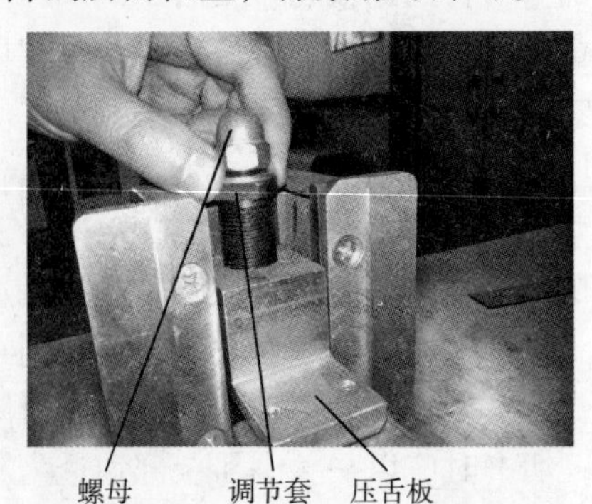

图 8－32　压舌板调节

（2）后挡规调节

夹书时书叠后背应与后挡规撞齐进行定位，该定位主要靠后挡规上的两块靠书板（见图8－33）实现，若定位不正则裁切时会造成上下（见图8－34）或左右误差（见图8－35）。

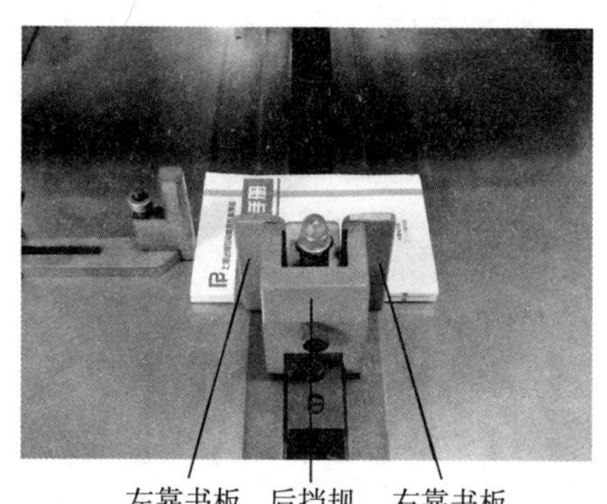

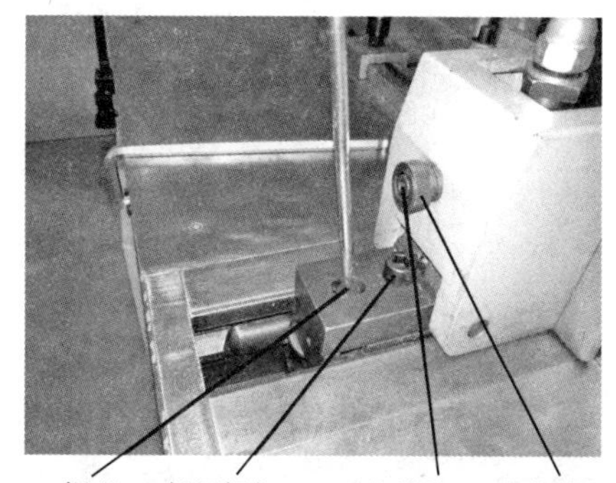

图8－33　靠书板调节

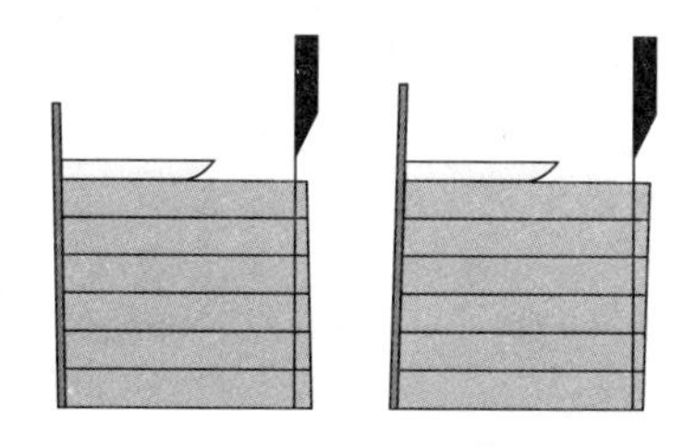

图8－34　上下误差

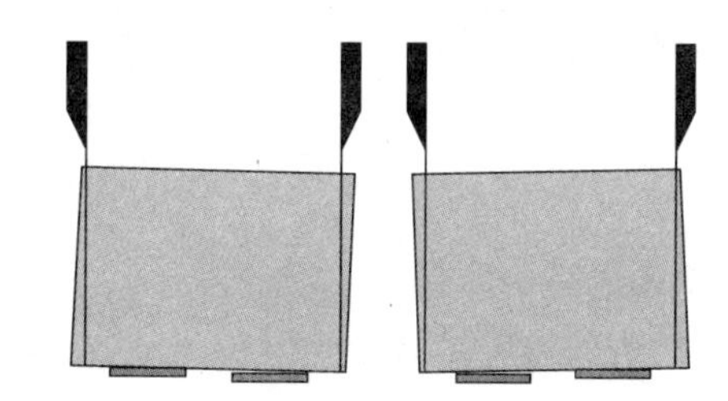

图8－35　左右误差

上下误差主要是由于靠书板与裁切台不垂直造成的，该误差会引起裁切后书册口子尺寸不相同的“上下刀”现象。调节时松开紧固螺钉1（见图8－33），旋转滚轮旋钮改变靠书板与工作台平面之间的垂直度，直到符合要求为止，锁紧紧固螺钉。

左右误差主要是由于两块靠书板不在一个平面或靠书板虽在一个平面但与口子刀不平行造成的，该误差会引起裁切后书册的歪斜。调节时松开紧固螺钉2（见图8－33），旋转凹孔内的螺丝使靠书板与口子刀平行，锁紧紧固螺钉。

（3）侧规调节

侧规（见图8－36）主要由侧规挡块、挡书滑板、槽口压板、标尺及手柄组成，其作用是对裁切书册进行左定位，决定了头脚裁切边的大小。调节时松开手柄，滑动挡书滑板至所需尺寸后锁紧手柄，将书叠天头紧靠侧规挡块即可。侧规位置需遵循版心上下居中原则，标尺上尺寸可通过“成品书/2＋天头裁切尺寸”来计算。

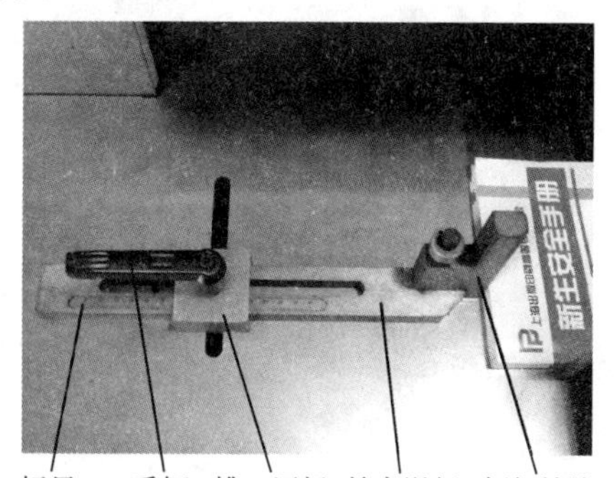

图8－36　侧规

2．压书机构调节

压书机构的作用是将书叠压紧，使其裁切时不产生位移，定位准确。压书机构调节主要包括钢座压脚与压书板调节。

（1）钢座压脚调节

钢座压脚（见图 8－37）调节是指根据裁切开本不同，从随机附带的 8 开、16 开、32 开、64 开等钢座压脚中选择并调换，具体方法参见本项目任务一中“压书机构准备”。

（2）压书板调节

压书板调节是指将压书板高度调整至合适位置以满足压书压力的需求，一般以压书板位于最高点时距离书册 15mm 为宜。调节时松开机身上调节手轮（见图 8－37）中间的固定旋钮，转动调节手轮，使压书板升降至适合高度即可。

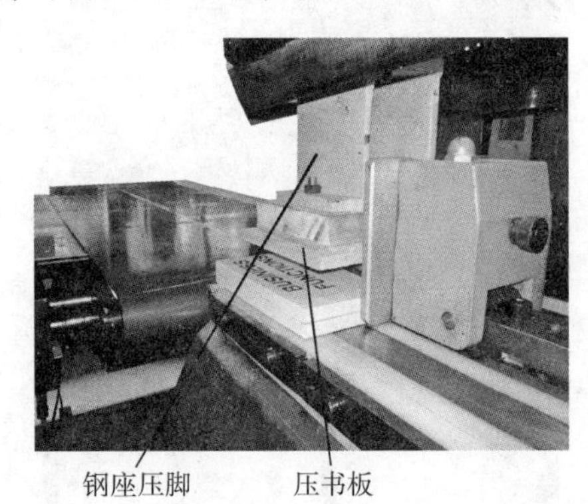

图 8－37　压书机构调节

3. 裁切机构调节

裁切机构的作用是对书叠天头、地脚及口子进行裁切，使其符合最终成品尺寸要求。裁切机构调整包括头脚刀与口子刀调节。

（1）头脚刀调节

头脚刀裁切规格需根据书册最终尺寸决定，即书册成品天头到地脚要求尺寸为头脚刀之间的距离。调节时，将头脚刀升至高点，松开刀架上左、右侧螺母（见图 8－38），转动手轮，则头脚刀做相向或相反运动，两刀片之间距离可通过标尺读出。待头脚刀调节好后应使用钢尺测量刀片之间的实际距离，确认无误后锁紧螺母。

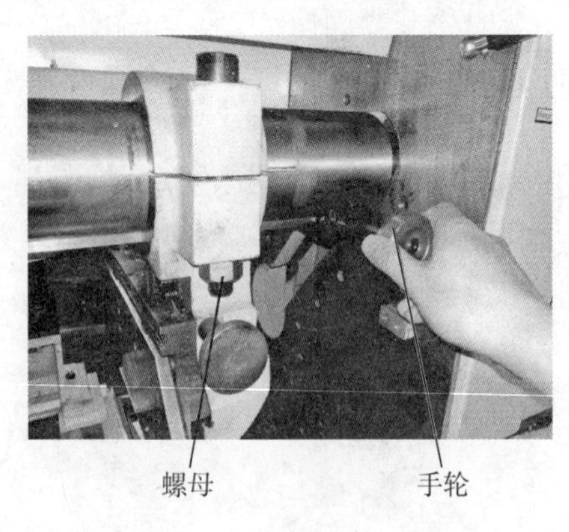

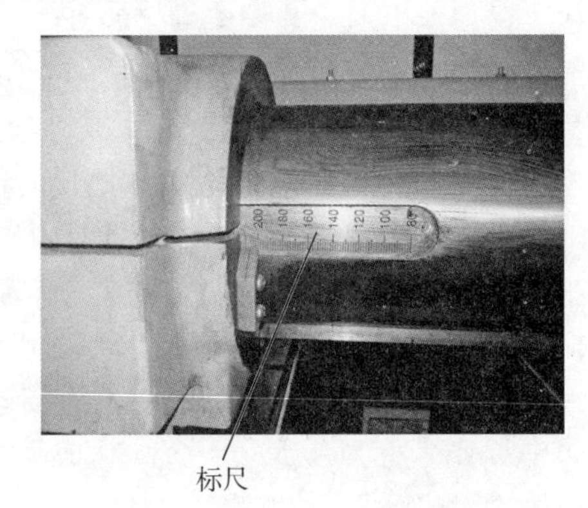

图 8－38　头脚刀调节

（2）口子刀调节

口子刀裁切规格需根据书册最终尺寸决定，即书背到口子的要求尺寸。口子刀调节和单面切纸机相仿，刀架固定不动，裁切规格是通过被裁切物的位置变化来实现的。因此，三面切书机后挡规（见图 8－32）前进距离决定了口子刀的裁切量。调节时，将后挡规点动至靠近口子刀处，松开口子刀控制连杆上的紧固螺母（见图 8－39），按书册口子要求尺寸转动手轮，使连杆上标尺读数对准刻度指示线，即读数为最终口子距离，锁紧紧固螺母。调节完毕点动设备使后挡规到达送书位置，用钢尺测量其与口子刀间距，若符合要求即可。此外，当设定标尺读数与最终裁切尺寸不一致时，可通过标尺架上的螺钉来微调标尺架位置校正误差。

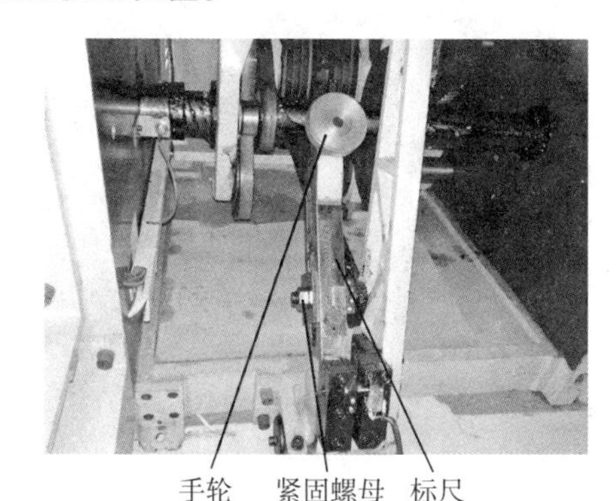

图 8－39　口子刀调节

4．输出机构调节

半自动三面切书机输出方式可分为二次送书推出和推书臂推出两种，推出后的书叠都由传送带输送。

（1）二次送书推出

二次送书推出工作原理是，裁切好后的书叠位于裁切工位不动，当下一次待裁切的书叠由后挡规运送至裁切工位时可将已裁切好的书叠推出，推出后的书叠被传送带（见图 8－40）输送至收书台或下一工位。

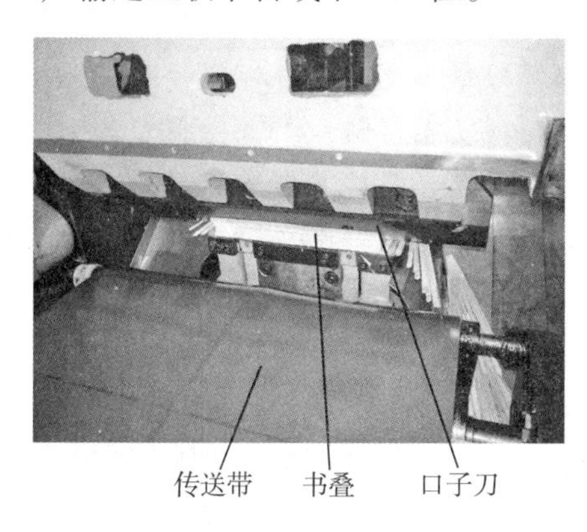

图 8－40　二次送书推出

一般传送带前端装有伸缩摆动机构，当头脚刀下降裁切时，传送带前端下摆 45°，使刀台与传送带的间距足够口子刀裁切下的废料排出，口子刀裁切完毕向上回升到一半时，传送带摆回接书，需要注意的是传送带前端平面需比刀台低 5mm，以免与头脚刀相碰。若传送带与裁切机构出现配合不当，可松开传送带传动轴上的紧固螺钉（见图 8－41），将轴套向外拉出使输送机构与三面切书机脱开，转动传动轴到适当位置后合上轴套，紧固螺钉即可。

（2）推书臂推出

推书臂推出方式工作时，由横向伸出和纵向推出两个动作组成，因其机构较为复杂，在半自动三面切书机中应用很少，此处就不再赘述了。

图 8-41　传送带传动轴

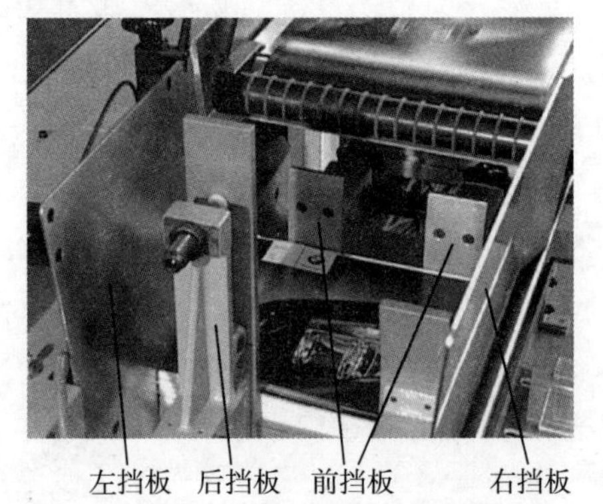

图 8-42　贮书斗

（二）全自动三面切书机调节

1. 贮书机构调节

贮书斗由前、后、左、右四块挡板（见图 8-42）组成，其中前挡板固定，更换不同规格书籍时只需调节左、右、后三块挡板即可。调节时，要求各挡板与书册之间有一定空隙，一般为 1.5mm 左右，左、右挡板中心线必须和左右侧刀的中心位置基本一致。前挡板高度应比被裁切书堆高度略高，一般为半本书厚度。

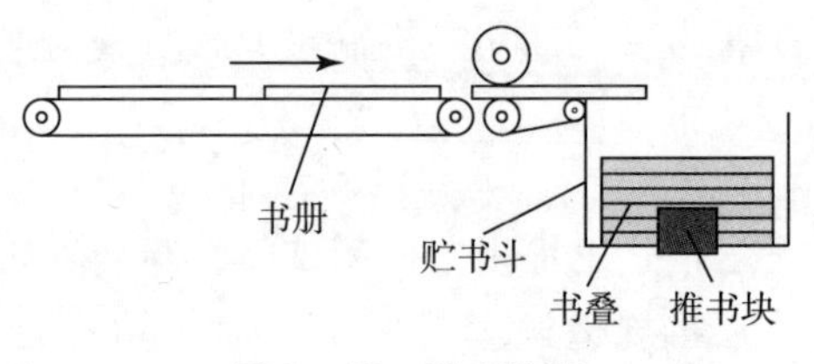

图 8-43　贮书流程

此外，贮书斗上设有两只光电控制器，下部一只是当书斗中存书不足时控制进本拨书块停止向裁切机构输入书本，同时口子刀空切不与裁切条接触，上部一只是当贮书斗中存书过多时控制传送带暂停向书斗内输送。调节时，下部光电控制器应尽量低一些，避免由于书斗中还有多本书册时口子刀就空切，上部一只应尽量高一些，这样能使书斗内存书数量达到允许最大值。

2. 进本机构调节

全自动三面切书机进本是一个逐级传递的过程，先由推书块将贮书斗中书叠推出，再由传送带将书叠向前输送，最后由毛刷推书块将书册推入至裁切工位。

（1）推书块调节

贮书斗中书叠由推书块（见图 8-43）推出，一般全自动三面切书机附带不同规格推书块，选定时可根据推书块高度应为被切书叠厚度的 4/5 为依据，即推书块高度比书堆低 3～5mm 为宜，同时推书块应距离书堆 5～10mm。

（2）传送带调节

书叠被推书块推出后进入传送带，传送带一般由上、下各两根组成，其中下部两根位置固定，上部两根高低可调。为保证输送书叠的稳定性，上、下传送带对书叠应有一定的夹持力，此加持力可通过调整上部传送带高低控制，调整时以书叠在传送带中用力抽出不损伤书册表面为宜，若夹紧力过大，会造成书背擦伤或弓皱，太轻则输送不到位。此外，全自动三面切书机还有通过夹具（见图 8－44）代替传送带的进本方式，此种方式与传送带相比有效避免了由于上、下皮带引起的封面表层划伤、刮花等现象。

图 8－44 夹具进本

图 8－45 毛刷推书块

（3）推书毛刷调节

待传送带将书叠输送到位后，由毛刷推书块（见图 8－45）将书叠推送至裁切位置，毛刷推书块调节时要求其高度高出书叠 5～10mm。

3. 压书机构调节

全自动三面切书机压书机构通常使用气动形式，气动压书的优点是压力均衡，使得设备负载均匀。一般压书气压应控制在 2～4bar，若压力过大会造成书叠表面裁切边向上弯翘，裁切后书册尺寸变化大，压力过小则书叠在裁切过程中易发生移位致使尺寸出现误差。

在控制好气压的同时，压书板与书叠距离同样会影响压书机构压力。调节时，点动切书机使压书板处于最低位置，转动压书机构上手轮令压书板下降，当衬垫板压住书叠，手轮无法再转动时，将气阀开关调至放气位置，再将手轮向下旋转一周即可。

4. 裁切机构调节

全自动三面切书机裁切机构与半自动机型基本一致，其调节方法也相同，此处不再赘述，唯一有所区别的是全自动机型裁切规格设置可通过触摸控制屏完成，使操作过程更加方便、快捷。

5. 输出机构调节

输出机构调节方法与进本机构传送带调节方式一致，此处不再赘述。

三、切书质量标准与要求

1. 书本质量要求

（1）裁切书本前口毛边不宜过长，一般不超过 15mm。

（2）毛本书册需平整、牢固，书脊与书平面要基本一致，不可过高。

（3）若待裁切的为胶订书本，胶黏剂干燥度应控制得当。过湿则胶黏剂易粘在刀上并且黏附被裁切下的纸边；过干书脊缺乏伸缩性，裁切后背脊易发生皱痕。

（4）书本封面与书芯光边需对齐，特别是经分割的双联书本规格要基本一致，且不能有歪斜。

（5）书页毛边长短需基本一致，封面不可长于书芯。若各书帖毛边尺寸不一，尤其是切口毛边不一致时易造成裁切定位不准。

2. 工艺要求

（1）裁切时压书机构对书叠压力应适中，以能够压紧书叠但不引起书册表面损坏、书背拱皱为宜。

（2）衬垫板要根据书本的厚薄不同程度，选择使用各种角度大小不同的压书板。一般来讲书本越厚，使用的压头角度越大。因为厚的书本，若使用压书板的角度过小，书背容易产生空和弓的现象。

（3）裁切刀片角度一般选用21°。若裁切书叠较薄可使用小角度刀片，若书叠较厚则应换用大角度刀片。

3. 裁切质量要求

（1）裁切时需做到无颠倒、无翻身、无夹错、无污损、无破损、无刀花、无歪斜、无上下刀、无连刀和无折角等。

（2）裁切时每叠书册上、下误差小于等于1mm，若裁切精装书籍则小于等于0.5mm。

四、切书常见故障及排除方法

1. 上下刀

书叠经裁切后上、下部书册尺寸不一致称为上下刀，其表现形式分为上大或上小。

（1）上大

①三面切书机压书板压力不当（见图8－46）。将压书板调整至合适压力。

②裁切书叠过高。一般书叠高度应小于70mm。

③压书板下方衬垫板过小。衬垫板使用时需进行修边，一般应比裁切尺寸小2～3mm为宜。

图8－46 压力不当引起的上大

（2）上小

由于纸张过松，内部空气较多，裁切刀下切时纸张向无挡规处移动，造成上部尺寸小于下部。加大压书板压力，将多余空气排出。

2．跑刀

跑刀即在裁切过程中规矩发生移动，使裁切尺寸产生误差。引起跑刀的主要原因是切书过程中规矩定位不牢固，使所裁切尺寸不一致。经常检查书册定位装置，保证切书质量稳定。

3．刀花

刀花是指切口出现凹凸不平的刀痕。引起刀花的原因是裁切刀钝化或刃磨不当，需更换新刀片或重新刃磨。

4．书脊撕裂

书脊撕裂是指在天头、地脚切口区域，书背封面损伤撕裂的现象。

（1）书背脊相对于前口、空心书脊、书背圆弧过高。需提高装订质量，符合裁切要求。

（2）裁切刀片角度不对。裁切刀片角度应为22°左右。

（3）刀片钝化或刃磨不当。更换新刀片或重新刃磨。

（4）裁切刀上粘有胶液。清洁刀口并涂上硅油。

（5）裁切条刀痕过深。对裁切条进行调头、翻身或更新。

（6）纸张张力过小或张力方向与裁切方向不一致。增加划口刀装置。

5．裁切歪斜

（1）半自动三面切书机裁切歪斜

①后挡规与裁切刀台不垂直。调整后挡规垂直度。

②后挡规靠书板与口子刀不平行。调整刀片平行度。

③贮书时书叠书背或天头未与挡板靠齐。

④刀片钝化。更换新刀片或重新刃磨。

（2）全自动三面切书机裁切歪斜

①推书块厚薄选择不当或安装不平。选择比待切书堆低3～5mm的推书块。

②贮书斗前挡板高度不当。调节贮书斗前挡板比待切书堆略高2～4mm。

③传送带上、下皮带压力不当。调整时以书叠在传送带中用力抽出不损伤书册表面为宜。

④推书毛刷太软或磨损。更换毛刷。

⑤压书板压力过小，书册移动。增大压书板压力。

⑥口子刀、头、脚刀与裁切平台垂直度不当。调整各刀与裁切台的垂直度。

⑦刀片钝化。更换新刀片或重新刃磨。

6．切口不平

切口不平主要是由纸张因素造成的。含水量大的纸张在热熔胶高温作用下，水分逐渐蒸发，引起丝缕直径方向发生伸缩，若立刻裁切就会出现锯齿状切口。延长书册放置时间，待书册中水分达到与环境湿度一致时就可有效避免此类现象。

7．输出不畅

（1）收书机构上输送带调节不当。输送带略微紧一些，保证书叠顺利输出。

（2）裁切刀粘有胶黏剂，使切下纸边排除不畅。裁切刀片上应经常涂抹硅油。

（3）残留纸边使书本输出受阻。检查裁切条刀痕是否太深，相关机件是否调整到位。

五、切书操作安全与设备保养

1．切书操作安全

（1）操作安全

①首次操作切书机前必须仔细阅读说明书，或在专业人员的指导下进行操作。

②换刀时需使用专用刀套，身体任何部位不可触碰刃口。

③开启设备前，必须确保周围环境安全，设备无失灵及部件无松动后方可开机。

④工作台上除待裁切纸张外不允许放置其他物品。

⑤若中途离开设备，回来后需重新检查参数等设定。

⑥开机过程中若发生意外情况或异响，必须立即停车检查。

⑦换刀调整时严禁将手伸进裁切刀操作。

⑧操作过程中若发生尺寸不准要及时停车，不可抢书。

⑨调试设备工具必须及时卸下，避免因设备运动飞出造成事故。

（2）设备安全

①设备安装后必须将电动机妥善接地。

②不行私自拆除、改装、移位切书机保护装置。

③不可使用老旧或已损坏的刀片进行裁切。

④定期对切书机制动部分进行检查，确保设备不出现滑刀现象。

⑤设备在维修、保养时必须将电源切断。

⑥设备头、脚刀连杆和口子刀连杆长度在出厂前已调好，一般无须调整，若需调整必须从长到短微量调节。

2．三面切书机保养

（1）三面切书机润滑系统采用手拉泵滴油润滑（见图8－47），手拉泵中应加入40#机械油，每班加油三次。

（2）口子刀导轨滑块，头、脚刀导轨滑块及压书板导轨滑块需每班加注两次40#机械油，其余设备上各油脂嘴应采用3#锂基脂。

图8－47　手拉泵润滑

（3）每班工作结束前，应对各摩擦面及光亮表面涂以润滑油并对设备进行清洁。

（4）若设备较长时间搁置不用时，需将所有光亮面擦拭干净并涂以防锈油，用塑料套将整机遮盖。

（5）维修、保养机器零部件时，严禁使用违规工具及操作方法。

训　练　题

一、判断题

1. 切书机校样后的规格尺寸是不会变化的。(　　)
2. 三面切书机切书时书叠量越多，相对裁切误差就越大。(　　)
3. 三面切书机切书时，如发现连刀现象，就应及时换刀。(　　)
4. 书刊的裁切边越小越好。(　　)
5. 三面切书机裁切出的每个页张的成品幅面尺寸是净尺寸。(　　)
6. 切书机上装有三把裁切钢刀，分别是一把头脚刀，两把口子刀。(　　)
7. 切书机完成三面裁切的是压书机构。(　　)
8. 切书机裁切时，书刊的厚薄变化不会影响裁切工作的正常进行。(　　)
9. 三面切书机关机时要将千斤压头降低。(　　)
10. 切书机的裁切质量要求应根据出版单位对出版物的规格要求执行。(　　)

二、单选题

1. 对装订、装帧产品的最后裁切叫作（　　）裁切。
   (A)白料　(B)印张　(C)双联　(D)成品
2. 印刷图文超出成品线外，裁切后切口处不留空白的叫（　　）。
   (A)出规　(B)走版　(C)跨页　(D)出血
3. 三面切书机校样后，裁切下来的第一本书，应先查看（　　）。
   (A)外型　(B)切口　(C)整洁度　(D)规格尺寸
4. 三面切书机切书时，每（　　）的数量应根据裁切下的成品质量来决定。
   (A)把书叠　(B)小时　(C)天　(D)班次
5. 不同的纸张性质会影响到切书机刀片的裁切（　　）。
   (A)长度　(B)高度　(C)速度　(D)次数
6. 三面切书机切书时，如发现刀花时，就应及时（　　）。
   (A)换刀条　(B)换刀　(C)调低刀位　(D)调高刀位
7. 通常成品书的裁切边应在（　　）mm 以上。
   (A)1　(B)2　(C)3　(D)4
8. 切书机完成规矩尺寸定位的是（　　）机构。
   (A)进本　(B)定位　(C)压书　(D)裁切
9. 毛本书刊（　　）会直接影响到切书机的正常生产。
   (A)厚薄不均　(B)开本大小　(C)用纸品种　(D)印刷方式
10. 成品书刊的相邻裁切边应（　　）。
   (A)平行　(B)垂直　(C)交叉　(D)叠加

三、简述题

1. 简述半自动三面切书机操作步骤。
2. 简述三面切书机的常见故障。

附录一　纸张常见开法

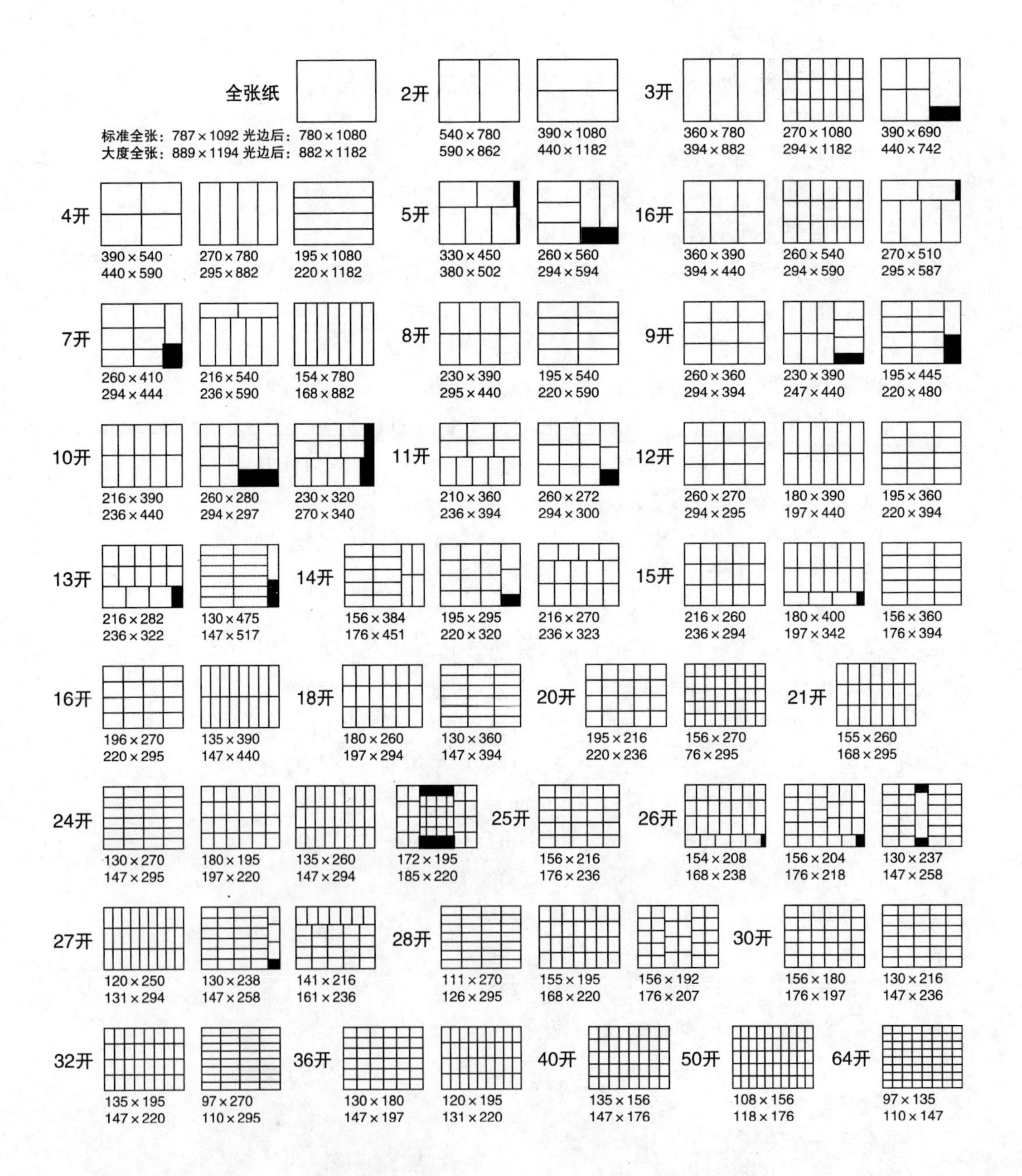

全张纸
标准全张：787×1092 光边后：780×1080
大度全张：889×1194 光边后：882×1182
2开
540×780
590×862
390×1080
440×1182
3开
360×780
394×882
270×1080
294×1182
390×690
440×742
4开
390×540
440×590
270×780
295×882
195×1080
220×1182
5开
330×450
380×502
260×560
294×594
16开
360×390
394×440
260×540
294×590
270×510
295×587
7开
260×410
294×444
216×540
236×590
154×780
168×882
8开
230×390
295×440
195×540
220×590
9开
260×360
294×394
230×390
247×440
195×445
220×480
10开
216×390
236×440
260×280
294×297
230×320
270×340
11开
210×360
236×394
260×272
294×300
12开
260×270
294×295
180×390
197×440
195×360
220×394
13开
216×282
236×322
130×475
147×517
14开
156×384
176×451
195×295
220×320
216×270
236×323
15开
216×260
236×294
180×400
197×342
156×360
176×394
16开
196×270
220×295
135×390
147×440
18开
180×260
197×294
130×360
147×394
20开
195×216
220×236
156×270
76×295
21开
155×260
168×295
24开
130×270
147×295
180×195
197×220
135×260
147×294
172×195
185×220
25开
156×216
176×236
26开
154×208
168×238
156×204
176×218
130×237
147×258
27开
120×250
131×294
130×238
147×258
141×216
161×236
28开
111×270
126×295
155×195
168×220
156×192
176×207
30开
156×180
176×197
130×216
147×236
32开
135×195
147×220
97×270
110×295
36开
130×180
147×197
120×195
131×220
40开
135×156
147×176
50开
108×156
118×176
64开
97×135
110×147

附录二　纸张常见折法

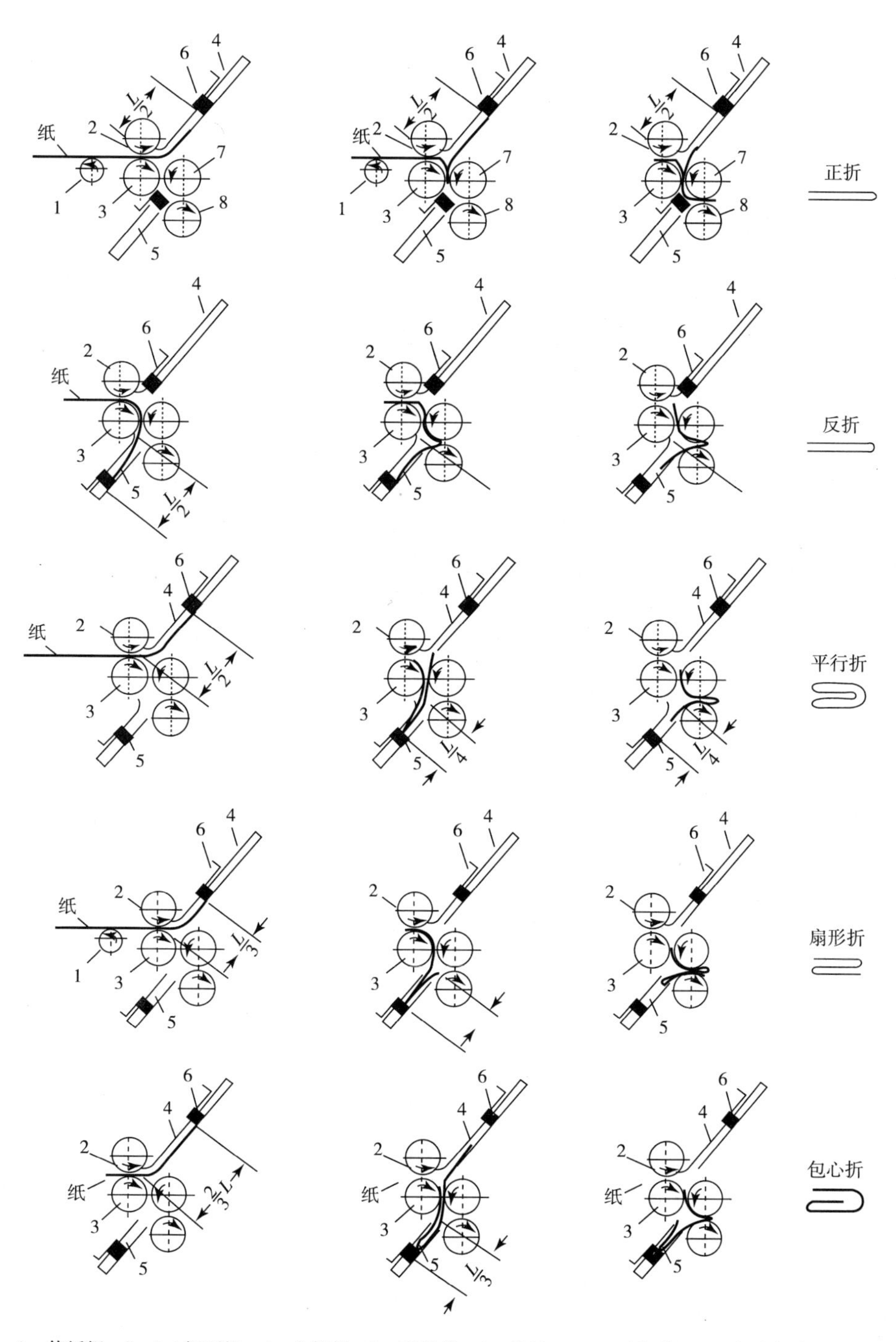

1—传纸辊；2、3—折页辊；4—上栅栏；5—下栅栏；6—挡板；7、8—折页辊；L—纸张长度（mm）

附录三　裁切实训报告

/　　学年　第　学期

课程名称：______印后装订实训______

实验名称：______裁切______

实验地点：____________实验日期：______年____月____日

姓名：__________ 专业：__________ 学号：__________

同组学生姓名：____________________

指导教师：____________评定成绩：____________

实 训 报 告 要 目

◇裁切实训目的

◇裁切实训内容

◇裁切实训设备

◇裁切操作过程

◇裁切实训体会

裁　　切

一、裁切实训目的

裁切实训使学员了解裁切方法及裁切机工作原理，掌握单面切纸机的调节使用方法，并能排除裁切过程中的常见故障。

二、裁切实训内容

1. 根据指导教师要求进行换刀操作。
2. 根据印刷用纸尺寸要求进行裁切。

三、裁切实训设备

单面切纸机。

四、裁切操作过程

五、裁切实训体会

1. 简述裁切前理纸操作方法及步骤。

2. 简述正开、偏开、变开的裁切方法及特点。

3. 常见裁切故障及排除方法。

附录四　折页实训报告

／　　学年　第　学期

课程名称：________印后装订实训________

实验名称：________折页________

实验地点：________实验日期：____年____月____日

姓名：________专业：________学号：________

同组学生姓名：________________

指导教师：________评定成绩：________

实训报告要目

◇折页实训目的

◇折页实训内容

◇折页实训设备

◇折页操作过程

◇折页实训体会

折 页

一、折页实训目的

折页实训使学员了解折页方法及折页机工作原理，掌握各类折页机的调节使用方法，并能排除折页过程中的常见故障。

二、折页实训内容

1. 根据指导教师要求使用折页机进行垂直交叉折、平行折。
2. 根据实物折页产品样稿进行折页顺序设计并折出产品。

三、折页实训设备

栅栏式折页机、刀式折页机、混合式折页机。

四、折页操作过程

五、折页实训体会

1. 简述栅栏式折页机工作原理。

2. 简述垂直交叉折、平行折方法及特点。

3. 常见折页故障及排除方法。

附录五　配页实训报告

/　　学年　第　学期

课程名称：______印后装订实训______

实验名称：______配页______

实验地点：______________实验日期：______年____月____日

姓名：__________ 专业：__________ 学号：__________

同组学生姓名：______________________________

指导教师：______________评定成绩：______________

实 训 报 告 要 目

◇配页实训目的

◇配页实训内容

◇配页实训设备

◇配页操作过程

◇配页实训体会

配 页

一、配页实训目的

配页实训使学员了解配页方法及配页机工作原理，掌握各类配页机的调节使用方法，并能排除配页过程中的常见故障。

二、配页实训内容

1. 根据指导教师要求进行手工叠帖式配页、套帖式配页。
2. 根据实物书芯样稿使用配页机进行配页。

三、配页实训设备

钳式配页机、辊式配页机、无辊配页机。

四、配页操作过程

五、配页实训体会

1. 简述辊式配页机叼页工作原理。

2. 简述叠帖式配页、套帖式配页方法及特点。

3. 常见配页故障及排除方法。

附录六　锁线实训报告

/　　学年　第　学期

课程名称：＿＿＿＿＿＿＿印后装订实训＿＿＿＿＿＿＿

实验名称：＿＿＿＿＿＿＿锁线＿＿＿＿＿＿＿

实验地点：＿＿＿＿＿＿＿实验日期：＿＿＿＿年＿＿月＿＿日

姓名：＿＿＿＿＿＿ 专业：＿＿＿＿＿＿ 学号：＿＿＿＿＿＿

同组学生姓名：＿＿＿＿＿＿＿＿＿＿＿＿＿＿

指导教师：＿＿＿＿＿＿＿＿评定成绩：＿＿＿＿＿＿＿＿

————实 训 报 告 要 目————

◇锁线实训目的

◇锁线实训内容

◇锁线实训设备

◇锁线操作过程

◇锁线实训体会

锁　线

一、锁线实训目的

锁线实训使学员了解锁线方法及锁线机工作原理，掌握锁线机的调节使用方法，并能排除锁线过程中的常见故障。

二、锁线实训内容

1. 根据指导教师要求进行锁线机穿线操作。
2. 根据实物书芯样稿使用锁线机进行锁线。

三、锁线实训设备

半自动锁线机、全自动锁线机。

四、锁线操作过程

五、锁线实训体会

1. 简述半自动锁线机穿引线路。

2. 简述平锁、交叉锁方法及特点。

3. 常见锁线故障及排除方法。

附录七　骑马订实训报告

/　　学年　第　学期

课程名称：＿＿＿＿＿印后装订实训＿＿＿＿＿

实验名称：＿＿＿＿＿骑马订＿＿＿＿＿

实验地点：＿＿＿＿＿＿＿实验日期：＿＿＿年＿＿月＿＿日

姓名：＿＿＿＿＿＿ 专业：＿＿＿＿＿＿ 学号：＿＿＿＿＿＿

同组学生姓名：＿＿＿＿＿＿＿＿＿＿＿＿

指导教师：＿＿＿＿＿＿＿＿评定成绩：＿＿＿＿＿＿＿＿

——实训报告要目——

◇骑马订实训目的

◇骑马订实训内容

◇骑马订实训设备

◇骑马订操作过程

◇骑马订实训体会

骑马订

一、骑马订实训目的

骑马订实训使学员了解骑马订方法及骑马订书机工作原理，掌握骑马订书机的调节使用方法，并能排除骑马订过程中的常见故障。

二、骑马订实训内容

1. 根据指导教师要求进行穿铁丝操作。
2. 根据实物书册样稿使用骑马订书机进行装订。

三、骑马订实训设备

骑马订书机。

四、骑马订操作过程

五、骑马订实训体会

1. 简述骑马订工艺流程。

2. 简述骑马订穿铁丝线路。

3. 常见骑马订故障及排除方法。

附录八　胶订实训报告

/　　学年　第　学期

课程名称：印后装订实训

实验名称：胶订

实验地点：______ 实验日期：____年____月____日

姓名：______ 专业：______ 学号：______

同组学生姓名：______

指导教师：______ 评定成绩：______

实 训 报 告 要 目

◇胶订实训目的

◇胶订实训内容

◇胶订实训设备

◇胶订操作过程

◇胶订实训体会

胶　订

一、胶订实训目的

胶订实训使学员了解胶订方法及胶订机工作原理，掌握椭圆型胶订机的调节使用方法，并能排除胶订过程中的常见故障。

二、胶订实训内容

1. 根据指导教师要求进行加胶操作。
2. 根据实物书册样稿使用胶订机进行装订。

三、胶订实训设备

椭圆型胶订机。

四、胶订操作过程

五、胶订实训体会

1. 简述胶订机工作过程。

2. 简述铣背刀、拉槽刀调节方法。

3. 常见胶订故障及排除方法。

附录九 精装实训报告

/ 学年 第 学期

课程名称：＿＿＿＿＿＿印后装订实训＿＿＿＿＿＿

实验名称：＿＿＿＿＿＿精装＿＿＿＿＿＿

实验地点：＿＿＿＿＿＿实验日期：＿＿＿年＿＿月＿＿日

姓名：＿＿＿＿＿＿ 专业：＿＿＿＿＿＿ 学号：＿＿＿＿＿＿

同组学生姓名：＿＿＿＿＿＿＿＿＿＿＿＿

指导教师：＿＿＿＿＿＿评定成绩：＿＿＿＿＿＿

——实 训 报 告 要 目——

◇精装实训目的

◇精装实训内容

◇精装实训设备

◇精装操作过程

◇精装实训体会

精 装

一、精装实训目的

精装实训使学员了解精装书芯、书壳、套合方法及精装联动线的工作原理，掌握精装联动线的调节使用方法，并能排除精装联动线生产过程中的常见故障。

二、精装实训内容

1. 根据指导教师要求进行书芯、书壳、套合加工操作。
2. 根据实物书籍使用精装联动线进行装订。

三、精装实训设备

精装联动机。

四、精装操作过程

五、精装联动线实训体会

1. 简述书芯加工过程。

2. 简述书壳加工过程。

3. 简述套合加工过程。

4. 常见精装故障及排除方法。

附录十　切书实训报告

/　　学年　第　学期

课程名称：印后装订实训

实验名称：切书

实验地点：________实验日期：____年____月____日

姓名：________ 专业：________ 学号：________

同组学生姓名：________

指导教师：________评定成绩：________

————实 训 报 告 要 目————

◇切书实训目的

◇切书实训内容

◇切书实训设备

◇切书操作过程

◇切书实训体会

切 书

一、切书实训目的

切书实训使学员了解切书方法及三面切书机工作原理，掌握三面切书机的调节使用方法，并能排除切书过程中的常见故障。

二、切书实训内容

1. 根据指导教师要求进行换刀操作。
2. 根据实物书册尺寸使用三面切书机进行裁切。

三、切书实训设备

三面切书机。

四、切书操作过程

五、切书实训体会

1. 简述半自动三面切书机工作过程。

2. 简述口子刀、头脚刀调节方法。

3. 常见切书故障及排除方法。

训练题答案

项目一　裁　切

一、判断题

1.（✓） 2.（✓） 3.（×） 4.（✓） 5.（✓） 6.（✓） 7.（✓） 8.（×） 9.（✓） 10.（✓）

二、单选题

1.（A） 2.（A） 3.（B） 4.（A） 5.（B） 6.（B） 7.（A） 8.（C） 9.（B） 10.（D）

三、简述题

1. 裁切刀片与工作台的平行度和高度，裁切刀片与工作台的垂直性，推纸器的工作面与裁切线的平行度，与工作台的垂直性，对于保证裁切质量具有十分重要的作用。

裁切后的物料没有达到标准，常见的裁切规格不准可分为三种情况：垂直度不准，平行度不准，上下规格不准。

2. 开料切纸均采用机械动作，使切刀下压以铡刀形式将页张裁切开，因此，在开料前应依被切物的抗切能力，选好刀片α角的大小是很重要的。刀片α角越小，刀刃就越锋利，被切物对切力的抗切力就越小，切刀磨损和功率消耗也随之而小，所切物品整齐，切口光滑，反之刀片α角越大，被切物对切力的抗切力就越大。刀片的α角过大或过小都不好，刀片α角过小，刀刃强度和耐磨性相应降低，所切纸张会出现刀口不平、卷刀、崩损或换刀次数增多，从而影响产量和质量；刀片α角过大，则使所切纸张刀口不平，不光滑。但只要刀片强度允许，应该尽可能采用小角度刀片，通常切纸刀片刃角应根据裁切物抗切力、裁切物高度和裁切刀切刀速度三个方面来选择。

项目二　折　页

一、判断题

1.（✓） 2.（×） 3.（×） 4.（×） 5.（✓） 6.（×） 7.（✓） 8.（×） 9.（×） 10.（✓）

二、单选题

1.（A） 2.（A） 3.（A） 4.（A） 5.（A） 6.（C） 7.（B） 8.（D） 9.（B） 10.（A）

三、简述题

1. 吸纸长度是指吸纸轮从吸起纸张开始到释放纸张这段时间纸张被吸纸轮带向前的距离，吸纸长度的选择要根据两个方面：一、根据吸纸轮的送纸速度来定，吸纸轮速度慢，吸气时间要长，反之吸气时间要短；二、由于所折印张大小不同、克重不同，对于大幅面、厚实纸张（克重大）其吸纸长度应适当加大，对于小幅面、轻薄纸张其吸纸长度应减小，否则会出现输出慢和吸破纸张等现象。

2. 打孔的目的是为了将书页间滞留的空气排出，以免在垂直折页时折帖产生皱褶。打孔刀的位置与折缝必须一致，并应将书帖折缝划破划透，但不得将其划断，以免散页和掉页。打孔刀片呈锯齿状，齿形有宽有窄，每齿相距约 2 ~ 6mm。被打孔刀割切后的书帖成为每隔 5mm 左右的距离划穿一小段，刀孔与刀孔之间还有 3 ~ 5mm 的连接部分。不同纸张、不同的折数要选择不同齿数的打孔刀片，在选择刀片时需注意以下事项：①刀片齿数；②刀刃齿距；③刀片的齿长；④刀片的方向。

项目三　配　页

一、判断题

1.（×）　2.（×）　3.（×）　4.（×）　5.（√）　6.（√）　7.（×）　8.（×）　9.（√）　10.（×）

二、单选题

1.（C）　2.（C）　3.（D）　4.（A）　5.（C）　6.（D）　7.（B）　8.（A）　9.（D）　10.（C）

三、简述题

1. 配页的方法有两种：一种是叠帖式配页法；另一种是套帖式配页。叠帖式配页是按书籍页码顺序，将书帖一帖一帖地叠合起来，使其成为一本书刊的书芯，常用于平装、精装等装订；套帖式配页是按书籍页码顺序，将每一书帖从折缝中间成八字形张开，套到另一帖书帖的里面（或外面），使其成为一本书刊的书芯，最后在书芯上套上封面，常用于杂志、小册子等骑订装订。

2. 自动控制多帖、缺帖、错帖装置是配页机上的重要机构。为保证配页机配出书册的质量符合要求，配页机上已大量采用光电控制装置，使检测系统更加灵敏和可靠。配页机上每一贮帖台和叼页机组都装有书帖厚薄检测装置，即用来检测多帖、少帖（即双帖和缺帖）、乱帖的自动报警、停机的装置。配页机的厚薄检测装置是固定在机器上的，当发生多帖、少帖、串帖、乱帖故障时，通过机械动作发出信号通知中央控制系统，机器会自动停车或将这些不符合质量要求的书芯从废品斗抛出，并发出光信号显示是哪一个贮页台发生故障。因此，自动控制装置是保证配页质量的“监察员”和“眼睛”。目前配页机上的自动控制装置，主要有两种形式，一种是书帖厚薄检测信号控制装置；另一种是摄像头（电眼）图文检测控制装置。

项目四　锁　线

一、判断题

1.（×）　2.（√）　3.（√）　4.（×）　5.（√）　6.（×）　7.（√）　8.（×）　9.（×）　10.（×）

二、单选题

1.（A）　2.（C）　3.（A）　4.（B）　5.（A）　6.（D）　7.（A）　8.（B）　9.（C）　10.（C）

三、简述题

1. 自动锁线机由搭页机和锁线机组组成，其主要过程有：搭页部分的贮帖、吸帖、叼帖、揭页分帖、搭帖、送帖；锁线部分的过帖、齐帖定位、上帖（订书架的摆动）、底针打孔、引线及穿线、穿线针引线、钩爪代线、钩线针钩线、作线圈打结、分本下书，完成锁线全部工作过程。

2. 锁线的优劣直接影响到书册书帖的顺序、牢固度及外形的美观，因此在操作中必须做到以下几点。

（1）锁线前，要检查配页工序所配出的书册页码顺序是否正确，是否有多帖、少帖、串帖、错帖等现象，检查时可查看折缝上的印刷标记，有不合格品应及时剔出或补救。

（2）锁线时，要保证书帖的整洁，无油污或撕破和多帖、少帖或多首少尾等错帖、无串帖、无不齐帖（缩帖）、歪帖，或穿隔层帖，针孔光滑、无扎裂书帖，无断线脱针或线套圈泡等不合格品。

（3）锁完线的书册厚度要基本一致，针位和针距要平骑在书帖的订缝线上、排列整齐，不歪斜。锁线的结扎辫子要松紧适当，平服地在书背上，缩帖≤2.5mm，书册卸车后，要认真检查错帖、漏针、错空、扎破等不合格品，保证锁线质量的合格。

项目五　骑马订

一、判断题

1.（✓）　2.（✓）　3.（×）　4.（×）　5.（✓）　6.（×）　7.（✓）　8.（✓）　9.（✓）　10.（✓）

二、单选题

1.（C）　2.（B）　3.（C）　4.（C）　5.（C）　6.（A）　7.（C）　8.（D）　9.（D）　10.（B）

三、简述题

1. 铁丝选用的型号大小（铁丝选用的粗细）是由被订的书本页数来决定的。书本页数多，铁丝要选用粗的，反之，铁丝就要选用细的。常用的铁丝有21号（直径0.8mm）、22号（直径0.7mm）、23号（直径0.6mm）、24号（直径0.55mm）、25号（直径0.5mm）、26号（直径0.45mm）、27号（直径0.4mm）。在生产中，要根据纸质的不同及书芯的厚度来选择不同型号直径的铁丝。使用铁丝时要选用优质、符合强度的铁丝，并注意铁丝的摩擦阻力是否符合本机头的要求，因为太大的阻力会阻塞铁丝的导向零件，影响机头正常工作。

2. 将折页完成后的书帖，由搭页机组自动输页并配上封面于集帖链上，通过集帖链的传送，同时在传送过程中经逐页分散的光电检测、歪帖检测和集中的总厚薄检测后，将书帖送至订书机机头下，订书机头按照质量检测装置给予的指令信号，对合格的书帖和封面订上铁丝订，然后输送给三面切书机裁切。对不合格的书帖，由废品剔除机构传送到废品斗。装订后的书本送至三面切书机接书架上，顺次通过二道挡规，首先二侧刀裁切天头、地脚，再进入前口刀裁切切口（老式的也有先切口子，再切头脚的）。如果是双联本，那么还要裁切中缝。最后，通过光电计数装置，按预选的本数进入直线输送机（也有采用收书斗内集书达到预定份数时，自动交替使用另一只收书斗，用人工收书），直线输送机可以连接堆积机进行自动堆积，从而自动连续完成三个工序的全部骑马订工作过程。

项目六　胶　订

一、判断题

1.（×）　2.（×）　3.（×）　4.（√）　5.（×）　6.（×）　7.（×）　8.（√）　9.（×）　10.（√）

二、单选题

1.（C）　2.（A）　3.（C）　4.（B）　5.（A）　6.（C）　7.（A）　8.（B）　9.（C）　10.（D）

三、简述题

1. 铣背、开槽是决定无线胶订本的书页是否牢固的重要环节。因此，在工艺上要求，铣背必须将书背订口部分凡是有环筒的书页，全部铣成单页，并且书本的背脊上从头到脚要铣切得直而平。拉毛盘的作用是使纸张边沿的纤维松散，并拉出纸张的纤维，使胶液沿纤维渗入到纸张表面，互相黏结。开槽应使书本背脊上经过铣切的书页都拉有一定深度的凹槽，增加书背上胶的胶液渗透深度（增加黏结面积），加强页和页之间的黏合牢度，并且拉下来的纸毛屑要全部由毛刷清除干净，因为书背表面上聚集着纸毛和空气，妨碍胶液和纸张接触。

2. 要正确使用热熔胶，有三个时间是必须严格掌握的。它们是热熔胶的开放时间、固化时间和冷却硬化的干燥时间。

（1）开放时间就是指从热熔胶涂刷到一个被粘物吻合必须在热熔胶黏合的规定时间内完成，一般 5 ~ 13s，在此时间内从上胶涂刷到封面与书背的黏合必须完成。

（2）固化时间就是指两个被粘物在规定的时间吻合后，对书籍的黏结定型时间，一般固化时间和开放时间相等，或略慢 1 ~ 2s，固化时间不会超过 15s。

（3）冷却硬化的干燥时间指刚涂布热熔胶的书本要经过一定时间的冷却，才能加压力或翻动（翻动书页），不然，就会影响热熔胶的黏着力，造成产品变形与书页脱落，一般冷却硬化的干燥时间是在 3min 左右。

项目七　精　装

一、判断题

1.（√）　2.（×）　3.（√）　4.（√）　5.（√）　6.（×）　7.（×）　8.（√）　9.（√）　10.（×）

二、单选题

1.（B）　2.（A）　3.（D）　4.（D）　5.（D）　6.（C）　7.（D）　8.（C）　9.（C）　10.（B）

三、简述题

1. 书芯压平要求：根据纸张情况及书芯定型厚度要求，调整好压力，试压无误后进行压平操作；压平前书芯需撞齐，不能有缩帖、歪帖等现象；压平时书芯要放平、放正，压书前后次数应一致，压力需得当。若压力过大，书背扒圆困难出现圆势不够，压力过小则不能起到压平作用，圆势增大，从而影响套合，压力大小应以书芯裁切各角均呈 90° 为标准；压平后书芯厚度应一致，叠放时每层数量相同，四角不溢出，每堆放一层，压垫一层板，保持书芯不变形。

2. 操作制书壳机前，应要做好以下准备工作：（1）在设备上设置工作方式、计数器、输出堆叠高度、书壳高度、折入宽度、折入高度、天头及地脚包入量等参数。(2) 按书壳幅面尺寸调整纸板递送架规格，包括书壳高度、书壳宽度、纸板厚度。(3) 根据书册规格调整传送轨高度及纸板推杆。(4) 根据中径规格调整中径纸卷宽度，包括预退绕及供给器。(5) 根据书壳高度、宽度、厚度尺寸，调整天头、地脚和口子包入量。(6) 检查胶液溶化情况，掌握好胶液的稠稀程度。

3. 套合前检查书芯与书封顺序是否正确；套合规矩以飘口为准，做到套合后三边飘口一致，不歪斜；飘口宽度以 32 开及以下 (3 ±0.5) mm，16 开 (3.5 ±0.5) mm，8 开及以上 (4 ±0.5) mm 为准；套合后书籍应立即定型，避免错动变形。

项目八　切　书

一、判断题

1.(×)　2.(✓)　3.(×)　4.(×)　5.(✓)　6.(×)　7.(×)　8.(×)　9.(×)　10.(✓)

二、单选题

1.(D)　2.(D)　3.(D)　4.(A)　5.(D)　6.(B)　7.(C)　8.(B)　9.(A)　10.(B)

三、简述题

1. 半自动三面切书机操作是采用手工传递贮本的方法裁切书册。每切本一次，可根据书叠贮入的调试要求贮入数本，切本时可连续操作，也可踏动脚闸随时停止和启动。裁切操作流程：传递书册→贮本→进本→压书定位→切书→书册输出。

2. 书刊裁切尺寸是否合乎规格，切口是否光洁是衡量三面切书机裁切质量的标准，三面切书机在操作过程中，常见故障及原因（除纸质的问题外），主要有以下几方面：(1) 上下尺寸不一致；(2) 跑刀；(3) 刀花；(4) 书脊撕裂（破头）；(5) 裁切歪斜；(6) 切口不平；(7) 输出不畅。

参考文献

[1] 沈国荣编. 印后书刊装订工艺. 北京：印刷工业出版社，2012.
[2] 马静君编. 印后加工工艺及设备. 北京：印刷工业出版社，2011.
[3] 徐建军编. 实用印后加工. 上海：浦东电子出版社，2003.